PEARSON

[美] | David R. Hanson | 著

郭旭 | 译

C语言接口与实现

创建可重用软件的技术

C Interfaces and
Implementations:
Techniques for Creating Reusable Software

人民邮电出版社

北 京

图书在版编目（CIP）数据

C语言接口与实现 ： 创建可重用软件的技术 ／（美）
汉森（Hanson, D. R.） 著 ；郭旭译. -- 北京 ： 人民邮电
出版社，2016.3（2023.10重印）
ISBN 978-7-115-40252-3

Ⅰ. ①C… Ⅱ. ①汉… ②郭… Ⅲ. ①C语言－程序设
计 Ⅳ. ①TP312

中国版本图书馆CIP数据核字(2016)第039860号

版 权 声 明

Authorized translation from the English language edition, entitled *C Interfaces and Implementations: Techniques for Creating Reusable Software, First Edition,* 9780201498417 by David R. Hanson, published by Pearson Education, Inc., publishing as Addison-Wesley, Copyright © 1997 by David R. Hanson.

All rights reserved. No part of this book may be reproduced or transmitted in any form or by any means, electronic or mechanical, including photocopying, recording or by any information storage retrieval system, without permission from Pearson Education, Inc.

CHINESE SIMPLIFIED language edition published by PEARSON EDUCATION ASIA LTD. and POSTS & TELECOM PRESS Copyright © 2016.

本书中文简体字版由Pearson Education Asia Ltd. 授权人民邮电出版社独家出版。未经出版者书面许可，不得以任何方式复制或抄袭本书内容。
本书封面贴有Pearson Education（培生教育出版集团）激光防伪标签，无标签者不得销售。
版权所有，侵权必究。

♦ 著　　　［美］David R. Hanson

　　译　　　郭　旭

　　责任编辑　傅道坤

　　责任印制　张佳莹　焦志炜

♦ 人民邮电出版社出版发行　　北京市丰台区成寿寺路 11 号
　　邮编 100164　电子邮件 315@ptpress.com.cn
　　网址 https://www.ptpress.com.cn
　　三河市君旺印务有限公司印刷

♦ 开本：800×1000　1/16
　　印张：23.75　　　　　　　　2016 年 3 月第 1 版
　　字数：520 千字　　　　　　2023 年 10 月河北第 14 次印刷
　　著作权合同登记号　图字：01-2010-1455 号

定价：89.90 元
读者服务热线：(010)81055410　印装质量热线：(010)81055316
反盗版热线：(010)81055315

内 容 提 要

　　本书概念清晰、实例详尽，是一本有关设计、实现和有效使用C语言库函数，掌握创建可重用C语言软件模块技术的参考指南。书中提供了大量实例，重在阐述如何用一种与语言无关的方法将接口设计实现独立出来，从而用一种基于接口的设计途径创建可重用的API。

　　本书是所有C语言程序员不可多得的好书，也是所有希望掌握可重用软件模块技术的人员的理想参考书，适合各层次的面向对象软件开发人员、系统分析员阅读。

前　　言

　　如今的程序员忙于应付大量关于 API（Application Programming Interface）的信息。但是，大多数程序员都会在其所写的几乎每一个应用程序中使用 API 并实现 API 的库，只有少数程序员会创建或发布新的能广泛应用的 API。事实上，程序员似乎更喜欢使用自己搞的东西，而不愿意查找能满足他们要求的程序库，这或许是因为写特定应用程序的代码要比设计可广泛使用的 API 容易。

　　不好意思，我也未能免俗：lcc（我和 Chris Fraser 为 ANSI/ISO C 编写的编译器）就是从头开始编写的 API。（在 *A Retargetable C Compiler: Design and Implementation* 一书中有关于 lcc 的介绍。）编译器是这样一类应用程序：可以使用标准接口，并且能够创建在其他地方也可以使用的接口。这类程序还有内存管理、字符串和符号表以及链表操作等。但是 lcc 仅使用了很少的标准 C 库函数的例程，并且它的代码几乎都无法直接应用到其他应用程序中。

　　本书提倡的是一种基于接口及其实现的设计方法，并且通过对 24 个接口及其实现的描述详细演示了该方法。这些接口涉及很多计算机领域的知识，包括数据结构、算法、字符串处理和并发程序。这些实现并不是简单的玩具，而是为在产品级代码中使用而设计的。实现的代码是可免费提供的。

　　C 编程语言基本不支持基于接口的设计方法，而 C++ 和 Modula-3 这样的面向对象的语言则鼓励将接口与实现分离。基于接口的设计跟具体的语言无关，但是它要求程序员对像 C 一样的语言有更强的驾驭能力和更高的警惕性，因为这类语言很容易破坏带有隐含实现信息的接口，反之亦然。

　　然而，一旦掌握了基于接口的设计方法，就能够在服务于众多应用程序的通用接口基础上建立应用程序，从而加快开发速度。在一些 C++ 环境中的基础类库就体现了这种效果。增加对现有软件（接口实现库）的重用，能够降低初始开发成本，同时还能降低维护成本，因为应用程序的更多部分都建立在通用接口的实现之上，而这些实现无不经过了良好的测试。

　　本书中的 24 个接口引自几本参考书，并且针对本书特别做了修正。一些数据结构（抽象数据类型）中的接口源于 lcc 代码和 20 世纪 70 年代末到 80 年代初所做的 Icon 编程语言的实现代码（参见 R. E. Griswold 和 M. T. Griswold 所著的 *The Icon Programming Language*）。其他的接口来自另外一些程序员的著作，我们将会在每一章的"扩展阅读"部分给出详细信息。

書中提供的一些接口是针对数据结构的，但本书不是介绍数据结构的，本书的侧重点在算法工程（包装数据结构以供应用程序使用），而不在数据结构算法本身。然而，接口设计的好坏总是取决于数据结构和算法是否合适，因此，本书可算是传统数据结构和算法教材（如 Robert Sedgewick 所著的 *Algorithms in C*）的有益补充。

大多数章节会只介绍一个接口及其实现，少数章节还会描述与其相关的接口。每一章的"接口"部分将会单独给出一个明确而详细的接口描述。对于兴趣仅在于接口的程序员来说，这些内容就相当于一本参考手册。少数章节还会包含"例子"部分，会说明在一个简单的应用程序中接口的用法。

每章的"实现"部分将会详细地介绍本章接口的实现代码。有些例子会给出一个接口的多种实现方法，以展示基于接口设计的优点。这些内容对于修改或扩展一个接口或是设计一个相关的接口将大有裨益。许多练习题会进一步探究一些其他可行的设计与实现的方法。如果仅是为了理解如何使用接口，可以不用阅读"实现"一节。

接口、示例和实现都以文学（literate）程序的方式给出，换句话说，源代码及其解释是按照最适合理解代码的顺序交织出现的。代码可以自动地从本书的文本文件中抽取，并按 C 语言所规定的顺序组合起来。其他也用文学程序讲解 C 语言的图书有 *A Retargetable C Compiler* 和 D. E. Knuth 写的 *The Stanford GraphBase: A Platform for Combinatorial Computing*。

本书架构

本书材料可分成下面的几大类：

基础	1. 引言
	2. 接口与实现
	4. 异常与断言
	5. 内存管理
	6. 再谈内存管理
数据结构	7. 链表
	8. 表
	9. 集合
	10. 动态数组
	11. 序列
	12. 环
	13. 位向量
字符串	3. 原子
	14. 格式化
	15. 低级字符串

　　建议大多数读者通读第 1 章至第 4 章的内容，因为这几章形成了本书其余部分的框架。对于第 5 章至第 20 章，虽然某些章会参考其前面的内容，但影响不大，读者可以按任何顺序阅读。

　　第 1 章介绍了文学程序设计和编程风格与效率。第 2 章提出并描述了基于接口的设计方法，定义了相关的术语，并演示了两个简单的接口及其实现。第 3 章描述了 Atom 接口的实现原型，这是本书中最简单的具有产品质量的接口。第 4 章介绍了在每一个接口中都会用到的异常与断言。第 5 章和第 6 章描述了几乎所有的实现都会用到的内存管理接口。其余各章都分别描述了一个接口及其实现。

教学使用建议

　　我们假设本书的读者已经在大学介绍性的编程课程中了解了 C 语言，并且都实际了解了类似《C 算法》一书中给出的基本数据结构。在普林斯顿，本书是大学二年级学生到研究生一年级的系统编程课程的教材。许多接口使用的都是高级 C 语言编程技巧，比如说不透明的指针和指向指针的指针等，因此这些接口都是学习这些内容非常好的实例，对于系统编程和数据结构课程非常有用。

　　这本书可以以多种方式在课堂上使用，最简单的就是用在面向项目的课程中。例如，在编译原理课程中，学生通常需要为一个玩具语言编写一个编译器。在图形学课程中同样也经常有一些实际的项目。本书中许多接口消除了新建项目所需的一些令人厌烦的编程工作，从而简化了这类课程中的项目。这种用法可以帮助学生认识到在项目中重用代码可以节省大量劳动，并且引导学生在其项目中对自己所做的部分尝试使用基于接口的设计。后者在团队项目中特别有用，因为"现实世界"中的项目通常都是团队项目。

　　普林斯顿大学二年级系统编程课程的主要内容是接口与实现，其课外作业要求学生成为接口的用户、实现者和设计者。例如其中的一个作业是这样的，我给出了 8.1 节中描述的 Table 接口、它的实现的目标代码以及 8.2 节中描述的单词频率程序 wf 的说明，让学生只使用我们为 Table 设计的目标代码来实现 wf。在下一个作业中，wf 的目标代码就有了，他们必须实现 Table。有时我会颠倒这些作业的顺序，但是这两种顺序对大部分学生来说都是很新颖的。他们不习惯在大部分程序中只使用目标代码，并且这些作业通常都是他们第一次接触到在接口和程序说明中使用半正式表示法。

　　最初布置的作业也介绍了作为接口说明必要组成部分的可检查的运行时错误和断言。同样，只有做过几次这样的作业之后，学生们才开始理解这些概念的意义。我禁止了突发性崩溃，即不是由断言错误的诊断所宣布的崩溃。运行崩溃的程序将被判为零分,这样做似乎过于苛刻,但是它能够引起学生们的注意,而且也能够让学生理解安全语言的好处,例如 ML 和 Modula-3,在这些语言中,不会出现突发性崩溃。(这种评分方法实际上没有那么苛刻,因为在分成多个部分的作业中,只有产生冲突的那部分作业才会判为错误,而且不同的作业权重也不同。我给过许多 0 分,但是从来没有因此导致任何一个学生的课程总成绩降低达 1 分。)

一旦学生们有了自己的几个接口后,接下来就让他们设计新的接口并沿用以前的设计选择。例如,Andrew Appel 最喜欢的一个作业是一个原始的测试程序。学生们以组为单位设计一个作业需要的任意算术精度的接口,作业的结果类似于第 17 章到第 19 章中描述的接口。不同的组设计的接口不同,完成后对这些接口进行比较,一个组对另一个组设计的接口进行评价,这样做很有启迪作用。Kai Li 的那个需要一个学期来完成的项目也达到了同样的学习实践效果,该项目使用 Tcl/Tk 系统(参见 J. K. Ousterhout 所著的 *Tcl and the Tk Toolkit*)以及学生们设计和实现的编辑程序专用的接口,构建了一个基于 X 的编辑程序。Tk 本身就是一个很好的基于接口的设计。

在高级课程中,我通常把作业打包成接口,学生可以自行修改和改进,甚至改变作业的目标。给学生设置一个起点可以减少他们完成作业所需的时间,允许他们做一些实质性的修改鼓励了有创造性的学生去探索新的解决办法。通常,那些不成功的方法比成功的方法更让学生记忆深刻。学生不可避免地会走错路,为此也付出了更多的开发时间。但只有当他们事后再回过头来看,才会了解所犯的错误,也才会知道设计一个好的接口虽然很困难,但是值得付出努力,而且到最后,他们几乎都会转到基于接口的设计上来。

如何得到代码

本书中的代码已经在以下平台上通过了测试。

处　理　器	操作系统	编　译　器
SPARC	SunOS 4.1	lcc 3.5 gcc 2.7.2
Alpha	OSF/1 3.2A	lcc 4.0 gcc 2.6.3 cc
MIPS R3000	IRIX 5.3	lcc 3.5 gcc 2.6.3 cc
MIPS R3000	Ultrix 4.3	lcc 3.5 gcc 2.5.7
Pentium	Windows 95 Windows NT 3.51	Microsoft Visual C/C++ 4.0

其中几个实现是针对特定机器的。这些实现假设机器使用的是二进制补码表示的整数和 IEEE 浮点算术,并且无符号的长整数可以用来保存对象指针。

　　本书中所有的源代码在 ftp.cs.princeton.edu 的目录 pub/packages/cii 下，匿名登录就可以下载。使用 ftp 客户端软件连接到 ftp.cs.princeton.edu，转到 pub/packages/cii 目录，下载 README 文件，文件中说明了目录的内容以及如何下载。

　　大多数最新的实现通常都是以 ciixy.tar.gz 或 ciixy.zip 的文件名存储的，其中 xy 是版本号，例如 10 是指版本 1.0。ciixy.tar.gz 是用 gzip 压缩的 UNIX tar 文件，而 ciixy.zip 是与 PKZIP 2.04g 版兼容的 ZIP 文件。ciixy.zip 中的文件都是 DOS/Windows 下的文本文件，每行均以回车和换行符结束。ciixy.zip 同时也可以在美国在线、CompuServe 以及其他在线服务器上下载。

　　登录 http://www.cs.princeton.edu/software/cii/ 同样也可以得到相应的信息。该页面还解释了如何报告勘误。

致谢

　　自 20 世纪 70 年代末以来，在我的科研项目以及在亚利桑那大学和普林斯顿大学的讲课中，我就已经使用过本书中的一些接口。选这些课程的学生最早试用了我设计的这些接口。这些年来他们的反馈凝结在本书代码与说明之中。我要特别感谢普林斯顿大学选修 COS 217 和 COS 596 课程的学生，正是他们在不知不觉中参与了本书中大多数接口的初步设计。

　　利用接口开发是 DEC 公司①的系统研究中心（System Research Center，SRC）的主要工作方式，1992 年和 1993 年暑假我在 SRC 从事 Modula-3 项目开发，亲身的工作经历消除了我对这种方法有效性的怀疑。我非常感谢 SRC 对我工作的支持，以及 Bill Kalsow、Eric Muller 和 Greg Nelson 与我进行的多次富有启迪的讨论。

　　我还要感谢 IDA 在普林斯顿的通信研究中心（Center for Communications Research，CCR）和 La Jolla，感谢他们在 1994 年暑假和 1995~1996 整个休假年对我的支持。还要感谢 CCR 为我提供了一个理想的地方，让我从容规划并完成了本书。

　　与同事和学生的技术交流也在许多方面完善了本书。一些即使看上去不相关的讨论也促使我对代码及其说明做了改进。感谢 Andrew Appel、Greg Astfalk、Jack Davidson、John Ellis、Mary Fernandez、Chris Fraser、Alex Gounares、Kai Li、Jacob Navia、Maylee Noah、Rob Pike、Bill Plauger、John Reppy、Anne Rogers 和 Richard Stevens。感谢 Rex Jaeschke、Brian Kernighan、Taj Khattra、Richard O'Keefe、Norman Ramsey 和 David Spuler，他们仔细阅读了本书的代码和内容，为本书的成功做出了不可磨灭的贡献。

---

① DEC 公司已被 Compaq 收购。——编者注

目　　录

第 1 章

引　言

1

　　一个大程序由许多小的模块组成。这些模块提供了程序中使用的函数、过程和数据结构。理想情况下，这些模块中大部分都是现成的并且来自于库，只有那些特定于现有应用程序的模块需要从头开始编写。假定库代码已经全面测试过，而只有应用程序相关的代码会包含 bug，那么调试就可以仅限于这部分代码。

　　遗憾的是，这种理论上的理想情况实际上很少出现。大多数程序都是从头开始编写，它们只对最低层次的功能使用库，如 I/O 和内存管理。即使对于此类底层组件，程序员也经常编写特定于应用程序的代码。例如，将 C 库函数 `malloc` 和 `free` 替换为定制的内存管理函数的应用程序也是很常见的。

　　造成这种情况的原因无疑有诸多方面。其中之一就是，很少有哪个普遍可用的库包含了健壮、设计良好的模块。一些可用的库相对平庸，缺少标准。虽然 C 库自 1989 年已经标准化，但直至现在才出现在大多数平台上。

　　另一个原因是规模问题：一些库规模太大，从而导致对库本身功能的掌握变成了一项沉重的任务。哪怕这项工作的工作量似乎稍逊于编写应用程序所需的工作量，程序员可能都会重新实现库中他们所需的部分功能。最近出现颇多的用户界面库，通常会有这种问题。

　　库的设计和实现是困难的。在通用性、简单性和效率这 3 个约束之间，设计者必须如履薄冰，审慎前行。如果库中的例程和数据结构过于通用，那么库本身可能难以使用，或因效率较低而无法达到预定目标。如果库的例程和数据结构过于简单，又可能无法满足应用程序的需求。如果库太难于理解，程序员干脆就不会使用它们。C 库本身就提供了一些这样的例子，例如其中的 `realloc` 函数，其语义混乱到令人惊讶的地步。

　　库的实现者面临类似的障碍。即使设计做得很好，糟糕的实现同样会吓跑用户。如果某个实现太慢或太庞大，或只是感觉上如此，程序员都将自行设计替代品。最糟的是，如果实现有 bug，它将使上述的理想状况彻底破灭，从而使库也变得无用。

　　本书描述了一个库的设计和实现，它适应以 C 语言编写的各种应用程序的需求。该库导出了一组模块，这些模块提供了用于小规模程序设计（programming-in-the-small）的函数和数据结构。在几千行长的应用程序或应用程序组件中，这些模块适于用作零部件。

在后续各章中描述的大部分编程工具，都涵盖在大学本科数据结构和算法课程中。但在本书中，我们更关注将这些工具打包的方式，以及如何使之健壮无错。各个模块都以一个接口及其实现的方式给出。这种设计方法学在第2章中进行了解释，它将模块规格说明与其实现相分离，以提高规格说明的清晰度和精确性，而这有助于提供健壮的实现。

1.1 文学程序

本书并不是以"技巧"的形式来描述各个模块，而是通过例子描述。各章完整描述了一两个接口及其实现。这些描述以文学程序（literate program）的形式给出。接口及其实现的代码与对其进行解释的正文交织在一起。更重要的是，各章本身就是其描述的接口和实现的源代码。代码可以从本书的源文件文本中自动提取出来，所见即所得。

文学程序由英文正文和带标签的程序代码块组成。例如，

```
⟨compute x • y⟩≡
    sum = 0;
    for (i = 0; i < n; i++)
        sum += x[i]*y[i];
```

定义了名为 ⟨compute x • y⟩ 的代码块，其代码计算了数组 x 和 y 的点积。在另一个代码块中使用该代码块时，直接引用即可：

```
⟨function dotproduct⟩≡
    int dotProduct(int x[], int y[], int n) {
        int i, sum;

        ⟨compute x • y⟩
        return sum;
    }
```

当 ⟨function dotproduct⟩ 代码块从本章对应的源文件中抽取出来时，将逐字复制其代码，用到代码块的地方都将替换为对应的代码。抽取 ⟨function dotproduct⟩ 的结果是一个只包含下述代码的文件：

```
    int dotProduct(int x[], int y[], int n) {
        int i, sum;

        sum = 0;
        for (i = 0; i < n; i++)
            sum += x[i]*y[i];
        return sum;
    }
```

文学程序可以按各个小片段的形式给出，并附以完备的文档。英文正文包含了传统的程序注释，这些并不受程序设计语言的注释规范的限制。

代码块的这种特性将文学程序从编程语言强加的顺序约束中解放出来。代码可以按最适于理解的顺序给出，而不是按语言所硬性规定的顺序（例如，程序实体必须在使用前定义）。

　　本书中使用的文学编程系统还有另外一些特性，它们有助于逐点对程序进行描述。为说明这些特性并提供一个完整的 C 语言文学程序的例子，本节其余部分将描述 double 程序，该程序检测输入中相邻的相同单词，如"the the"。

```
$ double intro.txt inter.txt
intro.txt:10: the
inter.txt:110: interface
inter.txt:410: type
inter.txt:611: if
```

上述 UNIX 命令结果说明，"the"在 intro.txt 文件中出现了两次，第二次出现在第 10 行；而在 inter.txt 文件中，interface、type 和 if 也分别在给出的行出现第二次。如果调用 double 时不指定参数，它将读取标准输入，并在输出时略去文件名。例如：

```
$ cat intro.txt inter.txt | double
10: the
143: interface
343: type
544: if
```

在上述例子和其他例示中，由用户键入的命令显示为斜代码体，而输出则显示为通常的代码体。

　　我们先从定义根代码块来实现 double，该代码块将使用对应于程序各个组件的其他代码块：

```
⟨double.c 3⟩ ≡
    ⟨includes  4⟩
    ⟨data 4⟩
    ⟨prototypes  4⟩
    ⟨functions 3⟩
```

按照惯例，根代码块的标签设置为程序的文件名，提取 ⟨double.c 3⟩ 代码块，即可提取整个程序。其他代码块的标签设置为 double 的各个顶层组件名。这些组件按 C 语言规定的顺序列出，但也可以按任意顺序给出。

　　⟨double.c 3⟩ 中的 3 是页码，表示该代码块的定义从书中哪一页开始。⟨double.c 3⟩ 中使用的代码块中的数字也是页码，表示该代码块的定义从书中哪一页开始。这些页码有助于读者浏览代码时定位。

　　main 函数处理 double 的参数。它会打开各个文件，并调用 doubleword 扫描文件：

```
⟨functions 3⟩ ≡
    int main(int argc, char *argv[]) {
        int i;

        for (i = 1; i < argc; i++) {
            FILE *fp = fopen(argv[i], "r");
            if (fp == NULL) {
                fprintf(stderr, "%s: can't open '%s' (%s)\n",
                    argv[0], argv[i], strerror(errno));
                return EXIT_FAILURE;
```

```
        } else {
              doubleword(argv[i], fp);
              fclose(fp);
          }
      }
      if (argc == 1) doubleword(NULL, stdin);
      return EXIT_SUCCESS;
  }
```

⟨*includes* 4⟩ ≡
```
#include <stdio.h>
#include <stdlib.h>
#include <errno.h>
```

doubleword 函数需要从文件中读取单词。对于该程序来说，一个单词由一个或多个非空格字符组成，不区分大小写。getword 从打开的文件读取下一个单词，复制到 buf [0..size −1] 中，并返回 1；在到达文件末尾时该函数返回 0。

⟨*functions* 3⟩+ ≡
```
  int getword(FILE *fp, char *buf, int size) {
      int c;

      c = getc(fp);
```
⟨*scan forward to a nonspace character or EOF* 5⟩
⟨*copy the word into* buf[0..size-1] 5⟩
```
      if (c != EOF)
          ungetc(c, fp);
      return
```
⟨*found a word?* 5⟩;
```
  }
```

⟨*prototypes* 4⟩ ≡
```
  int getword(FILE *, char *, int);
```

该代码块说明了另一个文学编程特性：代码块标签 ⟨*functions* 3⟩ 后接的+≡表示将 getword 的代码附加到代码块 ⟨*functions* 3⟩ 的代码的后面，因此该代码块现在包含 main 和 getword 的代码。该特性允许分为多次定义一个代码块中的代码，每次定义一部分。对于一个"接续"代码块来说，其标签中的页码指向该代码块的第一次定义处，因此很容易找到代码块定义的开始处。

因为 getword 在 main 之后定义，在 main 中调用 getword 时就需要一个原型，这就是 ⟨*prototypes* 4⟩ 代码块的用处。该代码块在一定程度上是对 C 语言"先声明后使用"（declaration-before-use）规则的让步，但如果该代码定义得一致并在根代码块中出现在 ⟨*functions* 3⟩ 之前，那么函数可以按任何顺序给出。

getword 除了从输入获取下一个单词之外，每当遇到一个换行字符时都对 linenum 加 1。doubleword 输出时将使用 linenum。

⟨*data* 4⟩ ≡
```
  int linenum;
```

⟨*scan forward to a nonspace character or EOF* 5⟩ ≡
```
for ( ; c != EOF && isspace(c); c = getc(fp))
    if (c == '\n')
        linenum++;
```

⟨*includes* 4⟩+≡
```
#include <ctype.h>
```

linenum 的定义，也例证了代码块的顺序不必与 C 语言的要求相同。linenum 在其第一次使用时定义，而不是在文件的顶部或 getword 定义之前，后两种做法才是合乎 C 语言要求的。

size 的值限制了 getword 所能存储的单词的长度，getword 函数会丢弃过多的字符并将大写字母转换为小写：

⟨*copy the word into* buf[0..size-1] 5⟩ ≡
```
{
    int i = 0;
    for ( ; c != EOF && !isspace(c); c = getc(fp))
        if (i < size - 1)
            buf[i++] = tolower(c);
    if (i < size)
        buf[i] = '\0';
}
```

索引 i 与 size-1 进行比较，以保证单词末尾有空间存储一个空字符。在 size 为 0 时，if 语句保护了对缓存的赋值操作。在 double 中不会出现这种情况，但这种防性程序设计（defensive programming）有助于捕获"不可能发生的 bug"。

剩下的代码逻辑是，如果 buf 中保存了一个单词则返回 1，否则返回 0：

⟨*found a word?* 5⟩ ≡
```
buf[0] != '\0'
```

该定义表明，代码块不必对应于 C 语言中的语句或任何其他语法单位，代码块只是文本而已。

doubleword 读取各个单词，并将其与前一个单词比较，发现重复时输出。它只查看以字母开头的单词：

⟨*functions* 3⟩+≡
```
void doubleword(char *name, FILE *fp) {
    char prev[128], word[128];

    linenum = 1;
    prev[0] = '\0';
    while (getword(fp, word, sizeof(word))) {
        if (isalpha(word[0]) && strcmp(prev, word)==0)
            ⟨word is a duplicate 6⟩
        strcpy(prev, word);
    }
}
```
⟨*prototypes* 4⟩+≡

```
        void doubleword(char *, FILE *);
```

⟨*includes* 4⟩+≡
```
    #include <string.h>
```

输出是很容易的，但仅当 name 不为 NULL 时才输出文件名及后接的冒号：

⟨word *is a duplicate* 6⟩≡
```
    {
        if (name)
            printf("%s:", name);
        printf("%d: %s\n", linenum, word);
    }
```

该代码块被定义为一个复合语句，因而可以作为结果用在它所处的 if 语句中。

1.2 程序设计风格

double 说明了本书中程序所使用的风格惯例。程序能否更容易被阅读并理解，比使程序更容易被计算机编译更为重要。编译器并不在意变量的名称、代码的布局或程序的模块划分方式。但这种细节对程序员阅读以及理解程序的难易程度有很大影响。

本书代码遵循 C 程序的一些既定的风格惯例。它使用一致的惯例来命名变量、类型和例程，并在本书的排版约定下，采用一致的缩进风格。风格惯例并非是一种必须遵循的刚性规则，它们表示的是程序设计的一种哲学方法，力求最大限度地增加程序的可读性和可理解性。因而，凡是改变惯例能有助于强调代码的重要方面或使复杂的代码更可读时，你完全可以违反"规则"。

一般来说，较长且富于语义的名称用于全局变量和例程，而数学符号般的短名称则用于局部变量。代码块 ⟨*compute* x · y⟩ 中的循环索引 i 属于后一种惯例。对索引和变量使用较长的名称通常会使代码更难阅读，例如下述代码中

```
sum = 0;
for (theindex = 0; theindex < numofElements; theindex++)
    sum += x[theindex]*y[theindex];
```

长变量名反而使代码的语义含混不清。

变量的声明应该靠近于其第一次使用的地方（可能在代码块中）。linenum 的声明很靠近在 getword 中首次使用该变量的地方，这就是个例子。在可能的情况下，局部变量的声明在使用变量的复合语句的开始处。例如，代码块 ⟨*copy the word into* buf[0..size-1] 5⟩ 中对 i 的声明。

一般来说，过程和函数的名称，应能反映过程完成的工作及函数的返回值。因而，getword 应当返回输入中的下一个单词，而 doubleword 则找到并显示出现两次或更多次的单词。大多数例程都比较简单，不会超过一页代码，代码块更短，通常少于 12 行。

代码中几乎没有注释，因为围绕对应代码块的正文代替了注释。有关注释风格的建议几乎会引发程序员间的战争。本书将效法 C 程序设计方面的典范，最低限度地使用注释。如果代码很清

晰，且使用了良好的命名和缩进惯例，则这样的代码通常是含义自明的。仅当进行解释时（例如，解释数据结构的细节、算法的特例以及异常情况）才需要注释。编译器无法检查注释是否与代码一致，误导的注释通常比没有注释更糟糕。最后，有些注释只不过是一种干扰，其中的噪音和过多的版式掩盖了注释内容，从而使这些注释只会掩盖代码本身的含义。

文学编程避免了注释战争中的许多争论，因为它不受程序设计语言注释机制的约束。程序员可以使用最适合于表达其意图的任何版式特性，如表、方程、图片和引文。文学编程似乎提倡准确、精确和清晰。

本书中的代码以 C 语言编写，它所使用的大多数惯用法通常已被有经验的 C 程序员所接受并希望采用。其中一些惯用法可能使不熟悉 C 语言的程序员困惑，但为了能用 C 语言流利地编程，程序员必须掌握这些惯用法。涉及指针的惯用法通常是最令人困惑的，因为 C 语言为指针的操作提供了几种独特且富有表达力的运算符。库函数 strcpy 将一个字符串复制到另一个字符串中并返回目标字符串，对该函数的不同实现就说明了"地道的 C 语言"和新手 C 程序员编写的代码之间的差别，后一种代码通常使用数组：

```
char *strcpy(char dst[], const char src[]) {
    int i;

    for (i = 0; src[i] != '\0'; i++)
        dst[i] = src[i];
    dst[i] = '\0';
    return dst;
}
```

"地道"的版本则使用指针：

```
char *strcpy(char *dst, const char *src) {
    char *s = dst;

    while (*dst++ = *src++)
        ;
    return s;
}
```

这两个版本都是 strcpy 的合理实现。指针版本使用通常的惯用法将赋值、指针递增和测试赋值操作的结果合并为单一的赋值表达式。它还修改了其参数 dst 和 src，这在 C 语言中是可接受的，因为所有参数都是传值的，实际上参数只不过是已初始化的局部变量。

还可以举出很好的例子，来表明使用数组版本比指针版本更好。例如，所有程序员都更容易理解数组版本，无论他们能否使用 C 语言流畅地编程。但指针版本是最有经验的 C 程序员会编写的那种代码，因而程序员阅读现存代码时最有可能遇到它。本书可以帮助读者学习这些惯用法、理解 C 语言的优点并避免易犯的错误。

1.3   效率

程序员似乎被效率问题困扰着。他们可能花费数小时来微调代码，使之运行得更快。遗憾的是，大部分这种工作都是无用功。当猜测程序的运行时间花费在何处时，程序员的直觉非常糟糕。

微调程序是为了使之更快，但通常总是会使之更大、更难理解、更可能包含错误。除非对执行时间的测量表明程序太慢，否则这样的微调没有意义。程序只需要足够快即可，不一定要尽可能快。

微调通常在"真空"中完成。如果一个程序太慢，找到其瓶颈的唯一途径就是测量它。程序的瓶颈很少出现在预期位置或者是因你所怀疑的原因导致，而且在错误位置上微调程序是没有意义的。在找到正确的位置后，仅当该处花费的时间确实占运行时间的很大比例时，才有必要进行微调。如果 I/O 占了程序运行时间的 60%，在搜索例程中节省 1% 是无意义的。

微调通常会引入错误。最快崩溃的程序绝非胜者。可靠性比效率更重要；与交付足够快的可靠软件相比，交付快速但会崩溃的软件，从长远看来代价更高。

微调经常在错误的层次上进行。快速算法的直接简明的实现，比慢速算法的手工微调实现要好得多。例如，减少线性查找的内层循环的指令数，注定不如直接使用二分查找。

微调无法修复低劣的设计。如果程序到处都慢，这种低效很可能是设计导致的。当基于编写得很糟糕或不精确的问题说明给出设计时，或者根本就没有总体设计时，就会发生这种令人遗憾的情况。

本书中大部分代码都使用了高效的算法，具有良好的平均情况性能，其最坏情形性能也易于概括。对大多数应用程序来说，这些代码对典型输入的执行时间总是足够快速的。当某些程序的代码性能可能会导致问题时，书中自会明确注明。

一些 C 程序员在寻求提高效率的途径时，大量使用宏和条件编译。只要有可能，本书将避免使用这两种方法。使用宏来避免函数调用基本上是不必要的。仅当客观的测量结果表明有问题的调用的开销大大超出其余代码的运行时间时，使用宏才有意义。操作 I/O 是较适宜采用宏的少数情况之一。例如，标准的 I/O 函数 getc、putc、getchar 和 putchar 通常实现为宏。

条件编译通常用于配置特定平台或环境的代码，或者用于代码调试的启用/禁用。这些问题是实际存在的，但条件编译通常只是解决问题的较为容易的方法，而且总会使代码更难于阅读。而重写代码以便在执行期间选择平台依赖关系通常则更为有用。例如，一个编译器可以在执行时选择多种（比如说 6 种）体系结构中的一个来生成代码，这样的一种交叉编译器要比必须配置并搭建 6 个不同的编译器更有用，而且可能更易于维护。

如果应用程序必须在编译时配置，与 C 语言的条件编译工具相比，版本控制工具更擅长完成该工作。这样，代码中就不必充斥着预处理器指令，因为那会使代码难于阅读，并模糊被编译和未被编译的代码之间的界限。使用版本控制工具，你看到的代码即为被执行的代码。对于跟踪性能改进情况来说，这些工具也是理想的选择。

1.4 扩展阅读

对于标准 C 库来说，ANSI 标准 [ANSI 1990]和技术上等效的 ISO 标准 [ISO 1990]是权威的参考文献，但 [Plauger，1992]一书给出了更详细的描述和完整的实现。同样，C 语言相关问题的定论就在于这些标准，但[Kernighan and Ritchie，1988]一书却可能是最广为使用的参考。[Harbison and Steele，1995]一书的最新版本或许是 C 语言标准的最新的资料，它还描述了如何编写"干净的 C"，即可以用 C++编译器编译的 C 代码。[Jaeschke，1991]一书将标准 C 语言的精华浓缩为紧凑的词典格式，这份资料对 C 程序员来说也很有用。

[Kernighan and Plauger，1976]一书给出了文学程序的早期例子，当然作者对文学编程没太多认识，只是使用了专门开发的工具将代码集成到书中。WEB 是首批明确为文学编程设计的工具之一。[Knuth，1992]一书描述了 WEB 和它的一些变体及用法，[Sewell，1989]一书是 WEB 的入门介绍。更简单的工具（[Hanson，1987]，[Ramsey，1994]）发展了很长时间才提供 WEB 的大部分基本功能。本书使用 notangle 来提取代码块，它是 Ramsey 的 noweb 系统中的程序之一。[Fraser and Hanson，1995]一书也使用了 noweb，该书以文学程序的形式给出了一个完整的 C 语言编译器。该编译器也是一个交叉编译器。

double 取自 [Kernighan and Pike，1984]，在该书中 double 是用 AWK [Aho, Kernighan and Weinberger，1988]程序设计语言实现的。尽管年龄老迈，但[Kernighan and Pike，1984]仍然是 UNIX 程序设计哲学方面的最佳书籍之一。

学习良好的程序设计风格，最好的方法是阅读风格良好的程序。本书将遵循 [Kernighan and Pike，1984]和 [Kernighan and Ritchie，1988]中的风格，这种风格经久而不衰。[Kernighan and Plauger，1978]一书是程序设计风格方面的经典著作，但该书并不包含 C 语言的例子。Ledgard 的小书[Ledgard，1987]提供了类似的建议，而 [Maguire，1993]从 PC 程序设计的角度阐述了程序设计风格问题。[Koenig，1989]一书暴露的 C 语言的黑暗角落，强调了那些应该避免的东西。[McConnell，1993]一书在与程序构建相关的许多方面提供了明智的建议，并针对使用 goto 语句的利弊两方面进行了不偏不倚的讨论。

学习编写高效的代码，最好的方法是在算法方面有扎实的基础，并阅读其他高效的代码。[Sedgewick，1990]一书纵览了大多程序员都必须知道的所有重要算法，而 [Knuth，1973a]一书对算法基础进行了至为详细的讨论。[Bentley，1982]一书有 170 页，给出了编写高效代码方面的一些有益的建议和常识。

1.5 习题

1.1 在一个单词结束于换行符时，getword 在 〈*scan forward to a nonspace or EOF* 5〉代码块中将 linenum 加 1，而不是在 〈*copy the word into* buf[0..size-1] 5〉代码块之后。解释这样做的原因。如果在本例中，linenum 的加 1 操作是在 〈*copy the word into* buf[0..size-1] 5〉

代码块之后进行，会发生什么情况？

1.2 当 double 在输入中发现 3 个或更多相同单词时会显示什么？修改 double 来改掉这个"特性"。

1.3 许多有经验的 C 程序员会在 strcpy 的循环中加入一个显式的比较操作：

```
char *strcpy(char *dst, const char *src) {
    char *s = dst;

    while ((*dst++ = *src++) != '\0')
        ;
    return s;
}
```

显式比较表明赋值操作并非笔误。一些 C 编译器和相关工具，如 Gimpel Software 的 PC-Lint 和 LCLint[Evans，1996]，在发现赋值操作的结果用作条件表达式时会发出警告，因为这种用法是一个常见的错误来源。如果读者有 PC-Lint 或 LCLint，可以在一些"测试"过的程序上进行试验。

第 2 章

接口与实现

模块分为两个部分，即模块的接口与实现。接口规定了模块做什么。接口会声明标识符、类型和例程，提供给使用模块的代码。实现指明模块如何完成其接口规定的目标。对于给定的模块，通常只有一个接口，但可能有许多实现提供了接口规定的功能。每个实现可能使用不同的算法和数据结构，但它们都必须合乎接口的规定。

客户程序（client）是使用模块的一段代码。客户程序导入接口，实现则导出接口。客户程序只需要看到接口即可。实际上，它们可能只有实现的目标码。多个客户程序共享接口和实现，因而避免了不必要的代码重复。这种方法学也有助于避免 bug，接口和实现编写并调试一次后，可以经常使用。

2.1 接口

接口仅规定客户程序可能使用的那些标识符，而尽可能隐藏不相关的表示细节和算法。这有助于客户程序避免依赖特定实现的具体细节。客户程序和实现之间的这种依赖性称之为耦合（coupling），在实现改变时耦合会导致 bug，当依赖性被与实现相关的隐藏或隐含的假定掩盖时，这种 bug 可能会特别难于改正。设计完善且陈述准确的接口可以减少耦合。

对于接口与实现相分离，C 语言只提供了最低限度的支持，但通过一些简单的约定，我们即可获得接口/实现方法学的大多数好处。在 C 语言中，接口通过一个头文件指定，头文件的扩展名通常为.h。这个头文件会声明客户程序可能使用的宏、类型、数据结构、变量和例程。客户程序用 C 预处理器指令#include 导入接口。

以下例子说明了本书中的接口使用的约定。下述接口

⟨*arith.h*⟩ ≡
```
  extern int Arith_max(int x, int y);
  extern int Arith_min(int x, int y);
  extern int Arith_div(int x, int y);
  extern int Arith_mod(int x, int y);
  extern int Arith_ceiling(int x, int y);
  extern int Arith_floor  (int x, int y);
```

声明了 6 个整数算术运算函数。该接口的实现需要为上述每一个函数提供定义。

该接口命名为 Arith，接口头文件命名为 arith.h。在接口中，接口名称表现为每个标识符的前缀。这种约定并不优美，但 C 语言几乎没有提供其他备选方案。所有文件作用域中的标识符，包括变量、函数、类型定义和枚举常数，都共享同一个命名空间。所有的全局结构、联合和枚举标记则共享另一个命名空间。在一个大程序中，在本来无关的模块中，很容易使用同一名称表示不同的目的。避免这种名称冲突（name collision）的一个方法是使用前缀，如模块名。一个大程序很容易有数千全局标识符，但通常只有几百个模块。模块名不仅提供了适当的前缀，还有助于使客户程序代码文档化。

Arith 接口中的函数提供了标准 C 库缺失的一些有用功能，并对除法和模运算提供了良定义的结果，而标准则将这些操作的行为规定为未定义（undefined）或由具体实现来定义（implementation-defined）。

Arith_min 和 Arith_max 函数分别返回其整型参数的最小值和最大值。

Arith_div 返回 x 除以 y 获得的商，而 Arith_mod 则返回对应的余数。当 x 和 y 都为正或都为负时，Arith_div(x,y) 等于 x/y，而 Arith_mod(x,y) 等于 $x\%y$。然而当两个操作数符号不同时，由 C 语言内建运算符所得出的返回值取决于具体编译器的实现。当 y 为零时，Arith_div 和 Arith_mod 的行为与 x/y 和 $x\%y$ 相同。

C 语言标准只是强调，如果 x/y 是可表示的，那么 $(x/y)*y + x\%y$ 必须等于 x。当一个操作数为负数时，这种语义使得整数除法可以向零舍入，也可以向负无穷大舍入。例如，如果 $-13/5$ 的结果定义为 -2，那么标准指出，$-13\%5$ 必须等于 $-13 - (-13/5)*5 = -13 - (-2)*5 = -3$。但如果 $-13/5$ 定义为 -3，那么 $-13\%5$ 的值必须是 $-13 - (-3)*5 = 2$。

因而内建的运算符只对正的操作数有用。标准库函数 div 和 ldiv 以两个整数或长整数为输入，并计算二者的商和余数，在一个结构的 quot 和 rem 字段中返回。这两个函数的语义是良定义的：它们总是向零舍入，因此 div(-13,5).quot 总是等于 -2。Arith_div 和 Arith_mod 同样是良定义的。它们总是向数轴的左侧舍入，当其操作数符号相同时向零舍入，当其符号不同时向负无穷大舍入，因此 Arith_div(-13,5) 返回 -3。

Arith_div 和 Arith_mod 的定义可以用更精确的数学术语来表达。Arith_div(x,y) 定义为不超过实数 z 的最大整数，而 $z*y=x$。因而，对 $x=-13$ 和 $y=5$（或者 $x = 13$ 和 $y = -5$），z 为 -2.6，因此 Arith_div(-13,5) 为 -3。Arith_mod(x,y) 定义为等于 x - y*Arith_div(x,y)，因此 Arith_mod(-13,5) 为 $-13 -5*(-3) = 2$。

Arith_ceiling 和 Arith_floor 函数遵循类似的约定。Arith_ceiling(x,y) 返回不小于 x/y 的实数商的最小整数，而 Arith_floor(x,y) 返回不大于 x/y 的实数商的最大整数。对所有操作数 x 和 y 来说，Arith_ceiling 返回数轴在 x/y 对应点右侧的整数，而 Arith_floor 返回 x/y 对应点左侧的整数。例如：

```
Arith_ceiling( 13,5) = 13/5 =  2.6 =  3
Arith_ceiling(-13,5) =-13/5 = -2.6 = -2
Arith_floor  ( 13,5) = 13/5 =  2.6 =  2
Arith_floor  (-13,5) =-13/5 = -2.6 = -3
```

即便简单如 Arith 这种程度的接口仍然需要这么费劲的规格说明，但对大多数接口来说，Arith 的例子很有代表性和必要性（很让人遗憾）。大多数编程语言的语义中都包含漏洞，某些操作的精确含义定义得不明确或根本未定义。C 语言的语义充满了这种漏洞。设计完善的接口会塞住这些漏洞，将未定义之处定义完善，并对语言标准规定为未定义或由具体实现定义的行为给出明确的裁决。

Arith 不仅是一个用来显示 C 语言缺陷的人为范例，它也是有用的，例如对涉及模运算的算法，就像是哈希表中使用的那些算法。假定 i 从零到 N - 1，其中 N 大于1，并对 i 加 1 和 i 减 1 的结果模 N。即，如果 i 为 N-1，i+1 为 0，而如果 i 为 0，i-1 为 N-1。下述表达式

```
i = Arith_mod(i + 1, N);
i = Arith_mod(i - 1, N);
```

正确地对 i 进行了加 1 模 N 和减 1 模 N 的操作。表达式 i = (i+1) % N 可以工作，但 i = (i-1) % N 无法工作，因为当 i 为 0 时，(i-1) % N 可能是-1 或 N-1。程序员在(-1) % N 返回 N-1 的计算机上可以使用(i-1) % N，但如果依赖这种由具体实现定义的行为，那么在将代码移植到 (-1) % N 返回-1 的计算机上时，就可能遭遇到非常出人意料的行为。库函数 div(x,y)也无济于事。它返回一个结构，其 quot 和 rem 字段分别保存 x/y 的商和余数。在 i 为零时，div(i-1, N).rem 总是-1。使用 i = (i-1+N) % N 是可以的，但仅当 i-1+N 不造成溢出时才行。

2.2 实现

实现会导出接口。它定义了必要的变量和函数，以提供接口规定的功能。实现具体解释了接口的语义，并给出其表示细节和算法，但在理想情况下，客户程序从来都不需要看到这些细节。不同的客户程序可以共享实现的目标码，通常是从（动态）库加载实现的目标码。

一个接口可以有多个实现。只要实现遵循接口的规定，完全可以在不影响客户程序的情况下改变实现。例如，不同的实现可能会提供更好的性能。设计完善的接口会避免对特定机器的依赖，但也可能强制实现依赖于机器，因此对用到接口的每种机器，可能都需要一个不同的实现（也可能是实现的一部分）来支持。

在 C 语言中，一个实现通过一个或多个.c 文件来提供。实现必须提供其导出的接口规定的功能。实现会包含接口的.h 文件，以确保其定义与接口的声明一致。但除此之外，C 语言中没有其他语言机制来检查实现与接口是否符合。

如同本书中的接口，本书描述的实现也具有一种风格化的格式，如 arith.c 所示：

⟨*arith.c*⟩ ≡
  #include "arith.h"
  ⟨*arith.c functions* 14⟩

⟨*arith.c functions* 14⟩ ≡
```
int Arith_max(int x, int y) {
    return x > y ? x : y;
}

int Arith_min(int x, int y) {
    return x > y ? y : x;
}
```

除了 ⟨*arith.c functions* 14⟩，更复杂的实现可能包含名为 ⟨*data*⟩、⟨*types*⟩、⟨*macros*⟩、⟨*prototypes*⟩ 等的代码块。在不会造成混淆时，代码块中的文件名（如 arith.c）将略去。

在 Arith_div 的参数符号不同时，它必须处理除法的两种可能行为。如果除法向零舍入，而 y 不能整除 x，那么 Arith_div(x,y) 的结果为 $x/y - 1$，否则，返回 x/y 即可：

⟨*arith.c functions* 14⟩+≡
```
int Arith_div(int x, int y) {
    if (⟨division truncates toward 0 14⟩
    && ⟨x and y have different signs 14⟩ && x%y != 0)
        return x/y - 1;
    else
        return x/y;
}
```

前一节的例子，即将 −13 除以 5，可以测试除法所采用的舍入方式。首先判断 x 和 y 是否小于 0，然后比较两个判断结果是否相等，即可检查符号问题：

⟨*division truncates toward 0* 14⟩ ≡
```
    -13/5 == -2
```

⟨*x and y have different signs* 14⟩ ≡
```
    (x < 0) != (y < 0)
```

Arith_mod 可以按其定义实现：
```
int Arith_mod(int x, int y) {
    return x - y*Arith_div(x, y);
}
```

如果 Arith_mod 也像 Arith_div 那样进行判断，那么也可以使用 % 运算符实现。在相应的条件为真时，

```
Arith_mod(x,y) = x - y*Arith_div(x, y)
               = x - y*(x/y - 1)
               = x - y*(x/y) + y
```

加下划线的子表达式是标准 C 对 $x\%y$ 的定义，因此 Arith_mod 可定义为：

⟨*arith.c functions* 14⟩+≡

```
int Arith_mod(int x, int y) {
    if  (⟨division truncates toward 0 14⟩
    &&  ⟨x and y have different signs 14⟩  && x%y != 0)
        return x%y + y;
    else
        return x%y;
}
```

Arith_floor 刚好等于 Arith_div，而 Arith_ceiling 等于 Arith_div 加 1，除非 y 能整除 x：

⟨*arith.c functions* 14⟩ +≡
```
int Arith_floor(int x, int y) {
    return Arith_div(x, y);
}

int Arith_ceiling(int x, int y) {
    return Arith_div(x, y) + (x%y != 0);
}
```

2.3 抽象数据类型

一个抽象数据类型是一个接口，它定义了一个数据类型和对该类型的值所进行的操作。一个数据类型是一个值的集合。在 C 语言中，内建的数据类型包括字符、整数、浮点数等。而结构本身也能定义新的类型，因而可用于建立更高级类型，如列表、树、查找表等。

高级类型是抽象的，因为其接口隐藏了相关的表示细节，并只规定了对该类型值的合法操作。理想情况下，这些操作不会暴露类型的表示细节，因为那样可能使客户程序隐含地依赖于具体的表示。抽象数据类型或 ADT 的标准范例是栈。其接口定义了栈类型及其 5 个操作：

⟨*initial version of stack.h*⟩ ≡
```
#ifndef STACK_INCLUDED
#define STACK_INCLUDED

typedef struct Stack_T *Stack_T;

extern Stack_T Stack_new  (void);
extern int     Stack_empty(Stack_T stk);
extern void    Stack_push (Stack_T stk, void *x);
extern void   *Stack_pop  (Stack_T stk);
extern void    Stack_free (Stack_T *stk);

#endif
```

上述的 typedef 定义了 Stack_T 类型，这是一个指针，指向一个同名结构。该定义是合法的，因为结构、联合和枚举的名称（标记）占用了一个命名空间，该命名空间不同于变量、函数和类型名所用的命名空间。这种惯用法的使用遍及本书各处。类型名 Stack_T，是这个接口中我们关注的名称，只有对实现来说，结构名才比较重要。使用相同的名称，可以避免用太多罕见的名称污染代码。

宏 STACK_INCLUDED 也会污染命名空间，但_INCLUDED 后缀有助于避免冲突。另一个常见的约定是为此类名称加一个下划线前缀，如_STACK 或_STACK_INCLUDED。但标准 C 将下划线前缀保留给实现者和未来的扩展使用，因此避免使用下划线前缀看起来是谨慎的做法。

该接口透露了栈是通过指向结构的指针表示的，但并没有给出结构的任何信息。因而Stack_T 是一个不透明指针类型，客户程序可以自由地操纵这种指针，但无法反引用不透明指针，即无法查看指针所指向结构的内部信息。只有接口的实现才有这种特权。

不透明指针隐藏了表示细节，有助于捕获错误。只有 Stack_T 类型值可以传递给上述的函数，试图传递另一种指针，如指向其他结构的指针，将产生编译错误。唯一的例外是参数中的一个 void 指针，该该参数可以传递任何类型的指针。

条件编译指令#ifdef 和#endif 以及定义 STACK_INCLUDED 的#define，使得 stack.h 可以被包含多次，在接口又导入了其他接口时可能出现这种情况。如果没有这种保护，第二次和后续的包含操作，将因为 typedef 中的 Stack_T 重定义而导致编译错误。

在少数可用的备选方案中，这种约定似乎是最温和的。禁止接口包含其他接口，可以完全避免重复包含，但这又强制接口用某种其他方法指定必须导入的其他接口，如注释，也强迫程序员来提供包含指令。将条件编译指令放在客户程序而不是接口中，可以避免编译时不必要地读取接口文件，但代价是需要在许多地方衍生出很多乱七八糟的条件编译指令，不像只放在接口中那样清洁。上文说明的约定，需要编译器来完成所谓的"脏活"。

按约定，定义 ADT 的接口 X 可以将 ADT 类型命名为 X_T。本书中的接口在这个约定基础上更进一步，在接口内部使用宏将 X_T 缩写为 T。使用该约定时，stack.h 如下：

⟨*stack.h*⟩ ≡
```
#ifndef STACK_INCLUDED
#define STACK_INCLUDED

#define T Stack_T
typedef struct T *T;

extern T     Stack_new  (void);
extern int   Stack_empty(T stk);
extern void  Stack_push (T stk, void *x);
extern void *Stack_pop  (T stk);
extern void  Stack_free (T *stk);

#undef T
#endif
```

该接口在语义上与前一个是等效的。缩写只是语法糖（syntactic sugar），使得接口稍微容易阅读一些。T 指的总是接口中的主要类型。但客户程序必须使用 Stack_T，因为 stack.h 末尾的#undef指令删除了上述的缩写。

　　该接口提供了可用于任意指针的容量无限制的栈。Stack_new 创建新的栈，它返回一个类型为 T 的值，可以作为参数传递给其他四个函数。Stack_push 将一个指针推入栈顶，Stack_pop 在栈顶删除一个指针并返回该指针，如果栈为空，Stack_empty 返回 1，否则返回 0。Stack_free 以一个指向 T 的指针为参数，释放该指针所指向的栈，并将类型为 T 的变量设置为 NULL 指针。这种设计有助于避免悬挂指针（dangling pointer），即指针指向已经被释放的内存。例如，如果 names 通过下述代码定义并初始化：

```
#include "stack.h"
Stack_T names = Stack_new();
```

下述语句

```
Stack_free(&names);
```

将释放 names 指向的栈，并将 names 设置为 NULL 指针。

　　当 ADT 通过不透明指针表示时，导出的类型是一个指针类型，这也是 Stack_T 通过 typedef 定义为指向 struct Stack_T 的指针的原因。本书中大部分 ADT 都使用了类似的 typedef。当 ADT 披露了其表示细节，并导出可接受并返回相应结构值的函数时，接口会将该结构类型定义为导出类型。第 16 章中的 Text 接口说明了这种约定，该接口将 Text_T 声明为 struct Text_T 的一个 typedef。无论如何，接口中的主要类型总是缩写为 T。

2.4　客户程序的职责

　　接口是其实现和其客户程序之间的一份契约。实现必须提供接口中规定的功能，而客户程序必须根据接口中描述的隐式和显式的规则来使用这些功能。程序设计语言提供了一些隐式规则，来支配接口中声明的类型、函数和变量的使用。例如，C 语言的类型检查规则可以捕获接口函数的参数的类型和数目方面的错误。

　　C 语言的用法没有规定的或编译器无法检查的规则，必须在接口中详细说明。客户程序必须遵循这些规则，实现必须执行这些规则。接口通常会规定未检查的运行时错误（unchecked runtime error）、已检查的运行时错误（checked runtime error）和异常（exception）。未检查的和已检查的运行时错误是非预期的用户错误，如未能打开一个文件。运行时错误是对客户程序和实现之间契约的破坏，是无法恢复的程序 bug。异常是指一些可能的情形，但很少发生。程序也许能从异常恢复。内存耗尽就是一个例子。异常在第 4 章详述。

　　未检查的运行时错误是对客户程序与实现之间契约的破坏，而实现并不保证能够发现这样的错误。如果发生未检查的运行时错误，可能会继续执行，但结果是不可预测的，甚至可能是不可重复的。好的接口会在可能的情况下避免未检查的运行时错误，但必须规定可能发生的此类错误。例如，Arith 必须指明除以零是一个未检查的运行时错误。Arith 虽然可以检查除以零的情形，但却不加处理使之成为未检查的运行时错误，这样接口中的函数就模拟了 C 语言内建的除法运算符的行为（即，除以零时其行为是未定义的）。使除以零成为一种已检查的运行时错误，也是一种合理的方案。

　　已检查的运行时错误是对客户程序与实现之间契约的破坏，但实现保证会发现这种错误。这种错误表明，客户程序未能遵守契约对它的约束，客户程序有责任避免这类错误。Stack 接口规定了三个已检查的运行时错误：

　　(1) 向该接口中的任何例程传递空的 Stack_T 类型的指针；

　　(2) 传递给 Stack_free 的 Stack_T 指针为 NULL 指针；

　　(3) 传递给 Stack_pop 的栈为空。

　　接口可以规定异常及引发异常的条件。如第 4 章所述，客户程序可以处理异常并采取校正措施。未处理的异常（unhandled exception）被当做是已检查的运行时错误。接口通常会列出自身引发的异常及其导入的接口引发的异常。例如，Stack 接口导入了 Mem 接口，它使用后者来分配内存空间，因此它规定 Stack_new 和 Stack_push 可能引发 Mem_Failed 异常。本书中大多数接口都规定了类似的已检查的运行时错误和异常。

　　在向 Stack 接口添加这些之后，我们可以继续进行其实现：

⟨*stack.c*⟩ ≡
```
#include <stddef.h>
#include "assert.h"
#include "mem.h"
#include "stack.h"

#define T Stack_T
```
⟨*types* 18⟩
⟨*functions* 18⟩

#define 指令又将 T 定义为 Stack_T 的缩写。该实现披露了 Stack_T 的内部结构，它是一个结构，一个字段指向一个链表，链表包含了栈上的各个指针，另一个字段统计了指针的数目。

⟨*types* 18⟩ ≡
```
struct T {
    int count;
    struct elem {
        void *x;
        struct elem *link;
    } *head;
};
```

Stack_new 分配并初始化一个新的 T：

⟨*functions* 18⟩ ≡
```
T Stack_new(void) {
    T stk;

    NEW(stk);
    stk->count = 0;
    stk->head = NULL;
```

```
        return stk;
    }
```

NEW 是 Mem 接口中一个用于分配内存的宏。NEW(p) 为 p 指向的结构分配一个实例, 因此 Stack_new 中使用它来分配一个新的 Stack_T 结构实例。

如果 count 字段为 0, Stack_empty 返回 1, 否则返回 0:

⟨*functions* 18⟩ +≡
```
    int Stack_empty(T stk) {
        assert(stk);
        return stk->count == 0;
    }
```

assert(stk) 实现了已检查的运行时错误, 即禁止对 Stack 接口函数中的 Stack_T 类型参数传递 NULL 指针。assert(e) 是一个断言, 声称对任何表达式 e, e 都应该是非零值。如果 e 非零, 它什么都不做, 否则将中止程序执行。assert 是标准库的一部分, 但第 4 章的 Assert 接口定义了自身的 assert, 其语义与标准库类似, 但提供了优雅的程序终止机制。assert 用于所有已检查的运行时错误。

Stack_push 和 Stack_pop 分别在 stk->head 链表头部添加和删除元素:

⟨*functions* 18⟩ +≡
```
    void Stack_push(T stk, void *x) {
        struct elem *t;

        assert(stk);
        NEW(t);
        t->x = x;
        t->link = stk->head;
        stk->head = t;
        stk->count++;
    }

    void *Stack_pop(T stk) {
        void *x;
        struct elem *t;

        assert(stk);
        assert(stk->count > 0);
        t = stk->head;
        stk->head = t->link;
        stk->count--;
        x = t->x;
        FREE(t);
        return x;
    }
```

FREE 是 Mem 用于释放内存的宏, 它释放其指针参数指向的内存空间, 并将该参数设置为 NULL 指针, 这与 Stack_free 的做法同理, 都是为了避免悬挂指针。Stack_free 也调用了 FREE:

⟨*functions* 18⟩ +≡
```
void Stack_free(T *stk) {
    struct elem *t, *u;

    assert(stk && *stk);
    for (t = (*stk)->head; t; t = u) {
        u = t->link;
        FREE(t);
    }
    FREE(*stk);
}
```

该实现披露了一个未检查的运行时错误，本书中所有的 ADT 接口都会受到该错误的困扰，因而并没有在接口中指明。我们无法保证传递到 Stack_push、Stack_pop、Stack_empty 的 Stack_T 值和传递到 Stack_free 的 Stack_T*值都是 Stack_new 返回的有效的 Stack_T 值。习题 2.3 针对该问题进行了探讨，给出一个部分解决方案。

还有两个未检查的运行时错误，其效应可能更为微妙。本书中许多 ADT 通过 void 指针通信，即存储并返回 void 指针。在任何此类 ADT 中，存储函数指针（指向函数的指针）都是未检查的运行时错误。void 指针是一个类属指针（generic pointer，通用指针），类型为 void * 的变量可以容纳指向一个对象的任意指针，此类指针可以指向预定义类型、结构和指针。但函数指针不同。虽然许多 C 编译器允许将函数指针赋值给 void 指针，但不能保证 void 指针可以容纳函数指针①。

通过 void 指针传递任何对象指针都不会损失信息。例如，在执行下列代码之后，

```
S *p, *q;
void *t;
...
t = p;
q = t;
```

对任何非函数的类型 S，p 和 q 都将是相等的。但不能用 void 指针来破坏类型系统。例如，在执行下列代码之后，

```
S *p;
D *q;
void *t;
...
t = p;
q = t;
```

我们不能保证 q 与 p 是相等的，或者根据类型 S 和 D 的对齐约束，也不能保证 q 是一个指向类型 D 对象的有效指针。在标准 C 语言中，void 指针和 char 指针具有相同的大小和表示。但其他指针可能小一些，或具有不同的表示。因而，如果 S 和 D 是不同的对象类型，那么在 ADT 中存储一个指向 S 的指针，将该指针返回到一个指向类型 D 的指针中，这是一个未检查的运行时

---

① C 语言中数据指针和函数指针的位宽应该是相同的，但 C++中的成员函数指针可能有不同。——译者注

错误。

在 ADT 函数并不修改被指向的对象时，程序员可能很容易将不透明指针参数声明为 const。例如，Stack_empty 可能有下述编写方式。

```
int Stack_empty(const T stk) {
    assert(stk);
    return stk->count == 0;
}
```

const 的这种用法是不正确的。这里的意图是将 stk 声明为一个"指向 struct T 的常量实例的指针"，因为 Stack_empty 并不修改 *stk。但 const T stk 将 stk 声明为一个"常量指针，指向一个 struct T 实例"，对 T 的 typedef 将 struct T *打包到一个类型中，这一个指针类型成为了 const 的操作数[①]。无论对 Stack_empty 还是其调用者，const T stk 都是无用的，因为在 C 语言中，所有的标量包括指针在函数调用时都是传值的。无论有没有 const 限定符，Stack_empty 都无法改变调用者的实参值。

用 struct T *代替 T，可以避免这个问题：

```
int Stack_empty(const struct T *stk) {
    assert(stk);
    return stk->count == 0;
}
```

这个用法说明了为什么不应该将 const 用于传递给 ADT 的指针：const 披露了有关实现的一些信息，因而限制了可能性。对于 Stack 的这个实现而言，使用 const 不是问题，但它排除了其他同样可行的方案。假定某个实现预期可重用栈中的元素，因而延迟对栈元素的释放操作，但会在调用 Stack_empty 时释放它们。Stack_empty 的这种实现需要修改 *stk，但因为 *stk 声明为 const 而无法进行修改。本书中的 ADT 都不使用 const。

2.5　效率

本书中的接口的大多数实现所使用的算法和数据结构，其平均情况运行时间不会超过 N（输入规模）的线性函数，大多数算法都能够处理大量的输入。无法处理大量输入的接口，或者性能可能成为重要影响因素的接口，可以规定性能标准（performance criteria）。实现必须满足这些标准，客户程序可以预期性能能够达到标准的规定（但不会比标准好上多少）。

本书中所有的接口都使用了简单但高效的算法。在 N 较大时，更复杂的算法和数据结构可能有更好的性能，但 N 通常比较小。大多数实现都只使用基本的数据结构，如数组、链表、哈希表、树和这些数据结构的组合。

本书中的 ADT，除少量之外全部使用了不透明指针，因此需要使用诸如 Stack_empty 之类的函数来访问隐藏在实现背后的字段。调用函数而不是直接访问字段会带来开销，但它对实际应

---

① const 修饰指针，指针就是常量；const 修饰结构，结构实例就是常量。——译者注

用程序性能的影响通常都是可忽略的。这种做法在可靠性和捕获运行时错误的机会方面带来的改进是可观的，远超性能方面的轻微代价。

如果客观的测量表明确实有必要改进性能，那么这种改进不应该改变接口，例如，可通过定义宏进行。当这种方法不可行时，最好创建一个新接口并说明其性能方面的优势，而不是改变现存的接口（这将使所有的客户程序无效）。

2.6　扩展阅读

自 20 世纪 50 年代以来，过程和函数库的重要性已经是公认的。[Parnas 1972]一文是一篇典型的论文，讨论了如何将程序划分为模块。该论文的历史已经将近 40 年，但当今的程序员仍然面临着该文所考虑的问题。

C 程序员每天都使用接口：C 库是 15 个接口的集合。标准输入输出接口，即 stdio.h，定义了一个 ADT FILE，以及对 FILE 指针的操作。[Plauger，1992]一书详细描述了这 15 个接口及适当的实现，其叙述方式大体上类似于本书讨论一组接口和实现的方式。

Modula-3 是一种相对较新的语言，从语言层面支持接口与实现相分离，本书中使用的基于接口的术语即源自该语言[Nelson，1991]。未检查和已检查的运行时错误的概念，和 ADT 的 T 表示法，都是借鉴 Modula-3。[Harbison，1992]是介绍 Modula-3 的一本教科书。[Horning 等人，1993]一书描述了其 Modula-3 系统中的核心接口。本书中一些接口改编自该书中的接口。[Roberts，1995]一书使用了基于接口的设计，作为讲授计算机科学入门课程的编排方式。

断言的重要性是公认的，在一些语言如 Modula-3 和 Eiffel [Meyer，1992]中，断言机制是内建在语言中的。[Maguire，1993]一书用一整章的篇幅讨论 C 程序中断言的使用。

熟悉面向对象编程的程序员可能认为，本书中大部分 ADT 都可以用面向对象程序设计语言中的对象实现（可能实现得更好），如 C++ [Ellis and Stroustrup，1990]和 Modula-3。[Budd，1991]一书是面向对象程序设计方法学的入门介绍，还包括一些面向对象程序设计语言如 C++的内容。本书中说明的接口设计原理同样适用于面向对象语言。例如，用 C++语言重写本书中的 ADT，对从 C 语言切换到 C++的程序员来说是一个很有用的练习过程。

STL（C++标准模板库，Standard Template Library）提供了与本书所述类似的 ADT。STL 充分利用了 C++模板来针对具体类型实例化 ADT（参见 [Musser and Saini，1996]）。例如，STL 为 vector 类型提供了一个模板，可针对 int、string 等类型分别实例化出对应的 vector 类型。STL 还提供一套函数，来处理由模板生成的类型。

2.7　习题

2.1　原本可使用预处理器宏和条件编译指令如#if，来指定 Arith_div 和 Arith_mod 中如何处理除法的舍入操作。解释为什么对-13/5 == -2 的显式测试是实现上述判断的更好的方法。

2.2 对于 Arith_div 和 Arith_mod 来说，仅当用于编译 arith.c 的编译器执行算术操作的方式与 Arith_div 和 Arith_mod 被调用时的目标机器相同时，这两个函数中所用的-13/5 == -2 测试才是有效的。但这个条件可能会不成立，例如，如果 arith.c 由运行在机器 X 上交叉编译器编译，针对机器 Y 生成代码。不使用条件编译指令，请改正 arith.c，使得交叉编译生成的代码也保证可以工作。

2.3 如同本书中所有的 ADT，Stack 接口也省略了下述规格说明："将外部的 Stack_T 传递给本接口中任何例程，都是未检查的运行时错误"。外部的 Stack_T，意味着不是由 Stack_new 产生的 Stack_T。修正 stack.c，使其可以在某些情况下检查到这种错误。例如，一种方法是向 Stack_T 结构添加一个字段，对于 Stack_new 返回的 Stack_T，该字段包含一个特有的位模式。

2.4 通常有可能会检测到某些无效指针。例如，如果一个非空指针指定的地址在客户程序地址空间之外，那么该指针就是无效的，而且指针通常会受到对齐约束，例如，在某些系统上，指向double的指针，指向的地址必定是8的倍数。请设计一个特定于系统的宏isBadPtr(p)，在p为无效指针时为1，这样assert(ptr)之类的断言都可以替换为类似assert(!isBadPtr(ptr))的断言。

2.5 对栈来说，有许多可行的接口。为 Stack 接口设计并实现一些备选方案。例如，一种方案是再为 Stack_new 增加一个参数，用于指定栈的最大容量。

第 3 章

原　子

3

　　原子（atom）是一个指针，指向一个唯一的、不可变的序列，序列中包含零或多个字节（字节值任意）。大多数原子都指向 0 结尾字符串，但也可以是指向任一字节序列的指针。任一原子都只会出现一次，这也是它被称为原子的原因。如果两个原子指向相同的位置，那么二者是相同的。原子的一个优点是，只通过比较两个指针，即可比较两个字节序列是否相等。使用原子的另一个优点是节省空间，因为任一序列都只会出现一次。

　　在数据结构中，如果使用任意字节的序列作为索引（而不使用整数），那么通常将原子用作键。第 8 章和第 9 章中的表和集合就是例子。

3.1　接口

　　Atom 接口很简单：

⟨*atom.h*⟩≡
```
#ifndef ATOM_INCLUDED
#define ATOM_INCLUDED

extern        int   Atom_length(const char *str);
extern const char *Atom_new   (const char *str, int len);
extern const char *Atom_string(const char *str);
extern const char *Atom_int   (long n);

#endif
```

Atom_new 的参数包括一个指向字节序列的指针，以及该序列中的字节数目。如果必要的话，它将该序列的一个副本添加到原子表并返回该原子，即指向原子表中该序列副本的指针。Atom_new 从不返回 NULL 指针。在原子创建后，它在客户程序的整个执行时间内都存在。原子总是以零字符结束，Atom_new 在必要时会添加零字符。

　　Atom_string 与 Atom_new 类似，它迎合了将字符串用作原子的通常用法。该函数接受一个 0 结尾字符串作为参数，（如有必要）将该字符串的一个副本添加到原子表，并返回该原子。Atom_int 返回对应于以字符串表示长整数 n 的原子，这是另一种常见的用法。最后，Atom_length

返回其参数原子的长度。

　　向本接口中的任何函数传递 NULL 指针、向 Atom_new 传递的 len 参数为负值或者向 Atom_length 传递的指针并非原子，这些都是已检查的运行时错误。修改原子指向的字节，属于未检查的运行时错误。Atom_length 的执行时间与原子的数目成正比。Atom_new、Atom_string 和 Atom_int 都可能引发 Mem_Failed 异常。

3.2　实现

　　Atom 的实现需要维护原子表。Atom_new、Atom_string 和 Atom_int 搜索原子表并可能向其中添加新元素，而 Atom_length 只是搜索原子表。

⟨*atom.c*⟩≡
 ⟨*includes* 25⟩
 ⟨*macros* 28⟩
 ⟨*data* 26⟩
 ⟨*functions* 25⟩

⟨*includes* 25⟩≡
```
#include "atom.h"
```

Atom_string 和 Atom_int 可以在不了解原子表表示细节的情况下实现。例如，Atom_string 只是调用了 Atom_new：

⟨*functions* 25⟩≡
```
const char *Atom_string(const char *str) {
    assert(str);
    return Atom_new(str, strlen(str));
}
```

⟨*includes* 25⟩ +≡
```
#include <string.h>
#include "assert.h"
```

Atom_int 首先将其参数转换为一个字符串，然后调用 Atom_new：

⟨*functions* 25⟩ +≡
```
const char *Atom_int(long n) {
    char str[43];
    char *s = str + sizeof str;
    unsigned long m;

    if (n == LONG_MIN)
        m = LONG_MAX + 1UL;
    else if (n < 0)
        m = -n;
    else
        m = n;
    do
        *--s = m%10 + '0';
```

```
    while ((m /= 10) > 0);
    if (n < 0)
        *--s = '-';
    return Atom_new(s, (str + sizeof str) - s);
}
```

⟨*includes* 25⟩ +≡
```
#include <limits.h>
```

Atom_int 必须要处理二进制补码表示的整数的非对称范围，以及 C 语言的除法和模运算的二义性。无符号数的除法和模运算是良定义的，因此 Atom_int 可以通过使用无符号运算来避免带符号运算符的二义性。

对于有符号的最小负值长整数来说，其绝对值是无法表示的，因为在二进制编码系统中，负数比正数多一个。因而，Atom_new 首先检验这种单一的异常情况，然后将其参数的绝对值赋值给无符号长整数 m。LONG_MAX 的值定义在标准头文件 limits.h 中。

接下来的循环从右到左建立 m 的十进制字符串表示，它首先计算最右侧的位，然后将 m 除以 10，依次类推，直至 m 变为零。随着每个位的得出，相应的字符存储在--s 指向的位置，这相当于在 str 中逆向移动指针 s 的位置。如果 n 是负值，还需要在字符串开始处存储一个负号。

当转换完成时，s指向所要的字符串，该字符串包含&str[43] – s个字符。str数组可容纳 43 个字符，在任何机器上这都足以容纳任何整数的十进制表示。例如，假定long类型的位宽为 128 个bit。对任意的 128 位有符号整数来说，它在八进制下的字符串表示可以放到128/3 + 1 = 43 个字符中[①]。十进制表示用的位数不会比八进制表示更多，因此 43 个字符是足够的。

str 定义中的 43，就是所谓"魔数"（magic number）的一个例子，通常更好的代码风格要求为这样的值定义一个符号名，以确保代码中各处使用的值是相同的。但在这里，该值只出现一次，而且每次引用该值时都使用了 sizeof 运算符。定义一个符号名可能使代码更容易读，但也会使代码更长且扰乱命名空间。本书中，仅当相关值出现多次时，或者该值是接口的一部分时，才定义符号名，下文中哈希表 buckets 的长度（2048），是该约定的另一个例子。

对原子表来说，选择哈希表作为数据结构是显然的。这里的哈希表是一个指针数组，每个指针指向一个链表，链表中的每个表项保存了一个原子：

⟨*data* 26⟩ ≡
```
static struct atom {
    struct atom *link;
    int len;
    char *str;
} *buckets[2048];
```

发源自 buckets[i]的链表保存了那些散列到 i 的原子。链表项的 link 字段指向链表中下一个表项，len 字段保存了字节序列的长度，而 str 字段指向序列本身。例如，在字长32比特、字

---

① 这个不是很严谨，其实应该是 127/3 + 1 = 44 个字符，这里的除法应当向上舍入；应当不影响 10 进制下的讨论。

——译者注

符位宽8比特的小端序计算机上，Atom_string("an atom")将分配如图3-1所示的 struct atom，其中下划线字符（_）表示空格。每个链表项的大小都刚好足够容纳其字节序列。图3-2 给出了哈希表的整体结构。

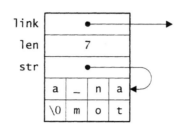

图 3-1 表示原子的 struct atom 实例的"小端序"布局

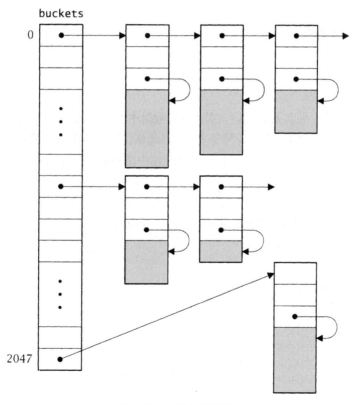

图 3-2 哈希表的结构

Atom_new 对序列 str[0..len - 1]（或空序列，如果 len 为零）计算一个哈希码，将该 哈希码对哈希桶的数目取模得到一个索引值，并搜索该索引值对应的哈希桶（即链表）。如果函数发现 str[0..len - 1]已经在表中，就只返回对应的原子：

⟨*functions* 25⟩ +≡
```
const char *Atom_new(const char *str, int len) {
    unsigned long h;
    int i;
    struct atom *p;

    assert(str);
    assert(len >= 0);
    ⟨h ← hash str[0..len-1] 29⟩
    h %= NELEMS(buckets);
    for (p = buckets[h]; p; p = p->link)
        if (len == p->len) {
            for (i = 0; i < len && p->str[i] == str[i]; )
                i++;
            if (i == len)
                return p->str;
        }
    ⟨allocate a new entry 28⟩
    return p->str;
}
```

⟨*macros* 28⟩≡
```
#define NELEMS(x) ((sizeof (x))/(sizeof ((x)[0])))
```

NELEMS 的定义说明了一种常见的 C 语言惯用法：数组中元素的数目，就是数组的大小除以每个数组元素的大小。sizeof 是一个编译时运算符，因此该计算只适用于在编译时大小已知的数组。如该定义所示，宏参数用斜体印刷，以标明宏功能体中使用宏参数之处。

如果 str[0..len - 1]不在表中，Atom_new 分配一个 struct atom 和足够的附加空间来容纳该序列，将 str[0..len - 1]复制到分配的附加空间中，并将新的表项添加到 buckets[h] 链表的头部，从而将该序列添加到哈希表中。该链表项也可以添加到链表的尾部，但添加到链表头部比较简单。

⟨*allocate a new entry* 28⟩≡
```
p = ALLOC(sizeof (*p) + len + 1);
p->len = len;
p->str = (char *)(p + 1);
if (len > 0)
    memcpy(p->str, str, len);
p->str[len] = '\0';
p->link = buckets[h];
buckets[h] = p;
```

⟨*includes* 25⟩ +≡
```
#include "mem.h"
```

ALLOC 是 Mem 接口用于分配内存的主要函数，它模仿了标准库函数 malloc：其参数是所需分配的字节数。Atom_new 不能使用 Mem 接口的 NEW（在 Stack_push 中说明过），因为需要分配的字节数取决于 len，仅当需要分配的字节数在编译时已知，才能应用 NEW。上述对 ALLOC 的调用，同时为 atom 结构和字节序列分配了空间，字节序列紧接着结构之后存储。

对传递给 Atom_new 的序列进行散列，就是计算出表示该序列的一个无符号数。理想情况下，对 N 个输入序列，所算得的哈希码应该均匀地分布在 0 到 NELEMS(buckets) - 1 的范围内。如果它们的分布确实如此，那么 buckets 中的每个链表将有 N/NELEMS(buckets) 个表项，搜索一个字节序列的平均时间将是 N/(2 * NELEMS(buckets))。如果（假定）N 小于 2 * NELEMS(buckets)，那么搜索时间实质上是一个常数。

散列是一个已经充分研究过的主题，有许多好的哈希函数可用。Atom_new 使用一个简单的查表算法：

```
⟨h ← hash str[0..len-1] 29⟩≡
    for (h = 0, i = 0; i < len; i++)
        h = (h<<1) + scatter[(unsigned char)str[i]];
```

scatter 是一个 256 项的数组，它将字节值映射到随机数，这些随机数是通过调用标准库函数 rand 生成的。经验表明，这种简单的方法有助于使哈希值分布更均匀。将 str[i] 转换为无符号字符可以避免 C 语言有关"普通"字符的二义性：字符可以是有符号或无符号的。如果不转换，在使用带符号字符的机器上，超过 127 的 str[i] 值将产生负的索引值。

```
⟨data 26⟩ +≡
    static unsigned long scatter[] = {
    2078917053, 143302914, 1027100827, 1953210302, 755253631, 2002600785,
    1405390230, 45248011, 1099951567, 433832350, 2018585307, 438263339,
    813528929, 1703199216, 618906479, 573714703, 766270699, 275680090,
    1510320440, 1583583926, 1723401032, 1965443329, 1098183682, 1636505764,
    980071615, 1011597961, 643279273, 1315461275, 157584038, 1069844923,
    471560540, 89017443, 1213147837, 1498661368, 2042227746, 1968401469,
    1353778505, 1300134328, 2013649480, 306246424, 1733966678, 1884751139,
    744509763, 400011959, 1440466707, 1363416242, 973726663, 59253759,
    1639096332, 336563455, 1642837685, 1215013716, 154523136, 593537720,
    704035832, 1134594751, 1605135681, 1347315106, 302572379, 1762719719,
    269676381, 774132919, 1851737163, 1482824219, 125310639, 1746481261,
    1303742040, 1479089144, 899131941, 1169907872, 1785335569, 485614972,
    907175364, 382361684, 885626931, 200158423, 1745777927, 1859353594,
    259412182, 1237390611, 48433401, 1902249868, 304920680, 202956538,
    348303940, 1008956512, 1337551289, 1953439621, 208787970, 1640123668,
    1568675693, 478464352, 266772940, 1272929208, 1961288571, 392083579,
    871926821, 1117546963, 1871172724, 1771058762, 139971187, 1509024645,
    109190086, 1047146551, 1891386329, 994817018, 1247304975, 1489680608,
    706686964, 1506717157, 579587572, 755120366, 1261483377, 884508252,
    958076904, 1609787317, 1893464764, 148144545, 1415743291, 2102252735,
    1788268214, 836935336, 433233439, 2055041154, 2109864544, 247038362,
    299641085, 834307717, 1364585325, 23330161, 457882831, 1504556512,
    1532354806, 567072918, 404219416, 1276257488, 1561889936, 1651524391,
    618454448, 121093252, 1010757900, 1198042020, 876213618, 124757630,
```

```
2082550272, 1834290522, 1734544947, 1828531389, 1982435068, 1002804590,
1783300476, 1623219634, 1839739926, 69050267, 1530777140, 1802120822,
316088629, 1830418225, 488944891, 1680673954, 1853748387, 946827723,
1037746818, 1238619545, 1513900641, 1441966234, 367393385, 928306929,
946006977, 985847834, 1049400181, 1956764878, 36406206, 1925613800,
2081522508, 2118956479, 1612420674, 1668583807, 1800004220, 1447372094,
523904750, 1435821048, 923108080, 216161028, 1504871315, 306401572,
2018281851, 1820959944, 2136819798, 359743094, 1354150250, 1843084537,
1306570817, 244413420, 934220434, 672987810, 1686379655, 1301613820,
1601294739, 484902984, 139978006, 503211273, 294184214, 176384212,
281341425, 228223074, 147857043, 1893762099, 1896806882, 1947861263,
1193650546, 273227984, 1236198663, 2116758626, 489389012, 593586330,
275676551, 360187215, 267062626, 265012701, 719930310, 1621212876,
2108097238, 2026501127, 1865626297, 894834024, 552005290, 1404522304,
48964196, 5816381, 1889425288, 188942202, 509027654, 36125855,
365326415, 790369079, 264348929, 513183458, 536647531, 13672163,
313561074, 1730298077, 286900147, 1549759737, 1699573055, 776289160,
2143346068, 1975249606, 1136476375, 262925046, 92778659, 1856406685,
1884137923, 53392249, 1735424165, 1602280572
};
```

Atom_length 无法散列其参数，因为其长度是未知的。但该参数必须是一个原子，因此 Atom_length 只需遍历 buckets 中的的各个链表，一一比较指针即可。如果找到该原子，则返回其长度：

⟨*functions* 25⟩ +≡
```
int Atom_length(const char *str) {
    struct atom *p;
    int i;

    assert(str);
    for (i = 0; i < NELEMS(buckets); i++)
        for (p = buckets[i]; p; p = p->link)
            if (p->str == str)
                return p->len;
    assert(0);
    return 0;
}
```

assert(0)实现了一个已检查的运行时错误，即 Atom_length 必须只对原子调用，而不能对指向其他字符串的指针进行调用。assert(0)也用于指明一些假定不会发生的情况，即所谓"不可能发生"的情况。

3.3 扩展阅读

原子已经在 LISP 中长期使用，这也是其名称的来源，它在字符串处理语言中也有很久的使用历史，如 SNOBOL4 实现的字符串几乎刚好如本章所述[Griswold，1972]。C 编译器 lcc [Fraser and Hanson，1995]有一个类似于 Atom 的模块，它是 Atom 的前任实现。lcc 将表示源程序中所有标识符和常数的字符串都存储在一个表中，从来不会释放。这样做从未消耗太多内存，因为与源程序的规模相比，C 程序中不同字符串的数目非常少。

　　[Sedgewick，1990]和[Knuth，1973b]两书详细描述了散列，并给出了编写良好的哈希函数的指导原则。Atom（和 lcc）中使用的哈希函数是 Hans Boehm 建议的。

3.4　习题

3.1　大多数教科书推荐将 buckets 的容量设置为素数。使用素数和良好的哈希函数，通常会使 buckets 中的链表长度具有更好的分布。Atom 使用了 2 的幂作为 buckets 的容量，这种做法有时被明确地作为"反面典型"引用。编写一个程序来生成或读入（假定）10000 个有代表性的字符串，并测量 Atom_new 的速度和哈希表中各个链表长度的分布。接下来改变 buckets，使之包含 2039 项（小于 2048 的最大素数），重复上述测量。使用素数有改进吗？读者的结论在多大程度上取决于你用来测试的具体机器？

3.2　查阅文献寻找更好的哈希函数，可能的来源包括[Knuth，1973b]一书、算法和数据结构方面类似的教科书及其引用的论文、以及编译器方面的教科书，如[Aho, Sethi and Ullman，1986]一书。尝试这些函数并测量其改进情况。

3.3　解释 Atom_new 不使用标准 C 库函数 strncmp 比较字节序列的原因。

3.4　以下是另一种声明原子结构的方法：

```
struct atom {
    struct atom *link;
    int len;
    char str[1];
};
```

　　分配一个包含长度为 len 的字符串的 struct atom 实例时，需要用 ALLOC(sizeof(*p) + len)，这为 link 和 len 字段分配了空间，而且为 str 字段分配的空间足以容纳 len + 1 个字节。正文中将 str 声明为指针会引入一层额外的间接，这种方法则避免了间接方式所带来的时间和空间开销。遗憾的是，这种"技巧"违反了 C 语言标准，因为客户程序需要访问超出 str[0]的各字节，这种访问的效果是未定义的。实现这种方法，并测量间接方式的开销。为了这些节省，是否值得违反标准？

3.5　Atom_new 会比较 struct atom 实例的 len 字段与输入的字节序列的长度，以避免比较长度不同的序列。如果每个原子的哈希码（而不是 buckets 的索引）也存储在 struct atom 中，还可以比较哈希码。实现并测量这种"改进"。这种做法值得吗？

3.6　Atom_length 执行得比较慢。修改 Atom 的实现，使得 Atom_length 的运行时间与 Atom_new 大致相同。

3.7　Atom 接口之所以演变到现在的形式，是因为其中的各个函数是客户程序最常用的。还可能使用其他的函数和设计，这里和后续的各习题将探讨这些可能性。请实现

```
extern void Atom_init(int hint);
```

其中 hint 是对客户程序预期创建的原子数目的估计。在可能调用 Atom_init 时，读者会添加何种已检查的运行时错误以约束其行为？

3.8　在对 Atom 接口的扩展中，可能提供几种函数来释放原子。例如下述函数：

```
extern void Atom_free (const char *str);
extern void Atom_reset(void);
```

可以分别释放 str 指定的原子及所有原子。请实现这些函数。不要忘记指定并实现适当的已检查的运行时错误。

3.9　一些客户程序开始执行时，会将大量字符串设置为原子，供后续使用。请实现

```
extern void Atom_vload(const char *str, ...);
extern void Atom_aload(const char *strs[]);
```

Atom_vload 会将可变长度参数列表中的字符串创建为原子，直至遇到 NULL 指针为止，而 Atom_aload 对一个指针数组做同样的操作（即各数组项为指向字符串的指针，遇到 NULL 指针表示数组结束）。

3.10　如果客户程序承诺不释放字符串，那么可以避免复制字符串，对于字符串常数来说这是一个简单的事实。请实现

```
extern const char *Atom_add(const char *str, int len);
```

其工作方式同 Atom_new，但并不复制字节序列。如果读者提供 Atom_add 和 Atom_free（以及习题 3.8 中的 Atom_reset），必须指定并实现何种已检查的运行时错误？

第 4 章

异常与断言

程序中会发生三种错误：用户错误、运行时错误和异常。用户错误是预期会发生的，因为错误的用户输入就可能会导致用户错误。此类错误的例子，包括命名不存在的文件、在电子表格中指定格式错误的数字以及向编译器提交语法错误的源程序等。程序必须预计到这种错误并妥善处理。通常，必须处理用户错误的函数会返回错误码，这种错误是计算过程的一个普通组成部分。

前几章中描述的已检查的运行时错误，与用户错误相比，实在是相隔参商。已检查的运行时错误不是用户错误。它们从来都是非预期的，总是表明程序出现了 bug。因而，应用程序无法从这种错误恢复，而必须优雅地结束。本书中的实现使用断言（assertion）来捕获这种错误。断言的处理在 4.3 节描述。断言总是导致程序结束，具体的结束方式或许取决于机器或应用程序。

异常（exception）介乎用户错误和程序 bug 之间。异常是可能比较罕见的错误，或许是非预期的，但从异常恢复也许是可能的。一些异常反映了机器的能力，如算术运算上溢和下溢以及栈溢出。其他异常表明操作系统检测到的状况，这些状况可能是由用户发起的，如按下一个"中断"键或写文件时遇到写入错误。在 UNIX 系统中，此类异常通常由信号传送，由信号处理程序处理。当有限的资源用尽时也可能发生异常，如应用程序内存不足时，或用户指定了过大的电子表格文件时。

异常不会频繁发生，因此发生异常的函数通常不返回错误码，那样做将因为对罕见情况的处理弄乱代码，并模糊对常见情形的处理。异常由应用程序引发，由恢复代码处理（如果能恢复的话）。异常的作用域是动态的：当一个异常被引发时，它由最近实例化的处理程序处理。将控制权转移到处理程序，类似于非局部的 goto，实例化处理程序的例程可能与引发异常的例程相距颇远。

一些语言对实例化处理程序和引发异常，提供了内建的设施。在 C 语言中，标准库函数 setjmp 和 longjmp 是建立结构化的异常处理设施的基础。简言之，setjmp 实例化一个处理程序，而 longjmp 引发一个异常。

详细说明则需要举个例子。假定函数 allocate 调用 malloc 分配 n 字节，并返回由 malloc 返回的指针。但如果 malloc 返回 NULL 指针，这表示无法分配请求的空间，allocate 会引发 Allocate_Failed 异常。异常本身声明为一个 jmp_buf，在标准头文件 setjmp.h 中：

```
#include <setjmp.h>

int Allocation_handled = 0;
jmp_buf Allocate_Failed;
```

除非已经实例化一个处理程序，否则 Allocation_handled 为零，allocate 在引发异常之前会检查 Allocation_handled：

```
void *allocate(unsigned n) {
    void *new = malloc(n);

    if (new)
        return new;
    if (Allocation_handled)
        longjmp(Allocate_Failed, 1);
    assert(0);
}
```

在分配失败且没有已经实例化的处理程序时，allocate 使用断言来实现已检查的运行时错误。

处理程序通过调用 setjmp(Allocate_Failed) 实例化，该调用返回一个整数。setjmp 的一个有趣特性是，它可能返回两次。对 setjmp 的调用返回零。allocate 中对 longjmp 的调用导致 setjmp 第二次返回，这次的返回值是 longjmp 的第二个参数，在上述的例子中是 1。因而，客户程序可通过测试 setjmp 的返回值处理异常：

```
char *buf;
Allocation_handled = 1;
if (setjmp(Allocate_Failed)) {
    fprintf(stderr, "couldn't allocate the buffer\n");
    exit(EXIT_FAILURE);
}
buf = allocate(4096);
Allocation_handled = 0;
```

在 setjmp 返回 0 时，代码将继续执行，调用 allocate。如果分配失败，allocate 中的 longjmp 将导致 setjmp 再次返回，这一次返回值为 1，执行将进入另一个分支，调用 fprintf 和 exit。

这个例子没有处理嵌套的处理程序，如果上述的代码调用了 makebuffer（假定），而 makebuffer 本身又实例化了一个处理程序并调用了 allocate，就会出现嵌套的处理程序。嵌套的处理程序机制是必须提供的，因为客户程序无法得知实现因自身的目的而实例化的那些处理程序。此外，Allocation_handled 标志也颇为别扭，未能在适当的时候设置或清除它将导致混乱。下一节描述的 Except 接口会处理这些遗漏。

4.1 接口

Except 接口将 setjmp/longjmp 设施封装在一组宏和函数中，这些宏和函数相互协作，提供了一个结构化的异常处理设施。它并不完善，但避免了上文所述的错误，而其中的宏很清楚地标识出了使用异常的位置。

异常是 Except_T 类型的全局或静态变量：

```
⟨except.h⟩ ≡
    #ifndef EXCEPT_INCLUDED
    #define EXCEPT_INCLUDED
    #include <setjmp.h>

    #define T Except_T
    typedef struct T {
        const char *reason;
    } T;

    ⟨exported types 39⟩
    ⟨exported variables 39⟩
    ⟨exported functions 35⟩
    ⟨exported macros 35⟩

    #undef T
    #endif
```

Except_T 结构只有一个字段，可以初始化为一个描述异常信息的字符串。在发生未处理的异常时，将输出该字符串。

异常处理程序需要操作异常的地址。因而异常必须是全局或静态变量，使得其地址可以唯一地标识某个异常。将异常声明为局部变量或作为参数是未检查的运行时错误。

异常 e 通过 RAISE 宏或 Except_raise 函数引发

```
⟨exported macros 35⟩ ≡
    #define RAISE(e) Except_raise(&(e), __FILE__, __LINE__)
```

```
⟨exported functions 35⟩ ≡
    void Except_raise(const T *e, const char *file,int line);
```

向 Except_raise 传递的 e 值为 NULL 指针，是已检查的运行时错误。

处理程序通过 TRY-EXCEPT 和 TRY-FINALLY 语句实例化，这些语句用宏实现。这些语句处理嵌套异常并管理异常状态数据。TRY-EXCEPT 语句的语法如下：

```
TRY
    S
EXCEPT( e₁ )
    S₁
EXCEPT( e₂ )
    S₂
...
```

```
EXCEPT( en )
    Sn
ELSE
    S0
END_TRY
```

TRY-EXCEPT 语句为 e_1、e_2、$\cdots$、e_n 等异常确定处理程序，并执行语句 S。如果 S 没有引发异常，将卸载处理程序并继续执行 END_TRY 之后的语句。如果 S 引发了一个异常 e，e 是 e_1-e_n 之一，那么 S 的执行将中断，控制立即转移到 e 对应的 EXCEPT 子句后的语句。各个处理程序将卸载，而 e 对应的 EXCEPT 子句中的处理程序语句 S_i 将会执行，接下来将继续执行 END_TRY 之后的代码。

如果 S 引发的异常并非 e_1-e_n 其中之一，那么各处理程序将被卸载，ELSE 后的语句将执行，而后将继续执行 END_TRY 之后的代码。ELSE 子句是可选的。

如果 S 引发的异常不能被某个 S_i 处理，那么各处理程序将卸载，该异常将传递到此前执行的 TRY-EXCEPT 或 TRY-FINALLY 语句建立的处理程序。

TRY-END_TRY 在语法上与单个语句是等效的。TRY 引入一个新的作用域，该作用域在对应的 END_TRY 处结束。

重写前一节末尾的例子，即可说明这些宏的用法。Allocate_Failed 变为一个异常，如果 malloc 返回 NULL 指针，allocate 将引发该异常：

```
Except_T Allocate_Failed = { "Allocation failed" };

void *allocate(unsigned n) {
    void *new = malloc(n);

    if (new)
        return new;
    RAISE(Allocate_Failed);
    assert(0);
}
```

如果客户程序代码想要处理该异常，则需在 TRY-EXCEPT 语句内部调用 allocate：

```
extern Except_T Allocate_Failed;
char *buf;
TRY
    buf = allocate(4096);
EXCEPT(Allocate_Failed)
    fprintf(stderr, "couldn't allocate the buffer\n");
    exit(EXIT_FAILURE);
END_TRY;
```

TRY-EXCEPT 语句是用 setjmp 和 longjmp 实现的，因此标准 C 语言有关这些函数用法的警告也适用于 TRY-EXCEPT 语句。特别地，如果 S 改变了某个自动变量，如果异常导致执行转向某个处理程序语句 S_i 或 END_TRY 之后的代码，那么该修改可能是无效的。例如，下述代码

片段

```
static Except_T e;
int i = 0;
TRY
    i++;
    RAISE(e);
EXCEPT(e)
    ;
END_TRY;
printf("%d\n", i);
```

可能输出 0 或 1,这取决于 setjmp 和 longjmp 的实现相关的细节。S 中改变的局部变量必须声明为 volatile,例如,将 i 的声明改为

```
volatile int i = 0;
```

将导致上述的例子输出 1。

TRY-FINALLY 语句的语法如下:

```
TRY
    S
FINALLY
    S₁
END_TRY
```

如果 S 没有引发异常,将执行 S_1 并继续执行 END_TRY 之后的语句。如果 S 引发了异常,将中断 S 的执行,控制立即转移到 S_1。在 S_1 执行之后,导致 S_1 执行的异常将被再次引发 (re-raised),使之可以被此前实例化的处理程序处理。请注意,在这两种情况下 S_1 都会执行。处理程序可以用 RERAISE 宏明确地再次引发异常:

⟨*exported macros* 35⟩+≡
```
    #define RERAISE Except_raise(Except_frame.exception, \
        Except_frame.file, Except_frame.line)
```

TRY-FINALLY 语句等效于:

```
TRY
    S
ELSE
    S₁
    RERAISE;
END_TRY;
S₁
```

请注意,无论 S 是否引发了异常,都会执行 S_1。

TRY-FINALLY 语句的一个目的是,在发生异常时给客户程序一个机会进行"清理"。例如,

```
FILE *fp = fopen(...);
char *buf;
TRY
```

```
    buf = allocate(4096);
    ...
FINALLY
    fclose(fp);
END_TRY;
```

无论分配失败还是成功，上述代码都会关闭打开的文件 fp。如果分配确实失败了，那么必须有另一个处理程序来处理 Allocate_Failed。

如果 TRY-FINALLY 语句中的 S_1 或 TRY-EXCEPT 语句中的处理程序引发了一个异常，该异常将由此前实例化的处理程序处理。

下述的退化语句

```
TRY
    S
END_TRY
```

等效于

```
TRY
    S
FINALLY
    ;
END_TRY
```

该接口中最后一个宏是

⟨*exported macros* 35⟩+≡
```
    #define RETURN switch ( ⟨pop 41⟩,0) default: return
```

在TRY语句内部需要使用RETURN宏，而不是return语句。在TRY-EXCEPT或TRY-FINALLY语句内部执行C语言的return语句是一个未检查的运行时错误。如果TRY-EXCEPT或TRY-FINALLY中的任何语句必须执行返回，可以用RETURN宏来代替通常的return语句。RETURN宏中使用了switch语句，使得RETURN和RETURN *e* 都能够扩展为语法正确的C语句。<*pop* 41>的细节在下一节描述。

显然，Except 接口中的宏比较粗糙且有些脆弱。其中的未检查的运行时错误特别麻烦，可能成为特别难发现的 bug。对大多数应用程序来说，这些宏是足够的，因为异常应当保守地使用，在大型应用程序中也只应该有少量异常。如果异常的数量迅速扩大，这通常标志着更严重的设计错误。

4.2　实现

Except 接口中的宏和函数相互协作，维护了一个结构栈，栈中的各个结构实例记录了异常状态和实例化的处理程序。该结构的 env 字段是一个 jmp_buf，由 setjmp 和 longjmp 使用，因而该栈能够处理嵌套异常。

⟨*exported types* 39⟩ ≡
```
typedef struct Except_Frame Except_Frame;
struct Except_Frame {
    Except_Frame *prev;
    jmp_buf env;
    const char *file;
    int line;
    const T *exception;
};
```

⟨*exported variables* 39⟩ ≡
```
extern Except_Frame *Except_stack;
```

Except_stack 指向异常栈顶端的异常帧，每个帧的 prev 字段指向前一个帧。如前一节中 RERAISE 的定义所示，引发异常会将异常的地址存储在 exception 字段中，并将异常的"坐标"（即引发异常的文件和行号）存储到 file 和 line 字段中。

TRY 子句将一个新的 Except_Frame 压入异常栈并调用 setjmp。Except_raise 由 RAISE 和 RERAISE 调用，该函数会在栈顶的异常帧中填写 exception、file 和 line 字段，将栈顶的 Except_Frame 弹出栈，并调用 longjmp。EXCEPT 子句测试该帧的 exception 字段来确定应用哪个处理程序。FINALLY 子句执行其清理代码并再次引发弹出的异常帧中存储的异常。

如果发生异常后，控制转移到 END_TRY 子句时异常尚未被处理，则再次引发该异常。

TRY、EXCEPT、ELSE、FINALLY 和 END_TRY 几个宏相互协作，将 TRY-EXCEPT 语句转译为下述形式的语句：

```
do {
    创建 Except_Frame 并压栈
    if (从 setjmp 第一次返回) {
        S
    } else if (异常为 e₁) {
        S₁
    ...
    } else if (异常为 eₙ) {
        Sₙ
    } else {
        S₀
    }
    if (发生异常但没有处理)
        RERAISE;
} while (0)
```

do-while 语句使得 TRY-EXCEPT 在语法上与普通的 C 语句等效，这样它可以像任何其他 C 语句一样使用。例如，它可以用作 if 语句的后项。图 4-1 给出了一般的 TRY-EXCEPT 语句生成的代码。阴影方框标明了 TRY 和 END_TRY 宏展开得到的代码，方框标记了 EXCEPT 宏展开得到的代码，而双线框标记了 ELSE 展开生成的代码。图 4-2 给出了 TRY-FINALLY 语句展开生成的代码。方框标记了 FINALLY 展开得到的代码。

```
do {
    volatile int Except_flag;
    Except_Frame Except_frame;
    Except_frame.prev = Except_stack;
    Except_stack = &Except_frame;
    Except_flag = setjmp(Except_frame.env);
    if (Except_flag == Except_entered) {
```

S

```
        if (Except_flag == Except_entered)
            Except_stack = Except_stack->prev;
    } else if (Except_frame.exception == &( e_1 )) {
        Except_flag = Except_handled;
```

S_1

```
        if (Except_flag == Except_entered)
            Except_stack = Except_stack->prev;
    } else if (Except_frame.exception == &( e_2 )) {
        Except_flag = Except_handled;
```

S_2

```
        if (Except_flag == Except_entered)
            Except_stack = Except_stack->prev;
    } ...
    } else if (Except_frame.exception == &( e_n )) {
        Except_flag = Except_handled;
```

S_n

```
        if (Except_flag == Except_entered)
            Except_stack = Except_stack->prev;
    } else {
        Except_flag = Except_handled;
```

S_0

```
        if (Except_flag == Except_entered)
            Except_stack = Except_stack->prev;
    }
    if (Except_flag == Except_raised)
        Except_raise(Except_frame.exception,
            Except_frame.file, Except_frame.line);
} while (0)
```

图 4-1   TRY-EXCEPT 语句的展开

Except_Frame 的空间是在栈上分配的，只需在由 TRY 开始的 do-while 内部的复合语句中声明一个该类型的局部变量即可：

⟨*exported macros* 35⟩ + ≡
```
#define TRY do { \
    volatile int Except_flag; \
    Except_Frame Except_frame; \
    ⟨push 41⟩ \
    Except_flag = setjmp(Except_frame.env); \
    if (Except_flag == Except_entered) {
```

```
do {
    volatile int Except_flag;
    Except_Frame Except_frame;
    Except_frame.prev = Except_stack;
    Except_stack = &Except_frame;
    Except_flag = setjmp(Except_frame.env);
    if (Except_flag == Except_entered) {

        S

        if (Except_flag == Except_entered)
            Except_stack = Except_stack->prev;
    } {
        if (Except_flag == Except_entered)
            Except_flag = Except_finalized;

        S₁

        if (Except_flag == Except_entered)
            Except_stack = Except_stack->prev;
    }
    if (Except_flag == Except_raised)
        Except_raise(Except_frame.exception,
            Except_frame.file, Except_frame.line);
} while (0)
```

图 4-2　TRY-FINALLY 语句的展开

一个 TRY 语句内有 4 种状态，如以下的枚举标识符所示。

⟨*exported types* 39⟩ +≡
```
enum { Except_entered=0, Except_raised,
       Except_handled,  Except_finalized };
```

setjmp 的第一次返回将 Except_flag 设置为 Except_entered，表示已经进入 TRY 语句并将一个异常帧压入异常栈。Except_entered 必须为零，因为第一次调用 setjmp 返回零，此后从 setjmp 返回时会将该标志设置为 Except_raised，这表示发生了异常。处理程序将 Except_flag 设置为 Except_handled，表示它们已经处理了该异常。

　　Except_Frame 压入异常栈时，只需将其添加到 Except_stack 指向的 Except_Frame 结构链表的头部，而从链表头部删除异常帧，即表示将栈顶的异常帧出栈。

⟨*push* 41⟩ ≡
```
Except_frame.prev = Except_stack; \
Except_stack = &Except_frame;
```

⟨*pop* 41⟩ ≡
```
Except_stack = Except_stack->prev
```

EXCEPT 子句将变为图 4-1 中给出的 else-if 语句。

⟨*exported macros* 35⟩ +≡
```
#define EXCEPT(e) \
```

```
          ⟨pop if this chunk follows S 42⟩  \
       } else if (Except_frame.exception == &(e)) { \
          Except_flag = Except_handled;
```

⟨*pop if this chunk follows S* 42⟩ ≡
```
   if (Except_flag == Except_entered) ⟨pop 41⟩;
```

使用宏来实现异常将导致一些扭曲的代码，如代码块<*pop if this chunk follows S* 42>所示。该代码块出现在上述 EXCEPT 定义中的 else-if 之前，仅当处于第一个 EXCEPT 子句中，才会弹出异常栈顶部的异常帧。如果在执行 *S* 时没有发生异常，Except_flag 的值仍然是 Except_entered，那么在控制到达 if 语句时，将弹出异常栈顶部的异常帧。而第二个和后面的 EXCEPT 子句则跟随在处理程序之后，此时 Except_flag 已经变为 Except_handled。对于这些子句来说，异常栈顶部的异常帧已经弹出，代码块<*pop if this chunk follows S* 42>中的 if 语句防止了再次弹出。

　　ELSE 子句与 EXCEPT 子句类似，但将 else-if 改为 else：

⟨*exported macros* 35⟩ +≡
```
   #define ELSE \
          ⟨pop if this chunk follows S 42⟩  \
       } else { \
          Except_flag = Except_handled;
```

同样，FINALLY 子句也类似于 ELSE 子句，只是没有 else 语句而已：控制直接进入到清理代码。

⟨*exported macros* 35⟩ +≡
```
   #define FINALLY \
          ⟨pop if this chunk follows S 42⟩  \
       } { \
          if (Except_flag == Except_entered) \
            Except_flag = Except_finalized;
```

这里将 Except_flag 从 Except_entered 改变为 Except_finalized，表示没有发生异常，但进入到了 FINALLY 子句。如果发生了异常，那么 Except_flag 仍然保持 Except_raised 的值不变，这样在清理代码执行之后可以再次引发异常。在 END_TRY 中，会判断 Except_flag 是否等于 Except_raised，如果是的话，则再次引发异常。如果没有发生异常，Except_flag 将是 Except_entered 或 Except_finalized：

⟨*exported macros* 35⟩ +≡
```
   #define END_TRY \
          ⟨pop if this chunk follows S 42⟩  \
          } if (Except_flag == Except_raised) RERAISE; \
     } while (0)
```

　　except.c 中 Except_raise 的实现，是拼图的最后一片：

⟨*except.c*⟩ ≡
```
   #include <stdlib.h>
   #include <stdio.h>
```

```
#include "assert.h"
#include "except.h"
#define T Except_T

Except_Frame *Except_stack = NULL;

void Except_raise(const T *e, const char *file,
    int line) {
    Except_Frame *p = Except_stack;

    assert(e);
    if (p == NULL) {
        ⟨announce an uncaught exception 43⟩
    }
    p->exception = e;
    p->file = file;
    p->line = line;
    ⟨pop 41⟩;
    longjmp(p->env, Except_raised);
}
```

如果异常栈顶部有一个 Except_Frame，则 Except_raise 填写其 exception、file 和 line 字段，从栈中弹出该异常帧，并调用 longjmp。与之对应的 setjmp 的调用将返回 Except_raised，在 TRY-EXCEPT 或 TRY-FINALLY 语句中，setjmp 返回的 Except_raised 接下来会赋值给 Except_flag，然后执行适当的处理程序。Except_raise 会从异常栈栈顶弹出一个异常帧，这样，如果某个处理程序中发生了异常，该异常将由当前异常帧顶部的异常帧所对应的 TRY-EXCEPT 语句处理。

如果异常栈是空的，即将引发的异常不会有处理程序，因此 Except_raise 别无选择，只能宣布一个未处理的异常并停止程序的执行：

⟨*announce an uncaught exception* 43⟩ ≡
```
    fprintf(stderr, "Uncaught exception");
    if (e->reason)
        fprintf(stderr, " %s", e->reason);
    else
        fprintf(stderr, " at 0x%p", e);
    if (file && line > 0)
        fprintf(stderr, " raised at %s:%d\n", file, line);
    fprintf(stderr, "aborting...\n");
    fflush(stderr);
    abort();
```

abort 是标准 C 库函数，用于放弃程序的执行，有时会有一些与机器相关的副效应。例如，它可能启动一个调试器或只是进行内存转储。

4.3   断言

C 语言标准要求头文件 **assert.h** 将 `assert(e)` 定义为宏，来提供诊断信息。`assert(e)` 会计算表达式 *e* 的值，如果 *e* 为 0，则向标准错误输出（`stderr`）写出诊断信息，并调用标准库函数 `abort` 放弃程序的执行。诊断信息包含失败的断言（即表达式 *e* 的文本）和断言（*e*）出现的坐标（文件和行号）。该信息的格式是由具体实现定义的。`assert(0)` 是一个很好的方法，用于指明"不可能发生"的情况。当然，也可以使用如下的断言：

```
assert(!"ptr==NULL -- can't happen")
```

这显示了更有意义的诊断信息。

assert.h 也使用 NDEBUG 宏，但并未定义。如果定义了 NDEBUG，那么 `assert(e)` 必须等效于空表达式（`(void)0`）。这样，程序员可以通过定义 NDEBUG 并重新编译来关闭断言。由于 *e* 可能不被执行，很重要的一点是，*e* 绝不应该成为有副效应的计算过程（如赋值）的一个必要部分。

`assert(e)` 是一个表达式，因此 **assert.h** 的大多数版本在逻辑上都等效于

```
#undef assert
#ifdef NDEBUG
#define assert(e) ((void)0)
#else
extern void assert(int e);
#define assert(e) ('(void)((e)|| \
    (fprintf(stderr, "%s:%d: Assertion failed: %s\n", \
    __FILE__, (int)__LINE__, #e), abort(), 0)))
#endif
```

(**assert.h** 的"真实"版本与上述代码不同，因为使用 `fprintf` 和 `stderr` 需要包含 **stdio.h**，这是不允许的。）类似 $e_1 \| e_2$ 的表达式通常出现在条件判断中，如 `if` 语句，但它也可以作为单独的语句出现。作为单独的语句，该表达式的效果等效于下述语句：

```
if (!(e₁)) e₂;
```

`assert` 的定义使用了 $e_1 \| e_2$，这是因为 `assert(e)` 必须扩展为表达式，而不是语句。e_2 是一个逗号表达式，其结果是一个值，这是 || 运算符的要求，整个表达式最终转换为 void，是因为 C 语言标准规定 `assert(e)` 没有返回值。在标准的 C 预处理器中，`#e` 将转换为一个字符串常量，字符串的内容是表达式 *e* 在源代码中的文本。

Assert 接口按标准的规定定义了 `assert(e)`，但在断言失败时将引发 `Assert_Failed` 异常，而不是放弃执行，另外也没有提供表达式 *e* 的文本：

⟨*assert.h*⟩ ≡
```
#undef assert
#ifdef NDEBUG
#define assert(e) ((void)0)
#else
```

```
#include "except.h"
extern void assert(int e);
#define assert(e) ((void)((e)||(RAISE(Assert_Failed),0)))
#endif
```

⟨*exported variables* 39⟩ +≡
```
extern const Except_T Assert_Failed;
```

Assert 模仿了标准的定义，这样 Assert 和标准提供的两个 assert.h 头文件是可互换的，这也是
Assert_Failed 出现在 except.h 中的原因。该接口的实现很简单：

⟨*assert.c*⟩ ≡
```
#include "assert.h"

const Except_T Assert_Failed = { "Assertion failed" };

void (assert)(int e) {
    assert(e);
}
```

在函数定义中，围绕函数名 assert 的括号防止宏 assert 在此展开，因而按接口的规定定义了
该函数。

如果客户程序没有处理 Assert_Failed，那么断言失败将导致程序放弃执行，并输出一条
信息，如下所示：

```
Uncaught exception Assertion failed raised at stmt.c:201
aborting...
```

这在功能上与 assert.h 特定于机器的版本所输出的诊断信息是等效的。

将断言打包起来，使之在失败时引发异常，这种做法有助于解决在产品程序中处理断言面临
的两难处境。一些程序员建议不要将断言留在产品程序中，assert.h 中对 NDEBUG 的标准用法支
持了该建议。关于删除断言的原因，最常提到的两个原因是效率和含义模糊的诊断信息。

断言确实要花费时间，因此删除断言只会使程序更快。可以测量有无断言情况下执行时间的
差别，但差别通常很小。因为效率原因而删除断言，与改进执行时间的其他任何改变都是类似的：
仅在得到客观测量结果的支持时，才应该进行改变。

在测量表明断言开销太高时，有时可以移动断言的位置，在不失去断言好处的情况下降低其
开销。例如，假定 h 包含了一个开销过高的断言，f 和 g 都调用了 h，测量表明大多数时间开销
是因为来自 g 的调用造成的，g 在一个循环中调用了 h。谨慎的分析可能会揭示这样的可能性，
即 h 中的断言可以移到 f 和 g，在 g 中置于循环之前。

断言的更严重的问题在于，它们会导致输出诊断信息，如上文的断言失败诊断，这将迷惑用
户。但删除断言，无疑是用更严重的问题代替了诊断信息。在断言失败时，程序就是错误的。如
果程序继续执行，其结果是不可预测的，很可能崩溃。如下的信息：

```
General protection fault at 3F60:40EA
```

或

```
Segmentation fault -- core dumped
```

与上文显示的断言失败诊断信息没多大差别。更糟糕的是，在断言失败之后继续执行（而不停止）的程序可能会破坏用户的数据，例如，编辑器如果在断言失败后继续执行，就可能破坏用户的文件。这种行为是不可原谅的。

断言失败时，诊断信息含义模糊的问题可以这样解决：在程序的产品版本顶层代码中放一个 TRY-EXCEPT 语句，捕获所有的未捕获异常，并输出更有帮助的诊断信息。例如：

```
#include <stdlib.h>
#include <stdio.h>
#include "except.h"

int main(int argc, char *argv[]) {
    TRY
        edit(argc, argv);
    ELSE
        fprintf(stderr,
"An internal error has occurred from which there is "
"no recovery.\nPlease report this error to "
"Technical Support at 800-777-1234.\nNote the "
"following message, which will help our support "
"staff\nfind the cause of this error.\n\n")
        RERAISE;
    END_TRY;
    return EXIT_SUCCESS;
}
```

在出现未捕获的异常时，将由该处理程序接手，指导用户报告 bug，然后再输出含义模糊的异常诊断信息。对于断言失败，它会输出

```
An internal error has occurred from which there is no recovery.
Please report this error to Technical Support at 800-777-1234.
Note the following message, which will help our support staff
find the cause of this error.

Uncaught exception Assertion failed raised at stmt.c:201
aborting...
```

4.4　扩展阅读

有几种语言内建了异常机制，例子包括 Ada、Modula-3 [Nelson，1991]、Eiffel [Meyer，1992]、和 C++ [Ellis and Stroustrup，1990]。Except 接口的 TRY-EXCEPT 语句模仿了 Modula-3 的 TRY-EXCEPT 语句。

对 C 语言，已经提议了几种异常机制，它们都提供了类似 TRY-EXCEPT 语句的功能，语法和语义方面间或稍有变化。[Roberts，1989]一书描述了一种用于异常设施的接口，与 Except 提

供的接口是等效的。他的实现也与本书类似，但在引发异常时更为高效。Except_raise 调用 longjmp 将控制转移到处理程序。如果处理程序没有处理该异常，会再次调用 Except_raise，进而调用 longjmp。如果该异常的处理程序位于异常栈顶部之下第 N 帧，那么需要调用 Except_raise 和 longjmp 函数 N 次。Roberts 的实现只需一次调用，即可找到适当的处理程序，或跳转到第一个 FINALLY 子句。为做到这一点，需要对 TRY-EXCEPT 语句中异常处理程序的数目设置一个上限。一些 C 语言编译器（如微软公司提供的），提供了结构化异常设施作为语言扩展。

一些语言有内建的断言机制，Eiffel 就是一个例子。大多数语言使用与 C 语言的 assert 宏类似的机制，或用其他编译器指令来指定断言。例如，Digital 的 Modula-3 编译器可以识别形如 <*ASSERT expression*>的注释，将其作为指定断言的编译指示。[Maguire，1993]一书用一整章的篇幅讨论 C 程序中断言的使用。

4.5 习题

4.1 一个语句同时包含 EXCEPT 和 FINALLY 子句，该语句会有何种效果？以下是这种形式的语句：

```
TRY
    S
EXCEPT(e₁)
    S₁
...
EXCEPT(eₙ)
    Sₙ
FINALLY
    S₀
END_TRY
```

4.2 修改 Except 的接口和实现，使得只调用一次 longjmp，即可到达适当的处理程序或 FINALLY 子句，如上文所述，[Roberts，1989]一书就实现了这种处理方式。

4.3 UNIX 系统使用信号来通知一些异常情况，如浮点上溢和用户敲击“中断”键。请研究 UNIX 信号指令系统，并对信号处理程序设计实现一种接口，将信号转换为异常。

4.4 一些系统在程序异常结束时输出调用栈回溯。这给出了程序异常结束时过程调用栈的状态，它可能包括过程名和参数。改变 Except_raise，使之在通知未捕获的异常时输出调用栈回溯。读者也许能够输出调用的过程名和行号，这取决于读者计算机上的调用约定。例如，调用栈回溯信息可能如下所示：

```
Uncaught exception Assertion failed
raised in whilestmt() at stmt.c:201
called from statement() at stmt.c:63
called from compound() at decl.c:122
called from funcdefn() at decl.c:890
called from decl() at decl.c:95
called from program() at decl.c:788
```

```
called from main() at main.c:34
aborting...
```

4.5 在一些系统上,程序在检测到错误时可以对本身调用调试器。这种设施在开发期间特别有用,
这期间断言失败的情况很常见。如果你的系统支持这种设施,可修改 Except_raise,使
之在通知未捕获的异常后不再调用 abort,而是启动调试器。设法使你的实现能够在产品
程序中工作,即,使之能够在运行时判断是否调用调试器。

4.6 如果你可以接触到 C 编译器的源代码如 lcc [Fraser and Hanson,1995],请修改该编译器,
使之支持异常、TRY 语句、RAISE 以及 RERAISE 表达式,语法和语义如本章所述,但不能
使用 setjmp 和 longjmp。你需要实现一种类似 setjmp 和 longjmp 的机制,只是该机制
专用于异常处理。例如,通常可以只用几个指令来实例化处理程序。提醒读者:这个习题是
一个较大的项目。

第 5 章

内存管理

所有非平凡的 C 程序都会在运行时分配内存。标准 C 库提供了 4 个内存管理例程：malloc、calloc、realloc 和 free。Mem 接口将这些例程重新包装为一组宏和例程，使之不那么容易出错，并提供了一些额外的功能。

遗憾的是，C 程序中内存管理方面的 bug 很常见，而且通常难于诊断和修复。例如，下述代码片段

```
p = malloc(nbytes);
...
free(p);
```

调用 malloc 分配 nbytes 长的内存块，将该内存块第一个字节的地址赋值给 p，使用 p 和它指向的内存块，最终释放该内存块。在调用 free 之后，p 包含一个悬挂指针——指向逻辑上不存在的内存的指针。接下来反引用 p 是一个错误，但如果该内存块没有因其他原因而再次分配出去，这个错误可能不会被检测到。这种行为是使得此类内存访问错误难于诊断的原因：在检测到错误时，错误暴露的时间和位置可能与错误的来源距离颇远。

下述代码片段

```
p = malloc(nbytes);
...
free(p);
...
free(p);
```

说明了另一个错误：释放空闲的内存。该错误通常会破坏内存管理函数使用的数据结构，但在下一次调用某个内存管理函数之前，这个错误可能不会被检测到。

另一个错误是释放并非由 malloc、calloc 或 realloc 分配的内存。例如，考虑下述程序：

```
char buf[20], *p;
if (n >= sizeof buf)
    p = malloc(n);
else
    p = buf;
```

```
...
free(p);
```

上述程序的本意是在 n 小于 buf 的长度时避免分配内存,但即使 p 指向 buf 时,上述程序也会
错误地调用 free。该错误通常也会破坏用于内存管理的数据结构,而且直到以后才能发现。

最后,考虑下述函数:

```
void itoa(int n, char *buf, int size) {
    char *p = malloc(43);

    sprintf(p, "%d", n);
    if (strlen(p) >= size - 1) {
        while (--size > 0)
            *buf++ = '*';
        *buf = '\0';
    } else
        strcpy(buf, p);
}
```

将整数 n 的十进制字符串表示填充到 buf[0..size - 1]中,如果该表示需要的字符数目大于
size - 1,则用星号填充 buf。该代码看起来很健壮,但它至少包含两个错误。第一,如果分
配内存失败 malloc 返回 NULL 指针,该代码没有检测这种情况。第二,该代码产生了一个内存
泄漏:它没有释放分配的内存。程序每次调用 itoa 时,内存会被逐渐消耗。如果经常调用 itoa,
程序最终将用尽内存并失败。另外,当 size 小于 2 时 itoa 工作正常,但它会将 buf[0]设置
为零字符。或许更好的设计需要要求 size 大于等于 2,并通过一个已检查的运行时错误来强制
实施该约束。

Mem 接口中的宏和例程针对上述各种内存管理错误提供了一些保护。但它们不能消除所有这
些错误。例如,它们无法防止反引用已破坏的指针或使用指针指向超出作用域的局部变量。C 语
言初学者经常犯后一个错误,下面给出的一个表面看起来更简单的 itoa 版本就是一个例子:

```
char *itoa(int n) {
    char buf[43];

    sprintf(buf, "%d", n);
    return buf;
}
```

itoa 返回其局部数组 buf 的地址,但在 itoa 返回后,buf 就不再存在了。

5.1 接口

Mem 接口导出了以下异常、例程和宏:

⟨*mem.h*⟩ ≡
```
#ifndef MEM_INCLUDED
#define MEM_INCLUDED
```

```
#include "except.h"
```

⟨*exported exceptions* 51⟩
⟨*exported functions* 51⟩
⟨*exported macros* 51⟩

```
#endif
```

Mem 提供的分配函数类似于标准 C 库，但它们不接受零长度，也不返回 NULL 指针：

⟨*exported exceptions* 51⟩ ≡
```
    extern const Except_T Mem_Failed;
```

⟨*exported functions* 51⟩ ≡
```
    extern void *Mem_alloc (long nbytes,
        const char *file, int line);
    extern void *Mem_calloc(long count, long nbytes,
        const char *file, int line);
```

Mem_alloc 分配一块至少为 nbytes 长的内存，并返回指向其中第一个字节的指针。该内存块对齐到地址边界，能够适合于具有最严格对齐要求的数据。该块的内容是未初始化的。如果 nbytes 的值不是正数，这就是一个已检查的运行时错误。

Mem_calloc 分配一个足够大的的内存块，可以容纳一个包含 count 个元素的数组，每个数组项的长度为 nbytes，并返回指向第一个数组元素的指针。该内存块的对齐与 Mem_alloc 类似，其内容初始化为 0。NULL 指针和 0.0 不一定由 0 表示，因此 Mem_calloc 可能不能正确地初始化它们。count 或 nbytes 不是正数，是已检查的运行时错误。

Mem_alloc 和 Mem_calloc 的最后两个参数是函数被调用处的文件名和行号。这些信息由以下宏提供，这是调用这些函数的通常方式。

⟨*exported macros* 51⟩ ≡
```
    #define ALLOC(nbytes) \
        Mem_alloc((nbytes), __FILE__, __LINE__)
    #define CALLOC(count, nbytes) \
        Mem_calloc((count), (nbytes), __FILE__, __LINE__)
```

如果 Mem_alloc 或 Mem_calloc 无法分配所要的内存，则引发 Mem_Failed 异常，并将 file 和 line 参数传递给 Except_raise，这样，抛出的异常就给出了调用相应函数的位置。如果 file 为 NULL 指针，mem_alloc 和 Mem_calloc 将提供其实现内部引发 Mem_Failed 异常的位置。

许多分配操作具有下述形式：

```
struct T *p;
p = Mem_alloc(sizeof (struct T));
```

即为结构T的一个实例分配内存块，返回指向块的一个指针。该惯用法的一个更好的版本如下：

```
p = Mem_alloc(sizeof *p);
```

对 void 指针以外的任何指针类型，都可以使用 sizeof *p 代替 sizeof(struct T)，sizeof *p 的好处在于，这种用法不依赖指针指向的类型。如果*p 的类型发生了改变，这种分配方式仍然是正确的，但使用 sizeof(struct T)的分配则必须改变，以反映*p 类型的变化[①]。即

```
p = Mem_alloc(sizeof (struct T));
```

仅当 p 确实是指向 struct T 实例的指针时，才是正确的。如果 p 改为指向另一个结构的指针而不更新该调用，那么上述调用有可能分配过多的内存，这会浪费空间，也有可能分配太少的内存，这会造成严重的损失，因为客户程序访问 p 指向的结构时，可能访问到未分配的内存。

这种内存分配的惯用法是如此之常见，以至于 Mem 接口提供了宏，将内存分配和赋值封装起来：

⟨*exported macros* 51⟩+≡
```
#define  NEW(p)  ((p) = ALLOC((long)sizeof *(p)))
#define NEW0(p)  ((p) = CALLOC(1, (long)sizeof *(p)))
```

NEW(p)分配了一个未初始化的内存块以容纳*p，并将 p 设置为该块的地址。NEW0(p)完成的工作类似，还将内存块清零。提供 NEW 时有下述假设：大多数客户程序在分配内存块后会立即初始化。传递给编译时运算符 sizeof 的参数只用于获取其类型，运行时不会计算其值。因此 NEW 和 NEW0 只会计算 p 一次，使用具有副效应的表达式作为这两个宏的实参是安全的，例如 NEW(a[i++])。

malloc 和 calloc 的参数类型为 size_t，sizeof 得到的常数，其类型也是 size_t。size_t 类型是一个无符号整数类型 (integral type)，能够表示可声明的最大对象的大小，在标准库中指定对象大小时都会使用该类型。实际上，size_t 或者是 unsigned int，或者是 unsigned long。mem_alloc 和 Mem_calloc 使用 int 类型参数，避免将负数传递给无符号参数可能造成的错误。例如，

```
int n = -1;
...
p = malloc(n);
```

显然是一个错误，但 malloc 的许多实现不会捕获该错误，因为当-1 转换为 size_t 时，通常是一个非常大的无符号值。

内存通过 Mem_free 释放：

⟨*exported functions* 51⟩+≡
```
extern void Mem_free(void *ptr,
    const char *file, int line);
```

⟨*exported macros* 51⟩+≡
```
#define FREE(ptr) ((void)(Mem_free((ptr), \
    __FILE__, __LINE__), (ptr) = 0))
```

---

① 这里实际上改变的是*p 的类型，不是 p 的类型。——译者注

Mem_free 需要一个指向被释放内存块的指针作为参数。如果 ptr 不为 NULL 指针，那么 Mem_free 将释放该内存块，如果 ptr 是 NULL 指针，Mem_free 没有效果。FREE 宏也需要一个指向内存块的指针作为参数，它调用 Mem_free 释放该块，并将 ptr 设置为 NULL 指针，如 2.4 节所述，这样做有助于避免悬挂指针。由于 ptr 指向的内存被 FREE 释放后，ptr 被设置为 NULL 指针，此后对 ptr 进行反引用，通常会导致程序因某种寻址错误而崩溃。这种确定性的错误，比反引用悬挂指针导致的不可预测的行为要好得多。请注意，FREE 会多次对 ptr 求值。

本章提供了两个导出 Mem 接口的实现，后续各节会详细阐述。"稽核实现"实现了一些已检查的运行时错误，有助于捕获前一节描述的那些内存访问错误。在该实现中，将并非由 Mem_alloc、Mem_calloc 或 Mem_resize 返回的非 NULL 指针 ptr 传递给 Mem_free 是一个已检查的运行时错误，将已经传递给 Mem_free 或 Mem_resize 的指针 ptr 再次传递给 Mem_free 也是已检查的运行时错误。Mem_free 的 file 和 line 参数的值用于报告这些已检查的运行时错误。

但在"产品实现"中，这些内存访问错误是未检查的运行时错误。

下面的函数

⟨*exported functions* 51⟩+≡
```
extern void *Mem_resize(void *ptr, long nbytes,
    const char *file, int line);
```

⟨*exported macros* 51⟩+≡
```
#define RESIZE(ptr, nbytes) ((ptr) = Mem_resize((ptr), \
    (nbytes), __FILE__, __LINE__))
```

将修改上一次调用 Mem_alloc、Mem_calloc 或 Mem_resize 分配的内存块的长度。类似 Mem_free，Mem_resize 的第一个参数也是一个指针，其中包含了将改变长度的内存块的地址。Mem_resize 会扩展或缩减该内存块，使之包含至少 nbytes 内存，并适当对齐，最后返回一个指向调整大小后的内存块的指针。Mem_resize 为改变块的长度可能会移动其位置，如此 Mem_resize 在逻辑上等价于分配一个新的块，将 ptr 指向的一部分或全部数据复制到新的内存块，并释放 ptr 指向的内存块。如果 Mem_resize 无法分配新内存块，将引发 Mem_Failed 异常，并将 file 和 line 作为异常的"坐标"。宏 RESIZE 将 ptr 改为指向新的内存块，这是 Mem_resize 的一种常见用法。请注意，RESIZE 宏会多次对 ptr 求值。

如果 nbytes 大于 ptr 指向的内存块的长度，那么超出部分的字节是未初始化的。否则，ptr 开头的 nbytes 字节会复制到新的内存块。

向 Mem_resize 传递的 ptr 指针为 NULL，或 nbytes 不是正值，这些是已检查的运行时错误。在"稽核实现"中，将并非由 Mem_alloc、Mem_calloc 或 Mem_resize 返回的非 NULL 指针 Ptr 传递给 Mem_resize 是一个已检查的运行时错误，将已经传递给 Mem_free 或 Mem_resize 的指针再次传递给 Mem_resize 也是已检查的运行时错误。在"产品实现"中，这些内存访问错误都是未检查的运行时错误。

　　Mem 接口中的函数可以与标准 C 库函数 malloc、calloc、realloc 和 free 同时使用。即，一个程序可以使用这两种内存分配函数。"稽核实现"将内存访问错误报告为已检查的运行时错误，这种行为仅适用于该实现管理的内存。任何给定程序中，只能使用 Mem 接口的一个实现。

5.2　产品实现

　　在产品实现中，这些例程将对标准库中内存管理函数的调用封装到通过 Mem 接口规定的更安全的软件包中。

⟨*mem.c*⟩ ≡
```
#include <stdlib.h>
#include <stddef.h>
#include "assert.h"
#include "except.h"
#include "mem.h"
```

⟨*data* 54⟩
⟨*functions* 54⟩

例如，Mem_alloc 调用 malloc，并在 malloc 返回 NULL 指针时引发 Mem_Failed 异常：

⟨*functions* 54⟩ ≡
```
void *Mem_alloc(long nbytes, const char *file, int line){
    void *ptr;

    assert(nbytes > 0);
    ptr = malloc(nbytes);
    if (ptr == NULL)
        ⟨raise Mem_Failed 54⟩
    return ptr;
}
```

⟨*raise* Mem_Failed 54⟩ ≡
```
    {
    if (file == NULL)
        RAISE(Mem_Failed);
    else
        Except_raise(&Mem_Failed, file, line);
    }
```

⟨*data* 54⟩ ≡
```
    const Except_T Mem_Failed = { "Allocation Failed" };
```

如果客户程序不处理 Mem_Failed 异常，Except_raise 将在报告未处理的异常时输出调用者的"坐标"（文件和行号，这些是在调用 Mem_alloc 时传递进来的）。例如：

```
Uncaught exception Allocation Failed raised @parse.c:431 aborting...
```

同样，`Mem_calloc` 将对 `calloc` 的调用封装了进来

⟨*functions* 54⟩+≡
```
void *Mem_calloc(long count, long nbytes,
    const char *file, int line) {
    void *ptr;

    assert(count > 0);
    assert(nbytes > 0);
    ptr = calloc(count, nbytes);
    if (ptr == NULL)
        ⟨raise Mem_Failed 54⟩
    return ptr;
}
```

在 `count` 或 `nbytes` 为零时，`calloc` 的行为是由具体实现定义的。在这种情况下 `Mem` 接口规定了函数的行为，这也是它的优点之一，且有助于避免 bug。

`Mem_free` 只是调用 `free`：

⟨*functions* 54⟩+≡
```
void Mem_free(void *ptr, const char *file, int line) {
    if (ptr)
        free(ptr);
}
```

C 语言标准允许将 `NULL` 指针传递给 `free`，`Mem_free` 不会传递 `NULL` 指针，因为 `free` 的比较旧的实现可能不接受 `NULL` 指针。

`Mem_resize` 的规格说明比 `realloc` 简单得多，这也反映在它的更简单的实现中：

⟨*functions* 54⟩+≡
```
void *Mem_resize(void *ptr, long nbytes,
    const char *file, int line) {

    assert(ptr);
    assert(nbytes > 0);
    ptr = realloc(ptr, nbytes);
    if (ptr == NULL)
        ⟨raise Mem_Failed 54⟩
    return ptr;
}
```

`Mem_resize` 唯一的目的就是改变某个现存内存块的长度。`realloc` 也完成了同样的工作，但它在 `nbytes` 为零时会释放内存块，而在 `ptr` 是 `NULL` 指针时会分配内存块。这些额外的功能与修改现存内存块的长度只有松散的关联，很容易引入 bug。

5.3 稽核实现

`Mem` 接口的稽核实现导出的各个函数，会捕获本章开头描述的各种内存访问错误，并将其作为已检查的运行时错误报告。

⟨*memchk.c*⟩ ≡
```
#include <stdlib.h>
#include <string.h>
#include "assert.h"
#include "except.h"
#include "mem.h"
```

⟨*checking types* 58⟩
⟨*checking macros* 58⟩
⟨*data* 54⟩
⟨*checking data* 56⟩
⟨*checking functions* 58⟩

如果 Mem_alloc、Mem_calloc 和 Mem_resize 从来不把同一地址返回两次，且能够记录所有返回的地址以及哪些地址指向已分配的内存，那么 Mem_free 和 Mem_resize 就可以检测内存访问错误。抽象地说，这些函数维护了一个集合 S，其元素为对 $(\alpha, free)$ 或 $(\alpha, allocated)$，其中 α 是某次分配返回的内存地址。值 *free* 表示地址 α 不指向已分配的内存，即，该内存已经显式释放，值 *allocated* 表示 α 指向已分配的内存。

Mem_alloc 和 Mem_calloc 会添加对 (*ptr, allocated*) 到集合 S，其中 ptr 是这两个函数的返回值，在添加之前，二者保证 (*ptr, allocated*) 和 (*ptr, free*) 都不在 S 中。当 ptr 为 NULL 指针或 (*ptr, allocated*) 在 S 中，Mem_free(ptr) 是合法的。如果 ptr 非空且 (*ptr, allocated*) 在 S 中，Mem_free 将释放 ptr 指向的内存块，并将 S 中的对应项改为 (*ptr, free*)。类似地，仅当 (*ptr, allocated*) 在 S 中时，Mem_resize(ptr, nbytes, ...) 才是合法的。倘若如此，Mem_resize 会调用 Mem_alloc 分配一个新块，并将旧内存块的内容复制到新块，并调用 Mem_free 释放旧块，这些调用会对集合 S 的内容进行适当的修改。

分配函数从来不返回同一地址两次的条件，可以通过从不释放任何内存块来实现。这种方法会浪费空间，而且很容易实现更好的方法：即从不释放由分配函数返回的内存块[①]。通过维护一个保存这种内存块地址的表，即可实现集合 S。

这种方案的内存分配器，可以基于标准库函数实现。该分配器维护了块描述符的一个哈希表：

⟨*checking data* 56⟩ ≡
```
static struct descriptor {
    struct descriptor *free;
    struct descriptor *link;
    const void *ptr;
    long size;
    const char *file;
    int line;
} *htab[2048];
```

ptr 是块的地址，在代码中其他地方分配（在下文讲述），size 是块的长度。file 和 line 是

---

① 这貌似和前一种方法没有本质的差别，因为一般来说前一种方法也会释放直接用 malloc/new 返回的内存块。

该块的分配"坐标",即客户程序中调用相关分配函数的源代码所处的位置(也会作为参数传递给分配函数)。这些值并不使用,但会保存在描述符中,以便调试器在调试会话期间输出相关信息。

link 字段构建了一个块描述符的链表,这些块散列到 htab 中的同一索引,htab 本身是一个描述符指针的数组。这些描述符还形成了一个空闲块链表,该链表的头是空描述符

⟨*checking data* 56⟩+≡
```
static struct descriptor freelist = { &freelist };
```

该链表通过描述符的 free 字段建立。该链表是环形的:freelist 是链表中最后一个描述符,其 free 字段指向链表中第一个描述符。在任一给定时刻,htab 包含了所有块的描述符,包括空闲块和已分配块,同时空闲块还出现在 freelist 链表上。如果描述符的 free 字段为 NULL,则该块已经分配,如果 free 字段不是 NULL,则该块是空闲的,因而 htab 就实现了集合 S。图 5-1 给出了这些数据结构在某个时间点上的快照。与每个描述符结构关联的内存块,在图中表示描述符之后的方框。阴影方框表示已分配的空间,空白的方框表示空闲空间,实线表示 link 字段建立的链表,而虚线表示空闲链表。

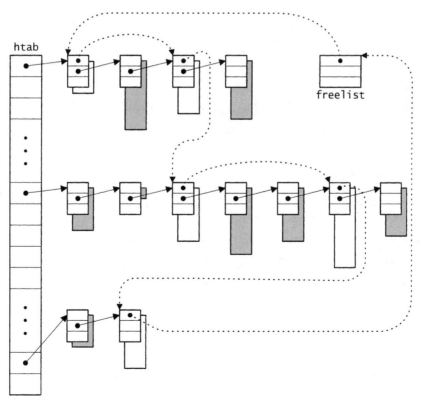

图 5-1 htab 和 freelist 结构

给出一个地址，find 将搜索其描述符。该函数返回指向描述符的指针或者 NULL 指针：

⟨checking functions 58⟩ ≡
```
static struct descriptor *find(const void *ptr) {
    struct descriptor *bp = htab[hash(ptr, htab)];

    while (bp && bp->ptr != ptr)
        bp = bp->link;
    return bp;
}
```

⟨checking macros 58⟩ ≡
```
#define hash(p, t) (((unsigned long)(p)>>3) & \
    (sizeof (t)/sizeof ((t)[0])-1))
```

hash 宏将地址作为一个位模式处理，右移三位，并将其对 htab 的大小取模，以减小其值。给出 find 之后，就完全可以写出一个 Mem_free 版本，将内存访问错误实现为已检查的运行时错误：

⟨checking functions 58⟩ +≡
```
void Mem_free(void *ptr, const char *file, int line) {
    if (ptr) {
        struct descriptor *bp;
        ⟨set bp if ptr is valid 58⟩
        bp->free = freelist.free;
        freelist.free = bp;
    }
}
```

如果 ptr 不是 NULL，而且是一个有效地址，会将对应的内存块添加到空闲链表而释放该块，这样的空闲块可能由后续的 Mem_alloc 调用来重用。如果指针指向已分配内存块，那么就是有效的：

⟨set bp if ptr is valid 58⟩ ≡
```
if (((unsigned long)ptr)%(sizeof (union align)) != 0
|| (bp = find(ptr)) == NULL || bp->free)
    Except_raise(&Assert_Failed, file, line);
```

if 语句中对 ((unsigned long)ptr) % (sizeof(union align)) != 0 的检查过滤掉了那些不是严格对齐值倍数的地址，这样的地址不可能是有效的块指针。

如下所示，Mem_alloc 返回的指针，地址值总是对齐到下列联合的大小倍数。

⟨checking types 58⟩ ≡
```
union align {
    int i;
    long l;
    long *lp;
    void *p;
    void (*fp)(void);
    float f;
    double d;
```

```
            long double ld;
        };
```

这种对齐确保了任何类型的数据都可以保存在 Mem_alloc 返回的块中。如果传递给 Mem_free 的 ptr 不符合这种对齐，它不可能在 htab 中，因而是无效的。

Mem_resize 通过同样的检查来捕获内存访问错误，然后调用 Mem_free、Mem_alloc 和库函数 memcpy：

⟨*checking functions* 58⟩+≡
```
    void *Mem_resize(void *ptr, long nbytes,
        const char *file, int line) {
        struct descriptor *bp;
        void *newptr;

        assert(ptr);
        assert(nbytes > 0);
        ⟨set bp if ptr is valid 58⟩
        newptr = Mem_alloc(nbytes, file, line);
        memcpy(newptr, ptr,
            nbytes < bp->size ? nbytes : bp->size);
        Mem_free(ptr, file, line);
        return newptr;
    }
```

类似地，Mem_calloc 可以通过调用 Mem_alloc 和库函数 memset 来实现：

⟨*checking functions* 58⟩+≡
```
    void *Mem_calloc(long count, long nbytes,
        const char *file, int line) {
        void *ptr;

        assert(count > 0);
        assert(nbytes > 0);
        ptr = Mem_alloc(count*nbytes, file, line);
        memset(ptr, '\0', count*nbytes);
        return ptr;
    }
```

剩下的工作只是对描述符以及 Mem_alloc 的代码的分配。同时完成这两个任务的一种方法是，分配一个足够大的块，可以容纳一个描述符以及调用 Mem_alloc 所请求的内存空间。这种方法有两个缺点。第一，它使划分一块空闲内存以满足几个较小请求的工作复杂化，因为每个请求都需要自身的描述符。第二，它使描述符易受破坏，当通过指针或索引写内存越界时，就会发生这种情况。

独立分配描述符，解除了描述符分配与 Mem_alloc 进行的内存分配之间的耦合，并减少了（但不会消除）描述符被破坏的可能性。dalloc 会分配、初始化并返回一个描述符，这来自由 malloc 分配的包含 512 个描述符的内存块：

⟨*checking functions* 58⟩+≡
```
    static struct descriptor *dalloc(void *ptr, long size,
```

```
        const char *file, int line) {
        static struct descriptor *avail;
        static int nleft;

        if (nleft <= 0) {
            ⟨allocate descriptors 60⟩
            nleft = NDESCRIPTORS;
        }
        avail->ptr  = ptr;
        avail->size = size;
        avail->file = file;
        avail->line = line;
        avail->free = avail->link = NULL;
        nleft--;
        return avail++;
    }
```

⟨*checking macros* 58⟩ +≡
```
    #define NDESCRIPTORS 512
```

对 malloc 的调用可能返回 NULL 指针，这种情况下，dalloc 将 NULL 返回给调用者。

⟨*allocate descriptors* 60⟩ ≡
```
    avail = malloc(NDESCRIPTORS*sizeof (*avail));
    if (avail == NULL)
        return NULL;
```

如下所示，Mem_alloc 在 dalloc 返回 NULL 指针时引发 Mem_Failed 异常。

　　Mem_alloc 使用最先适配算法分配内存，这是诸多内存分配算法之一。它会搜索 freelist 来查找第一个能够满足请求的足够大的空闲块，并划分该块来满足请求。如果 freelist 不包含适当的块，Mem_alloc 调用 malloc 分配比 nbytes 大的一个内存块，将该块添加到空闲链表，然后再次尝试。因为新的内存块比 nbytes 大，这一次将使用该块来满足请求。这里是代码：

⟨*checking functions* 58⟩ +≡
```
    void *Mem_alloc(long nbytes, const char *file, int line){
        struct descriptor *bp;
        void *ptr;

        assert(nbytes > 0);
        ⟨round nbytes up to an alignment boundary 61⟩
        for (bp = freelist.free; bp; bp = bp->free) {
            if (bp->size > nbytes) {
                ⟨use the end of the block at bp->ptr 61⟩
            }
            if (bp == &freelist) {
                struct descriptor *newptr;
                ⟨newptr ← a block of size NALLOC + nbytes 62⟩
                newptr->free = freelist.free;
                freelist.free = newptr;
            }
        }
        assert(0);
        return NULL;
    }
```

Mem_alloc 首先将 nbytes 向上舍入，使得其返回的每个指针都对齐到联合 align 大小的倍数：

⟨*round* nbytes *up to an alignment boundary* 61⟩ ≡
```
nbytes = ((nbytes + sizeof (union align) - 1)/
    (sizeof (union align)))*(sizeof (union align));
```

freelist.free 指向空闲链表的起始，for 循环从这里开始。第一个大小大于 nbytes 的空闲块用来满足该请求。该空闲块末端 nbytes 长的空间被切分为一个新块，在创建其描述符、初始化并添加到 htab 后，返回该内存块地址：

⟨*use the end of the block at* bp->ptr 61⟩ ≡
```
bp->size -= nbytes;
ptr = (char *)bp->ptr + bp->size;
if ((bp = dalloc(ptr, nbytes, file, line)) != NULL) {
    unsigned h = hash(ptr, htab);
    bp->link = htab[h];
    htab[h] = bp;
    return ptr;
} else
    ⟨raise Mem_Failed 54⟩
```

图 5-2 说明了该代码块的效果：左侧是一个描述符，指向划分前的一些空闲空间。在右侧，已经分配的空间用阴影标识，有一个新的描述符指向该内存块。请注意，新描述符的空闲链表链接为 NULL[①]。

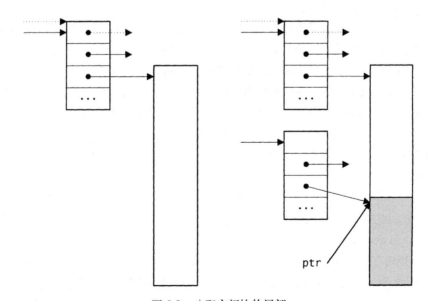

图 5-2　分配空闲块的尾部

---

① 即 free 字段。——译者注

对 bp->size > nbytes 的检查保证了 bp->ptr 永远不会重用。大的空闲块被划分来满足较小的请求，直至其长度减少到 sizeof(union align) 字节，此后 bp->size 决不会大于 nbytes。每个内存块中前 sizeof(union align) 字节决不会分配。

在循环时，如果 bp 到达 freelist，说明该链表不包含长度大于 nbytes 的内存块。在这种情况下，需要分配一个新的内存块，其长度为

⟨*checking macros* 58⟩+≡
```
#define NALLOC ((4096 + sizeof (union align) - 1)/ \
      (sizeof (union align)))*(sizeof (union align))
```

加上 nbytes，该块将添加到空闲链表的起始处，在 for 循环的下一次迭代中，将使用该空闲块来满足分配请求。新块有一个描述符，就像是该块此前已分配并被释放一样：

⟨newptr ← *a block of size* NALLOC + nbytes 62⟩≡
```
if ((ptr = malloc(nbytes + NALLOC)) == NULL
|| (newptr = dalloc(ptr, nbytes + NALLOC,
       __FILE__, __LINE__)) == NULL)
   ⟨raise Mem_Failed 54⟩
```

5.4　扩展阅读

Mem 接口的目的之一是改进标准 C 分配函数的接口。[Maguire, 1993]一书批评了这些函数并描述了一个类似的重新封装接口。

在 C 程序中内存分配 bug 是如此普遍，以至于有些公司专门构建并销售有助于诊断和修复此类 bug 的工具。其中最好的之一是 Purify [Hastings and Joyce, 1992]，该工具能够检测几乎所有种类的内存访问错误，包括 5.3 节描述的那些。Purify 会检查每个 load 和 store 指令，因为它是通过编辑目标码来完成其工作的，所以即使当源代码不可用时也可以使用该工具，如私有的库。通过修改源代码来捕获内存访问错误，是另一种大不相同的实现技术，例如，[Austin, Breach and Sohi, 1994]一文描述了一种系统，其中的"安全"指针承载了足够的信息，可以捕获大量内存访问错误。LCLint [Evans, 1996]有许多类似 PC-Lint 之类工具的特性，可以在编译时检测许多潜在的内存分配错误。

[Knuth, 1973a]一书综述了所有重要的内存分配算法，并解释了最先适配通常优于其他方法（例如最佳适配，该方法寻找长度最接近请求的空闲块）的原因。Mem_alloc 中使用的最先适配算法与[Kernighan and Ritchie, 1988]书中 8.7 节描述的算法类似。

对于大多数内存管理算法来说，都有大量变体，通常用来针对特定应用或分配模式改进性能。快速适配（quick fit，参见 [Weinstock and Wulf, 1988]）是使用最广泛的变体之一。许多应用程序分配的内存块中，仅有少量不同长度，快速适配利用了这一事实。快速适配维护 N 个空闲链表，每个链表用于一种最常请求的块长。在分配其中某种长度的内存块时，只需从对应的链表上移除第一块，而释放内存块时，将其添加到对应的链表即可。在链表为空或请求的长度链表不支持时，

会使用一种备用算法，如最先适配。

[Grunwald and Zorn，1993]描述了一个系统，能够针对某种特定应用的使用模式，生成调优过的 malloc 和 free 实现。该系统首先用能够收集统计数据的 malloc 和 free 版本来运行应用程序，收集的统计数据包括块长、分配与释放的相对频繁程度等。接下来，系统将收集的数据输入到一个程序中，程序将生成针对该应用程序定制的 malloc 和 free 版本的源代码。这种定制版本通常使用快速适配，支持少量特定于该应用程序的块长。

5.5 习题

5.1 [Maguire，1993]提倡将未初始化的内存初始化为某种独特的位模式，以帮助诊断访问未初始化内存造成的 bug。一种好的位模式需要具备什么样的特性？请提出一种适当的位模式，并修改 Mem_alloc 的稽核实现，使之使用该位模式。设法找到一种应用程序，使得这种修改能够捕获到一个 bug。

5.2 在代码块〈*use the end of the block at* bp->ptr 61〉中，当一个空闲块的长度减小到 sizeof(union align)字节后，它就无法满足分配请求了，但仍然会留在空闲链表中。修改代码以删除这种内存块。你能找到这样的应用程序，使得通过测量能够检测到这种改进对该程序的效果吗？

5.3 最先适配的大多数实现（如[Kernighan and Ritchie，1988]的 8.7 节中给出的）都会合并相邻的空闲块，以形成更大的空闲块。Mem_alloc 的稽核实现无法合并相邻的空闲块，因为它不能将同一地址返回两次。为 Mem_alloc 设计一个算法，使之既可以合并相邻的空闲块，又无需返回同一地址两次。

5.4 一些程序员可能主张，在 Mem_free 中针对内存访问错误引发 Assert_Failure 异常属于过度反应，因为只要将错误的调用记入日志并忽略，执行可以继续。请实现

```
extern void Mem_log(FILE *log);
```

如果向 Mem_log 传递的 FILE 指针不是 NULL，则可以通过向 log 写入消息的方式来通知内存访问错误，而不再引发 Assert_Failure 异常。这些消息可以记录错误调用和分配操作的"坐标"。例如，如果在调用 Mem_free 时传递的指针指向一个已经释放的内存块，可能会输出下列消息：

```
** freeing free memory
Mem_free(0x6418) called from parse.c:461
This block is 48 bytes long and was allocated from sym.c:123
```

类似地，如果在调用 Mem_resize 时传递的指针无效，可能会报告：

```
** resizing unallocated memory
Mem_resize(0xf7fff930,640) called from types.c:1101
```

Mem_log(NULL)可关闭日志，恢复使内存访问错误引发断言失败的行为。

5.5   稽核实现拥有报告潜在内存泄漏所需的所有信息。如本章章首所述，内存泄漏是不再被任何指针引用的已分配内存块，因而无法释放。泄漏会导致程序最终用尽内存。对只是短时间运行的程序来说，内存泄漏不是问题，但对于需要长时间运行的程序来说（如用户界面和服务器），这是个严重的问题。请实现

```
extern void Mem_leak(apply(void *ptr, long size,
    const char *file, int line, void *cl), void *cl);
```

该函数对每个已分配内存块调用 apply 指向的函数，ptr 是内存块的地址，size 是块的分配长度，file 和 line 是其分配坐标。客户程序可以向 Mem_leak 传递一个特定于应用程序的指针 cl，该指针顺次传递给 apply，用作最后一个参数。Mem_leak 不知道 cl 的用途，但 apply 很可能知道。apply 和 cl 合称一个闭包（closure）：它们规定了一个操作和一些用于该操作的上下文相关数据。例如，

```
void inuse(void *ptr, long size,
    const char  *file, int line, void *cl) {
    FILE *log = cl;

    fprintf(log, "** memory in use at %p\n", ptr);
    fprintf(log, "This block is %ld bytes long "
        "and was allocated from %s:%d\n", size,
        file, line);
}
```

会输出如下消息：

```
** memory in use at 0x13428
This block is 32 bytes long and was allocated from gen.c:23
```

到前一习题所述的日志文件。调用 inuse 时，将其和日志文件的 FILE 指针一同传递给 Mem_leak 即可：

```
Mem_leak(inuse, log);
```

第 6 章

再谈内存管理

malloc 和 free 的大多数实现，都会使用基于分配对象大小的内存管理算法。前一章中使用的最先适配算法就是一个例子。在一些应用程序中，内存释放操作是成组同时发生的。图形用户界面就是一个例子。用于滚动条、按钮等控件的内存空间，在一个窗口创建时分配，在该窗口销毁时释放。编译器是另一个例子。例如，lcc 在编译一个函数时分配内存，在完成编译该函数时立即释放所有这些内存。

对于此类应用程序来说，基于对象生命周期的内存管理算法通常更好。基于栈的分配是此类分配算法的一个例子，但仅当对象生命周期有嵌套关系时才适用，通常情况下并非如此。

本章将描述一种内存管理接口及其实现，接口的实现使用了基于内存池 (arena) 的算法，其分配的内存来自一个内存池，使用完毕后立即释放整个内存池。调用 malloc，则必须有对应的 free 调用。如前一章所述，很容易忘记调用 free，或者，（更糟的是）释放一个已经被释放的对象或不应该被释放的对象。

利用基于内存池的分配器，不必像 malloc/free 那样，对每次调用 malloc 返回的指针调用 free，只需要一个调用，即可释放上一次释放操作以来内存池中分配的所有内存。这使得分配和释放都更为高效，内存泄漏也没有了。但该方案最重要的好处是，它简化了代码。所谓的合用算法 (applicative algorithm)，一般只分配新数据结构，而不修改现存的数据结构。基于内存池的分配器促使采用简单的合用算法，以代替那些可能更省空间、但也更复杂的算法，因为后者必须记录何时调用 free。

基于内存池的方案有两个缺点：它可能使用更多的内存，而且可能造成悬挂指针。如果一个对象通过错误的内存池分配，而在程序用完该对象之前相应的内存池已经释放，程序将引用未分配的内存或已经被其他内存池（可能是毫无关系的内存池）重用的内存。还有一种可能，即内存池中分配的对象的释放时间迟于预期，这会造成内存泄漏。但实际上，内存池的管理是如此容易，以至于这些问题很少发生。

6.1 接口

Arena 接口规定了两个异常，以及管理内存池并从内存池中分配内存的函数：

⟨*arena.h*⟩ ≡
```
#ifndef ARENA_INCLUDED
#define ARENA_INCLUDED
#include "except.h"

#define T Arena_T
typedef struct T *T;

extern const Except_T Arena_NewFailed;
extern const Except_T Arena_Failed;
```

⟨*exported functions* 66⟩

```
#undef T
#endif
```

内存池通过下列函数创建和销毁：

⟨*exported functions* 66⟩ ≡
```
extern T    Arena_new    (void);
extern void Arena_dispose(T *ap);
```

Arena_new 创建一个新的内存池并返回指向新建内存池的一个不透明指针。该指针将传递给其他需要指定内存池参数的函数。如果 Arena_new 无法分配内存池，将引发 Arena_NewFailed 异常。Arena_dispose 释放与 *ap 内存池关联的内存，释放内存池本身，并将 *ap 清零。传递给 Arena_dispose 的 ap 或 *ap 为 NULL 指针，是一个已检查的运行时错误。

内存分配函数是 Arena_alloc 和 Arena_calloc，它们比较类似于 Mem 接口中名称相似的函数，只是从内存池分配内存而已。

⟨*exported functions* 66⟩ +≡
```
extern void *Arena_alloc (T arena, long nbytes,
    const char *file, int line);
extern void *Arena_calloc(T arena, long count,
    long nbytes, const char *file, int line);
extern void  Arena_free  (T arena);
```

Arena_alloc 在内存池中分配一个至少 nbytes 长的内存块，并返回指向第一个字节的指针。该内存块对齐到地址边界，能够适合于具有最严格对齐要求的数据。该块的内容是未初始化的。Arena_calloc 在内存池中分配一个足够大的内存块，可以容纳 count 个元素的数组，每个数组元素的大小为 nbytes 字节，并返回指向第一个字节的指针。该内存块的对齐与 Arena_alloc 类似，其内容初始化为 0。count 或 nbytes 不是正数，是已检查的运行时错误。

Arena_alloc 和 Arena_calloc 的最后二个参数是函数被调用处的文件名和行号。如果 Arena_alloc 或 Arena_calloc 无法分配所要的内存，则引发 Arena_Failed 异常，并将 file 和 line 参数传递给 Except_raise，这样，抛出的异常就给出了调用相应函数的位置。如果 file 是 NULL 指针，这两个函数将提供其实现内部引发 Arena_Failed 的源代码的位置。

Arena_free 释放内存池中所有的内存，相当于释放内存池中自创建或上一次调用 Arena_free 以来已分配的所有内存块。

向该接口中任何例程传递的 T 值为 NULL，都是已检查的运行时错误。该接口中的例程可以与 Mem 接口中的例程和其他基于 malloc 和 free 的分配器协同使用。

6.2 实现

```
⟨arena.c⟩ ≡
    #include <stdlib.h>
    #include <string.h>
    #include "assert.h"
    #include "except.h"
    #include "arena.h"
    #define T Arena_T

    const Except_T Arena_NewFailed =
        { "Arena Creation Failed" };
    const Except_T Arena_Failed    =
        { "Arena Allocation Failed" };

⟨macros 71⟩
⟨types 67⟩
⟨data 70⟩
⟨functions 68⟩
```

一个内存池描述了一大块内存：

```
⟨types 67⟩ ≡
    struct T {
        T prev;
        char *avail;
        char *limit;
    };
```

prev 字段指向大内存块的起始，此处保存了一个 Arena_T 结构实例（具体在下文讲述），limit 字段指向大内存块的结束处[①]。avail 字段指向大内存块中第一个空闲位置，从 avail 开始、在 limit 之前的空间可用于分配。

为分配 N 字节的内存空间，在 N 不大于 limit − avail 时，将 avail 加 N，返回 avail 的原值即可。如果 N 大于 limit − avail，则需要调用 malloc 分配一个新的大内存块，*arena 的当前值被"下推"（存储到新的大内存块的起始处），并初始化 arena 的各个字段使之描述新的大内存块，然后分配操作继续进行。

因而，位于各个大内存块头部的 Arena_T 结构实例形成了一个链表，链表指针是其中的 prev 字段。图 6-1 展示了分配三个大内存块之后内存池的状态。阴影部分表示已经分配的空间，各个大内存块可能大小不同，而且其结束处可能是未分配的空间（如果分配操作未能刚好用尽该块）。

---

① 即最后一个字节之后的位置。——译者注

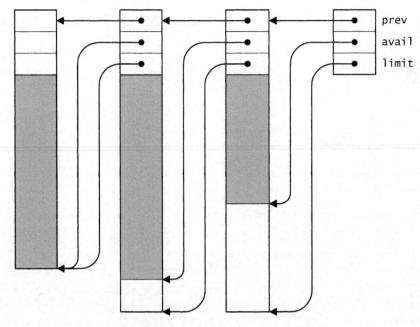

图 6-1　包含三个大内存块的内存池

Arena_new 分配并返回一个 Arena_T 结构实例，其各个字段均设置为 NULL 指针，这表示
一个空的内存池：

```
⟨functions 68⟩ ≡
  T Arena_new(void) {
      T arena = malloc(sizeof (*arena));
      if (arena == NULL)
          RAISE(Arena_NewFailed);
      arena->prev = NULL;
      arena->limit = arena->avail = NULL;
      return arena;
  }
```

Arena_dispose 调用 Arena_free 释放内存池中的各个大内存块，接下来它释放 Arena_T 结
构本身并将指向内存池的指针清零：

```
⟨functions 68⟩ +≡
  void Arena_dispose(T *ap) {
      assert(ap && *ap);
      Arena_free(*ap);
      free(*ap);
      *ap = NULL;
  }
```

内存池使用 malloc 和 free 而不是其他分配器（例如 Mem_alloc 和 Mem_free），这使得它
独立于其他分配器。

　　大多数分配都是平凡的：将请求分配的内存长度向上舍入到适当的对齐边界，将 avail 指针加上舍入后的长度，并返回 avail 的原值。

```
⟨functions 68⟩ +≡
    void *Arena_alloc(T arena, long nbytes,
        const char *file, int line) {
        assert(arena);
        assert(nbytes > 0);
        ⟨round nbytes up to an alignment boundary 69⟩
        while (nbytes > arena->limit - arena->avail) {
            ⟨get a new chunk 69⟩
        }
        arena->avail += nbytes;
        return arena->avail - nbytes;
    }
```

像 Mem 接口的稽核实现那样，下述联合的大小

```
⟨types 67⟩ +≡
    union align {
        int i;
        long l;
        long *lp;
        void *p;
        void (*fp)(void);
        float f;
        double d;
        long double ld;
    };
```

给出了宿主机上最低的对齐要求。其字段是那些最可能具有最严格对齐要求的类型，该联合用于对 nbytes 向上舍入：

```
⟨round nbytes up to an alignment boundary 69⟩ ≡
    nbytes = ((nbytes + sizeof (union align) - 1)/
        (sizeof (union align)))*(sizeof (union align));
```

　　对大多数调用来说，nbytes 小于 arena->limit - arena->avail，即，内存池中的大内存块至少有 nbytes 长的空闲空间，如此上述 Arena_alloc 中的 while 循环体不会执行。如果当前的大内存块无法满足分配请求，则必须分配一个新的大内存块。这会浪费当前大内存块末端的空闲空间，图 6-1 链表中的第二个大内存块就说明了这一点。

　　在分配一个新的大内存块之后，*arena 的当前值保存到该块的起始处，并初始化 arena 的各个字段使之指向新块，分配操作将继续进行：

```
⟨get a new chunk 69⟩ ≡
    T ptr;
    char *limit;
    ⟨ptr ← a new chunk 70⟩
    *ptr = *arena;
    arena->avail = (char *)((union header *)ptr + 1);
```

```
        arena->limit = limit;
        arena->prev  = ptr;
```

⟨*types* 67⟩+≡
```
  union header {
      struct T b;
      union align a;
  };
```

代码中的结构赋值操作*ptr = *arena，将*arena"下推"，保存在新的大内存块的起始处。
header 联合确保了 arena->avail 指向一个适当对齐的地址，这使得在新的大内存块中的第一
次分配不会出错。

　　如下所示，Arena_free 将释放的大内存块维护在一个发源于 freechunks 的空闲链表上，
以减少调用 malloc 的次数。该链表将大内存块头部的 Arena_T 结构实例的 prev 字段用作链
表指针，这些结构实例的 limit 字段只是指向其所处大内存块的结束处。nfree 是链表中大内
存块的数目。Arena_alloc 会从该链表获取空闲的大内存块或调用 malloc 来分配，而且在上
述的<*get a new chunk* 69>代码块中设置了 Arena_alloc 的局部变量 limit，供后续使用：

⟨*data* 70⟩+≡
```
  static T freechunks;
  static int nfree;
```

⟨*ptr* ← *a new chunk* 70⟩≡
```
  if ((ptr = freechunks) != NULL) {
      freechunks = freechunks->prev;
      nfree--;
      limit = ptr->limit;
  } else {
      long m = sizeof (union header) + nbytes + 10*1024;
      ptr = malloc(m);
      if (ptr == NULL)
          ⟨raise Arena_Failed 70⟩
      limit = (char *)ptr + m;
  }
```

如果必须分配一个新的大内存块，则会分配一个足够大的内存块，以容纳 Arena_T 结构实例、
nbytes 字节要分配的空间以及 10KB 剩余的可用空间。如果 malloc 返回 NULL，分配操作失败，
Arena_alloc 将引发 Arena_Failed 异常：

⟨*raise* Arena_Failed 70⟩≡
```
  {
      if (file == NULL)
          RAISE(Arena_Failed);
      else
          Except_raise(&Arena_Failed, file, line);
  }
```

在内存池的各个字段指向新的大内存块后，Arena_alloc 中的 while 循环将再次尝试进行分

配。这一次仍然可能失败：如果新的大内存块来自 freechunks，可能也会比较小以至于无法满足请求，这就是需要用 while 循环而不是 if 语句的原因。

Arena_calloc 只是调用 Arena_alloc：

⟨*functions* 68⟩+≡
```
    void *Arena_calloc(T arena, long count, long nbytes,
        const char *file, int line) {
        void *ptr;

        assert(count > 0);
        ptr = Arena_alloc(arena, count*nbytes, file, line);
        memset(ptr, '\0', count*nbytes);
        return ptr;
    }
```

释放内存池时，需要将其中的大内存块添加到空闲大内存块的链表，因为此操作会遍历内存池中的大内存块链表，因而*arena 会恢复到初始状态。

⟨*functions* 68⟩+≡
```
    void Arena_free(T arena) {
        assert(arena);
        while (arena->prev) {
            struct T tmp = *arena->prev;
            ⟨free the chunk described by arena 71⟩
            *arena = tmp;
        }
        assert(arena->limit == NULL);
        assert(arena->avail == NULL);
    }
```

到 tmp 的结构赋值将 arena->prev 指向的 Arena_T 实例的所有字段值复制到 tmp。因而，这个赋值操作以及赋值*arena = tmp，在由大内存块链表形成的 Arena_T 结构的栈中，弹出了栈顶的 Arena_T 结构。在遍历整个链表后，arena 的所有字段值都应该是 NULL。

freechunks 会累积来自所有内存池的空闲大内存块，该链表可能变得很大。链表的长度变大不是问题，但其中包含的空闲内存太多就可能引起问题。例如对于其他分配器来说，freechunks 链表上的大内存块就像是已经分配的内存，因而可能造成对 malloc 的调用失败。为避免占用太多内存，Arena_free 在 freechunks 链表上仅仅保留

⟨*macros* 71⟩≡
```
    #define THRESHOLD 10
```

THRESHOLD 个空闲大内存块。在 nfree 值到达 THRESHOLD 后，后续到达的大内存块将通过调用 free 释放：

⟨*free the chunk described by* arena 71⟩≡
```
    if (nfree < THRESHOLD) {
        arena->prev->prev = freechunks;
        freechunks = arena->prev;
```

```
    nfree++;
    freechunks->limit = arena->limit;
} else
    free(arena->prev);
```

在图 6-2 中，Arena_free 即将释放左侧的大内存块。在 nfree 小于 THRESHOLD 时，该块将添加到 freechunks 链表。释放后的大内存块显示在右侧，虚线描绘了上述代码中的三个赋值操作对相关指针的影响。

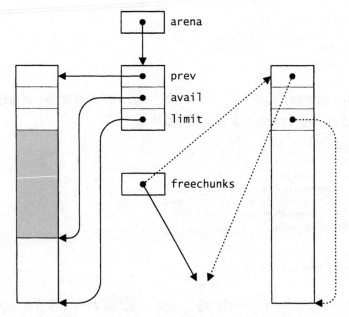

图 6-2　当 nfree 小于 THRESHOLD 时，释放内存块

6.3　扩展阅读

基于内存池的分配器（也称为 pool allocators）在历史上已经描述过若干次。[Hanson，1990]一文中的内存池分配器最初是为供 lcc [Fraser and Hanson，1995]使用而开发的。lcc 的分配器比 Arena 稍微简单些：其内存池是静态分配的，其反分配器不会调用 free。在其最初版本中，分配是通过宏直接操作内存池结构完成的，只在需要新的大内存块时才调用函数。

[Barrett and Zorn，1993]一文描述了如何自动选择适当的内存池。他们的实验建议，通向某个分配操作位置的执行路径，很好地预言了在该位置分配的内存块的生命周期。该信息包括调用链和分配位置的地址，可使用该信息来从几种特定于应用程序的内存池中选择。

Vmalloc [Vo，1996]是一个更为通用的分配器，可用于实现 Mem 和 Arena 接口。Vmalloc 允许客户程序将内存组织为区，并提供函数分别管理每个区中的内存。Vmalloc 库包括了 malloc 接口的一个实现，能够像 Mem 的稽核实现那样提供类似内存检查，这些检查可以通过设置环境变量来控制。

基于内存池的分配将许多显式释放操作合并为一个。垃圾收集器（garbage collector）更进一步：它们避免了所有的显式释放操作。在具备垃圾收集器的语言中，程序员几乎可以忽略内存分配，内存分配 bug（几乎）不可能发生。这种特性是如此之优越，以至于无论怎么讲都不过分。

有了垃圾收集器，内存空间将根据需要自动地回收（通常是在内存分配请求无法满足时）。垃圾收集器会找到所有被程序变量引用的内存块，以及这些块中的字段引用的所有内存块，以此类推。这些是可访问的内存块，其他的内存块是不可访问的，因而可以重用。有大量关于垃圾收集的文献：[Appel, 1991]是一份简要的综述，其中强调了最新的算法，而[Knuth, 1973a]和[Cohen, 1981]则更深入地涵盖了较旧的算法。

为找到可访问的内存块，大多数垃圾收集器都必须知道哪些变量指向内存块，内存块中的哪些字段指向其他内存块。垃圾收集器通常用于具有足够的编译时或运行时数据提供相关必要信息的语言。例子包括 LISP、Icon、SmallTalk、ML 和 Modula-3。保守式垃圾收集器（conservative collector，见[Boehm and Weiser, 1988]）可以用于那些不能提供足够类型信息的语言，如 C 和 C++。它们假定，任何对齐正确、看起来像是指针的位模式都是指针，而其指向的内存块是可访问的。因而保守式垃圾收集器会将某些不可访问的内存块标记为可访问的（即被占用），这显然过高估计了可访问内存块集合的大小。尽管有这个明显的障碍，保守式垃圾收集器在有些程序中工作得惊人的好[Zorn，1993]。

6.4　习题

6.1　`Arena_alloc` 只查看 arena 描述的大内存块。如果这个大内存块中空闲空间不足，即使链表中的其他大内存块有足够的空间，它也会分配一个新的大内存块。修改 `Arena_alloc`，以便在某个现存的大内存块有足够空间的情况下，在该块中分配内存空间，并测量修改带来的好处。能找到一个应用程序，经过此修改后，其内存使用量大幅降低吗？

6.2　在 `Arena_alloc` 需要一个新的大内存块时，则从空闲链表上取得第一个（如果有的话）。更好的选择是找到满足该请求的最大的空闲大内存块，仅当 freechunks 链表不包含适当的大内存块时才分配一个新的大内存块。在这个方案中，通过跟踪 freechunks 链表中最大的大内存块，可以避免不必要的遍历操作。经过这项修改，`Arena_alloc` 中的 while 循环可以替换为一个 if 语句。实现该方案并测量其好处。它是否使 `Arena_alloc` 显著变慢？它对内存的使用是否更有效率？

6.3　将 THRESHOLD 设置为 10 意味着，空闲链表不会包含多于大约 100KB 内存，因为 `Arena_alloc` 分配的大内存块至少为 10KB。设计一种方法，使得 `Arena_alloc` 和 `Arena_free` 能够监控分配和释放模式，并基于模式来动态地计算 THRESHOLD。目标是使空闲链表尽可能小，并使调用 malloc 的次数最少。

6.4　解释 `Arena` 接口不支持下列函数的原因

```
void *Arena_resize(void **ptr, long nbytes,
    const char *file, int line)
```

该函数类似 Mem_resize，会将*ptr 指向内存块长度改变为 nbytes，并返回一个指针指向调整大小后的内存块，该块与*ptr 指向的内存块位于同一内存池中（但不见得位于同一大内存块上）。如何修改实现才能支持该函数？该函数的实现将支持何种已检查的运行时错误？

6.5 在基于栈的分配器中，分配操作会将新的内存空间推入指定栈的栈顶，并返回指向该内存块第一个字节的指针。标记一个栈，就是返回编码了栈当前高度的一个值，而释放操作则是将栈顶的空间弹出，使栈回复到此前的高度。为栈分配器设计和实现一个接口。你可以提供哪些已检查的运行时错误来捕获内存释放方面的错误？这种错误的例子，如在一个比当前栈顶高的位置上进行释放，或在一个此前已经释放而后又再次分配出去的位置上进行释放。[①]

6.6 拥有多个内存分配接口的一个问题是，在不知道哪个分配接口最适合于某个特定应用程序时，其他的接口必须选择某个分配接口。设计并实现一个单一的接口来支持第5章和第6章的两种分配器。例如，该接口可以提供一个类似 Mem_alloc 的分配函数，但分配函数在某种"分配环境"下运作，而"分配环境"可以由其他函数来更改。这种"环境"将指定内存管理的细节，如使用何种分配器和内存池（如果指定了基于内存池的分配方案）。举例来说，其他函数可以将当前环境推入到一个内部栈上并建立一个新环境，而后可以弹出栈顶的环境，以恢复此前的环境设置。在你的设计中，可以研究这种及其他变体。

---

① 作者的描述可能并不易懂；实际上，基于栈的分配器相当于在运行栈/调用栈中分配临时内存空间，有点接近于局部变量；分配空间时，只需要将调用栈的栈顶下推即可，一般不需要释放，函数返回时会自动释放；微软的 C 库提供了一个_alloca 函数，就是栈分配器。——译者注

第 7 章

链　表

链表是零或多个指针的序列。包含零个指针的链表是空链表。链表中指针的数目是其长度。几乎每个非平凡的应用程序都会以某种形式使用链表。在程序中链表是如此普遍，以至于有些语言将链表作为内建类型，LISP、Scheme 和 ML 是最著名的例子。

链表很容易实现，因此程序员通常对手头的每个应用程序都重新实现链表，另外，虽然大多数特定于应用程序的链表接口有很多相似性，但链表没有广为接受的标准接口。如下所述的 List 抽象数据类型提供了大多数特定于应用程序的链表接口中的许多功能。第 11 章描述的序列，是表示链表的另一种方法。

7.1　接口

完整的 List 接口如下：

⟨*list.h*⟩ ≡
```
#ifndef LIST_INCLUDED
#define LIST_INCLUDED

#define T List_T
typedef struct T *T;

struct T {
    T rest;
    void *first;
};

extern T    List_append (T list, T tail);
extern T    List_copy   (T list);
extern T    List_list   (void *x, ...);
extern T    List_pop    (T list, void **x);
extern T    List_push   (T list, void *x);
extern T    List_reverse(T list);
extern int  List_length (T list);
extern void List_free   (T *list);
extern void List_map    (T list,
    void apply(void **x, void *cl), void *cl);
extern void **List_toArray(T list, void *end);
```

```
#undef T
#endif
```

一个 List_T 是一个指向某个 struct List_T 实例的指针。大部分 ADT 都隐藏其类型的表示细节。链表展现了这些细节，是因为对于这种特定的 ADT 来说，隐藏细节带来的复杂性超出了好处。

List_T 有一种平凡的表示，从接口可以看到，这种表示采用的链表元素是包含两个字段的结构，我们很难想象到，居然有许多其他种表示能够在隐藏该事实的情况下带来足够多的好处。章末的习题探讨了其中一些方案。

披露 List_T 的表示从几个方面简化了接口及其使用。例如，struct List_T 类型的变量可以静态地定义并初始化，这对于在编译时构建链表很有用，且避免了内存分配。类似地，其他结构可以将 struct List_T 实例嵌入到自身之中。值为 NULL 的 List_T 是空链表，这是一种很自然的表示，而且访问 first 和 rest 字段不需要函数。

该接口中的所有例程对任何链表参数都可以接受 NULL 值的 T，并将其解释为空链表。

List_list 创建并返回一个链表。调用该函数时，需要传递 $N+1$ 个指针作为参数，前 N 个指针为非 NULL，最后一个为 NULL 指针；该函数会创建一个包含 N 个结点的链表，各个结点的 first 字段包含了 N 个非 NULL 的指针，而第 N 个结点的 rest 字段为 NULL。例如，下列赋值操作

```
List_T p1, p2;
p1 = List_list(NULL);
p2 = List_list("Atom", "Mem", "Arena", "List", NULL);
```

分别返回空链表和一个包含 4 个结点的链表(其中的 first 字段分别指向字符串"Atom"、"Mem"、"Arena"、"List")。List_list 可能引发 Mem_Failed 异常。

List_list 假定其参数列表的可变部分传递的指针是 void。函数的原型中没有提供隐式转换所需的必要信息，因而对于用作第二个及后续参数的指针来说，程序员必须对 char 和 void 以外的指针提供显式转换。例如，为构建一个包含四个子链表的链表，四个子链表都只有一个链表元素，分别包含了字符串"Atom"、"Mem"、"Arena"、"List"，正确的调用如下：

```
p = List_list(List_list("Atom",  NULL),
     (void *)List_list("Mem",   NULL),
     (void *)List_list("Arena", NULL),
     (void *)List_list("List",  NULL), NULL);
```

忽略例子中给出的强制转换是一个未检查的运行时错误。这种转换是可变长度参数列表的缺陷之一。

List_push(T list, void * x)在链表 list 的起始处添加一个包含 x 的新结点，并返回新的链表。List_push 可能引发 Mem_Failed 异常。List_push 是创建新链表的另一种方法，

例如，

```
p2 = List_push(NULL, "List");
p2 = List_push(p2,   "Arena");
p2 = List_push(p2,   "Mem");
p2 = List_push(p2,   "Atom");
```

上述代码与前文中对 p2 的赋值操作，所创建的链表是相同的。

给定一个非空的链表，List_pop(T list, void **x)将第一个结点的 first 字段赋值给*x（如果 x 不是 NULL 指针），移除第一个结点并释放其内存，最后返回结果链表。给定一个空链表，List_pop 只是返回原链表，并不修改*x。

List_append(T list, T tail)将一个链表附加到另一个：该函数将 tail 赋值给 list 中最后一个结点的 rest 字段。如果 list 为 NULL，该函数返回 tail。这样，下面的代码

```
p2 = List_append(p2, List_list("Except", NULL));
```

首先将包含字符串"Except"的单元素链表附加到前面创建的包含四个元素的链表，而后将 p2 设置为指向新的包含 5 个元素的链表。

List_reverse 首先逆转其参数链表中结点的顺序，而后返回结果链表。例如，

```
p2 = List_reverse(p2);
```

返回的链表包含 5 个元素，依次是"Except"、"List"、"Arena"、"Mem"、"Atom"。

到目前为止描述的大部分例程都是破坏性的（或非应用性的，non-applicative），它们可能改变传递进来的链表，并返回结果链表。List_copy 是一个应用性的（applicative）函数：它复制其参数链表，并返回副本。因而，在执行下述代码之后

```
List_T p3 = List_reverse(List_copy(p2));
```

p3 链表包含"Atom"、"Mem"、"Arena"、"List"、"Except"，p2 保持不变。List_copy 可能引发 Mem_Failed 异常。

List_length 返回其参数链表中的结点数目。

List_free 的参数为一个指向 T 的指针。如果*list 不是 NULL，List_free 将释放*list 链表中的所有结点并将其设置为 NULL 指针。如果*list 为 NULL，List_free 则没有效果。将 NULL 指针传递给 List_free 是一个已检查的运行时错误。

List_map 对 list 链表中的每个结点调用 apply 指向的函数。客户程序可以向 List_map 传递一个特定于应用程序的指针 cl，该指针接下来传递给*apply，用作第二个参数。对链表中的每个结点，都会用指向结点 first 字段的指针和 cl 作为参数来调用*apply。因为调用*apply 时使用的是指向 first 字段的指针，因此 first 字段可能会被 apply 修改。apply 和 cl 合称闭包（closure）或回调（callback）：它们规定了一个操作和一些用于该操作的上下文相关数据。例如，给定下述函数：

```
void mkatom(void **x, void *cl) {
    char **str = (char **)x;
    FILE *fp = cl;

    *str = Atom_string(*str);
    fprintf(fp, "%s\n", *str);
}
```

那么调用 List_map(p3, mkatom, stderr) 会将 p3 链表中的字符串用相等的原子替换，并输出下列内容：

```
Atom
Mem
Arena
List
Except
```

到标准错误输出。另一个例子是

```
void applyFree(void **ptr, void *cl) {
    FREE(*ptr);
}
```

在释放链表本身之前，可以用该函数释放各个结点的 first 字段所指向的内存空间。例如：

```
List_T names;
...
List_map(names, applyFree, NULL);
List_free(&names);
```

上述代码将释放链表 names 中的数据，然后释放链表中的各个结点本身。如果 apply 改变链表，那么这是一个未检查的运行时错误。

给定一个包含 N 个值的链表，List_toArray(T list, void * end) 将创建一个数组，数组中的元素 0 到元素 $N-1$ 分别包含了链表中 N 个结点的 first 字段值，数组中的元素 N 包含 end 的值，end 通常是一个 NULL 指针。List_toArray 返回一个指向数组第一个元素的指针。例如，下述代码可以按排序后的次序输出 p3 中的各个元素：

```
int i;
char **array = (char **)List_toArray(p3, NULL);
qsort((void **)array, List_length(p3), sizeof (*array),
    (int (*)(const void *, const void *))compare);
for (i = 0; array[i]; i++)
    printf("%s\n", array[i]);
FREE(array);
```

按这个例子所暗示的，客户程序必须释放 List_toArray 返回的数组。如果链表为空，List_toArray 返回一个单元素数组。List_toArray 可能引发 Mem_Failed 异常。compare 及其与标准库函数 qsort 的协同使用，将在 8.2 节描述。

7.2 实现

⟨*list.c*⟩ ≡
```
#include <stdarg.h>
#include <stddef.h>
#include "assert.h"
#include "mem.h"
#include "list.h"

#define T List_T
```
⟨*functions* 79⟩

List_push 是最简单的链表函数。它分配一个结点，初始化该结点，并返回指向该结点的指针：

⟨*functions* 79⟩ ≡
```
T List_push(T list, void *x) {
    T p;

    NEW(p);
    p->first = x;
    p->rest  = list;
    return p;
}
```

另一个创建链表的函数 List_list 则更为复杂，因为它必须处理数量可变的参数，而且对参数列表中每一个不是 NULL 的指针参数，都必须向链表附加一个新的结点。为此，该函数用一个双重指针，来指向表示应该分配的新结点的指针：

⟨*functions* 79⟩ +≡
```
T List_list(void *x, ...) {
    va_list ap;
    T list, *p = &list;

    va_start(ap, x);
    for ( ; x; x = va_arg(ap, void *)) {
        NEW(*p);
        (*p)->first = x;
        p = &(*p)->rest;
    }
    *p = NULL;
    va_end(ap);
    return list;
}
```

p 最初指向 list，因此循环体中的操作会把指向第一个结点的指针赋值给 list。此后，p 指向链表中最后一个结点的 rest 字段，因此对*p 的赋值就是向链表添加了一个结点。图 7-1 演示了使用 List_list 建立一个三结点的链表时，对 p 的初始化以及 for 循环体中的语句的效果。

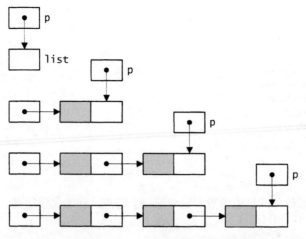

图 7-1　使用 List-list 建立一个三节点的链表

　　每一次循环都将可变参数列表中的下一个指针参数赋值给 x，当遇到第一个 NULL 指针参数时退出循环，当然 x 的初始值也可能是 NULL。这种惯用法确保了 List_list(NULL) 返回空链表，即 NULL 指针。

　　List_list 对双重指针（即 List_T *）的使用，在许多链表处理算法中是很有代表性的。它使用一种简明的机制处理了两种情况：向可能为空的链表添加初始结点，向非空的链表添加内部结点。List_append 示范了对该惯用法的另一种使用：

⟨*functions* 79⟩ +≡
```
T List_append(T list, T tail) {
    T *p = &list;

    while (*p)
        p = &(*p)->rest;
    *p = tail;
    return list;
}
```

List_append 用 p 来遍历 list，p 最终指向链表末尾结点的 rest 字段（为 NULL 指针），List_append 应该将 tail 赋值给该字段。如果 list 本身是 NULL 指针，循环结束时 p 指向 list，同样可以达到将 tail 附加到空链表的预期效果。

　　List_copy 是 List 接口中最后一个使用双重指针惯用法的函数：

⟨*functions* 79⟩ +≡
```
T List_copy(T list) {
    T head, *p = &head;

    for ( ; list; list = list->rest) {
        NEW(*p);
        (*p)->first = list->first;
        p = &(*p)->rest;
```

```
        }
        *p = NULL;
        return head;
    }
```

双重指针无法简化 List_pop 或 List_reverse，因此对这两个函数来说，更显然的实现方法就足够了。List_pop 删除一个非空链表中的第一个结点并返回新链表，或返回空链表：

```
⟨functions 79⟩ +≡
    T List_pop(T list, void **x) {
        if (list) {
            T head = list->rest;
            if (x)
                *x = list->first;
            FREE(list);
            return head;
        } else
            return list;
    }
```

如果 x 不为 NULL，那么在释放第一个结点之前，将其 first 字段赋值给*x。请注意，List_pop 在释放 list 指向的结点之前，必须保存 list->rest 字段。

List_reverse 用两个指针 list 和 next 来遍历链表一次，并使用这两个指针将链表就地反转，head 总是指向反转后链表的第一个结点：

```
⟨functions 79⟩ +≡
    T List_reverse(T list) {
        T head = NULL, next;

        for ( ; list; list = next) {
            next = list->rest;
            list->rest = head;
            head = list;
        }
        return head;
    }
```

图 7-2 说明了处理链表第三个元素时，刚好执行完循环体中第一个语句（对 next 的赋值）的情形。

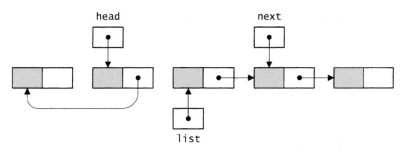

图 7-2　处理链表中第三个元素的情形

此时，next 指向 list 的后继结点，如果 list 指向链表中最后一个结点，则 next 为 NULL，head 指向当前的逆向链表，该链表从 list 的前趋结点开始，如果 list 指向链表的第一个结点，则 head 为 NULL。循环体中的第二和第三条语句，将 list 指向的结点推入到 head 链表的头部，循环的递增表达式 list = next 将 list 推进到当前结点的后继结点，此时，链表的情形如图 7-3 所示。

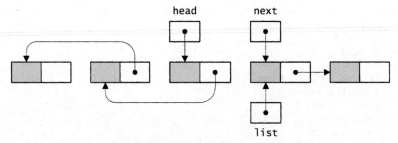

图 7-3　将 list 推进到当前结点的后继结点的链表

在接下来执行循环体的过程中，next 将会再次推进。

List_length 遍历 list 统计结点数目，List_free 遍历 list 以释放每一个结点：

```
⟨functions 79⟩+≡
  int List_length(T list) {
      int n;

      for (n = 0; list; list = list->rest)
          n++;
      return n;
  }

  void List_free(T *list) {
      T next;

      assert(list);
      for ( ; *list; *list = next) {
          next = (*list)->rest;
          FREE(*list);
      }
  }
```

List_map 看起来很复杂，但其实是平凡的，因为闭包函数完成了所有工作。List_map 只需遍历 list，用指向链表中每一个结点的 first 字段的指针和客户程序相关的指针 cl，来调用闭包函数即可：

```
⟨functions 79⟩+≡
  void List_map(T list,
      void apply(void **x, void *cl), void *cl) {
      assert(apply);
      for ( ; list; list = list->rest)
          apply(&list->first, cl);
  }
```

List_toArray 分配一个 *N*+1 个元素的数组，用以容纳一个 *N* 元素链表中的指针，并将链表中的指针复制到数组中。

```
⟨functions 79⟩ +≡
  void **List_toArray(T list, void *end) {
      int i, n = List_length(list);
      void **array = ALLOC((n + 1)*sizeof (*array));

      for (i = 0; i < n; i++) {
          array[i] = list->first;
          list = list->rest;
      }
      array[i] = end;
      return array;
  }
```

对空链表分配一个单元素数组看起来是有点浪费，但这样做意味着 List_toArray 总是返回一个指向数组的非 NULL 指针，因此客户程序从不需要检查 NULL 指针。

7.3 扩展阅读

[Knuth，1973a]描述了操作单链表的所有重要算法（如 List 接口提供的那些），以及操作双链表的算法（本书中由 Ring 接口提供，在第 12 章描述）。

在表处理语言如 LISP 和 Scheme 中，以及函数式语言如 ML [Ullman，1994]中，一切东西都是链表。[Abelson and Sussman，1985]说明了如何使用链表来解决几乎任何问题，而该书只是许多此类教科书之一，该书使用了 Scheme。

7.4 习题

7.1 设计一个链表 ADT，隐藏链表的表示，且不使用 NULL 指针来表示空链表。首先设计接口，然后完成实现。一种方法是将 List_T 作为指向表头的不透明指针，表头中包含一个指针指向链表本身，或两个指针，分别指向链表的第一个和最后一个结点。表头还可以保存链表的长度。

7.2 重写 List_list、List_append 和 List_copy，不使用双重指针。

7.3 使用双重指针重写 List_reverse。

7.4 List_append 在许多应用程序中是最常用的链表操作之一，它必须遍历到链表的末尾，对一个 *N* 元素链表需要花费 *O(N)* 时间。循环链表是单链表的另一种表示。Mem 接口的稽核实现中的空闲链表，就是循环链表的一个例子。在循环链表中，最后一个结点的 rest 字段指向第一个结点，链表本身由指向最后一个结点的指针表示。因而，第一个和最后一个结点都可以在常数时间内访问，向循环链表附加另一个链表的操作，也可以在常数时间内完成。为使用循环链表的链表 ADT 设计一个接口。对于隐藏链表表示和披露链表表示的两种接口，都要进行试验。

第 8 章

表

关联表（associative table）是一组键–值对的集合。它很像是数组，只是索引可以是任何类型值。许多应用程序都使用表。例如，编译器要维护符号表，该表将名称映射到名称的属性集合。一些窗口系统会维护表，用于将窗口标题映射到某种窗口相关的数据结构。文档预加工系统使用表来表示索引：例如，索引可能是一个表，键是单字符的字符串（每个字符表示索引中的一个部分），值是另一个表，该表的键是表示索引项的字符串，值是页码列表。

表有许多用途，光是举例就需要一章的篇幅。Table 接口的设计，使得它可以满足这些用途中的相当一部分。它维护键–值对，但它从不查看键本身，只有客户程序才通过传递给 Table 中例程的函数，来查看键。8.2 节描述了 Table 接口的一个典型的客户程序，该程序输出其输入中单词出现的次数。这个程序是 wf，它还使用了 Atom 和 Mem 接口。

8.1 接口

Table 接口用一个不透明指针类型来表示关联表：

⟨*table.h*⟩ ≡
```
#ifndef TABLE_INCLUDED
#define TABLE_INCLUDED
#define T Table_T
typedef struct T *T;

⟨exported functions 84⟩

#undef T
#endif
```

导出的函数负责分配和释放 Table_T 实例、向表添加/删除键–值对，以及访问表中的键–值对。向该接口中任何函数传递的 Table_T 实例为 NULL，或键为 NULL，都是已检查的运行时错误。

Table_T 通过下列函数分配和释放：

⟨*exported functions* 84⟩ ≡
```
extern T    Table_new (int hint,
```

```
        int cmp(const void *x, const void *y),
        unsigned hash(const void *key));
extern void Table_free(T *table);
```

Table_new 的第一个参数 hint，用于估计新的表中预期会容纳的表项数目。无论 hint 值如何，所有的表都可以容纳任意数目的表项，但准确的 hint 值可能会提高性能。传递负的 hint 值，是一个已检查的运行时错误。函数 cmp 和 hash 负责操作特定于客户程序的键。给定两个键 x 和 y，cmp(x,y)针对 x 小于 y、x 等于 y 或 x 大于 y 的情形，必须分别返回小于零、等于零或大于零的整数。标准库函数 strcmp 是一个适合于字符串键的比较函数。hash 必须针对 key 返回一个哈希码，如果 cmp(x,y)返回零，hash(x) 必须等于 hash(y)。每个表都可以有自身的 hash 和 cmp 函数。

原子通常用作键，因此如果 hash 是 NULL 函数指针，那么假定新表中的键是原子，Table 的实现提供了一个适当的哈希函数。类似地，如果 cmp 是 NULL 函数指针，那么假定表的键为原子，如果 x = y，那么键 x 和 y 相等。

Table_new 可能引发 Mem_Failed 异常。

Table_new 参数包括一个表大小的提示值、一个哈希函数和一个比较函数，提供的信息超出了大多数实现的需要。例如，8.3 节中描述的哈希表实现需要一个只测试相等性的比较函数，而使用树的实现则不需要表大小的提示信息或哈希函数。这种复杂性，是容许多种实现的设计所必需的代价；另外，为什么设计好的接口很困难，这种特性就是原因之一。

Table_free 释放*table，并将其设置为 NULL 指针。如果 table 或*table 是 NULL，则是已检查的运行时错误。Table_free 并不释放键或值，相关内容可参考 Table_map。

下列函数

⟨*exported functions* 84⟩ +≡
```
extern int   Table_length(T table);
extern void *Table_put   (T table, const void *key,
    void *value);
extern void *Table_get   (T table, const void *key);
extern void *Table_remove(T table, const void *key);
```

其功能分别是：返回表中键的数目、添加一个新的键-值对或改变一个现存键-值对中的值，取得与某个键关联的值，删除一个键-值对。

Table_length 返回 table 中键-值对的数目。

Table_put将由key和value给定的键-值对添加到table。如果table已经包含key键，那么用value覆盖key此前对应的值，Table_put将返回key此前对应的值。否则，将key和value添加到table中，table增长一个表项，Table_put将返回NULL指针。Table_put可能引发Mem_Failed异常。

Table_get搜索table查找key键，如果找到则返回key键相关联的值。如果table并不包含key键，则Table_get返回NULL指针。请注意，如果table包含NULL指针值，那么返回NULL

指针是有歧义的。

Table_remove 将搜索 table 查找 key 键，如果找到则从 table 删除对应的键–值对，表将会缩减一个表项，并返回被删除的值。如果 table 并不包含 key 键，Table_remove 对 table 没有作用，将返回 NULL 指针。

下列函数中

⟨*exported functions* 84⟩ +≡
```
extern void   Table_map    (T table,
    void apply(const void *key, void **value, void *cl),
    void *cl);
extern void **Table_toArray(T table, void *end);
```

Table_toArray 访问表中的键–值对，并将其收集到一个数组中。Table_map 以未指定的顺序对 table 中的每个键–值对调用 apply 指向的函数。apply 和 cl 指定了一个闭包：客户程序可以向 Table_map 传递一个特定于应用程序的指针 cl，在每次调用 apply 时，该指针又被顺次传递给 apply。对 table 中的每个对，调用 apply 时会传递其键、指向其值的指针和 cl。因为调用 *apply 时使用的是指向值的指针，因此值可能会被 apply 修改。Table_map 还可以用来在释放表之前释放键或值。例如，假定键是原子

```
static void vfree(const void *key, void **value,
    void *cl) {
    FREE(*value);
}
```

上述函数会释放键–值对中的值，因此

```
Table_map(table, vfree, NULL);
Table_free(&table);
```

将释放 table 中所有的值和 table 本身。

如果 apply 调用 Table_put 或 Table_remove 改变 table 的内容，则是已检查的运行时错误。

给定一个包含 N 个键–值对的表，Table_toArray 会构建一个有 $2N+1$ 个元素的数组，并返回指向第一个元素的指针。在数组中键和值交替出现，键出现在偶数编号的元素处，对应的值出现在下一个奇数编号的元素处。最后一个偶数编号的元素位于索引 $2N$ 处，被赋值为 end，end 通常是 NULL 指针。数组中键–值对的顺序是未指定的。8.2 节中描述的程序说明了 Table_toArray 的用法。

Table_toArray 可能引发 Mem_Failed 异常，客户程序必须释放 Table_toArray 返回的数组。

8.2 例子：词频

wf 会列出一组文件或标准输入（如果没有指定文件）中每个单词出现的次数。例如：

```
% wf table.c mem.c
table.c:
3   apply
7   array
13  assert
9   binding
18  book
2   break
10  buckets
...
4   y
mem.c:
1   allocation
7   assert
12  book
1   stdlib
9   void
...
```

如上述输出所示，每个文件中的单词按字母顺序列出，单词之前是其在该文件中出现的次数。对于 wf 来说，单词就是一个字母后接零个或更多字母或下划线，不考虑大小写。

更一般地说，一个单词由 first 集合中的一个字符开始，后接 rest 集合中的零或多个字符。这种形式的单词可以由 getword 识别，它是 1.1 节中描述的 double 中的 getword 的一般化形式。它在本书中使用得很广泛，以至于需要打包到一个独立的接口中：

⟨getword.h⟩ ≡
```c
#include <stdio.h>

extern int getword(FILE *fp, char *buf, int size,
    int first(int c), int rest(int c));
```

getword 会从打开的文件 fp 中读取下一个单词，将其作为 0 结尾字符串存储到 buf [0..size - 1]中，并返回 1。当它到达文件末尾而无法读取到单词时，将返回 0。函数 first 和 rest 测试某个字符是否属于 first 和 rest 集合。一个单词是一个连续的字符序列，其起始字符用 first 函数测试时会返回非零值，后接的字符用 rest 测试时将返回非零值。如果一个单词包含的字符数大于 size - 2，多出的字符将丢弃。size 必须大于 1，fp、buf、first 和 rest 都不能为 NULL。

⟨getword.c⟩ ≡
```c
#include <ctype.h>
#include <string.h>
#include <stdio.h>
#include "assert.h"
#include "getword.h"

int getword(FILE *fp, char *buf, int size,
```

```
        int first(int c), int rest(int c)) {
        int i = 0, c;

        assert(fp && buf && size > 1 && first && rest);
        c = getc(fp);
        for ( ; c != EOF; c = getc(fp))
            if (first(c)) {
                〈store c in buf if it fits 88〉
                c = getc(fp);
                break;
            }
        for ( ; c != EOF && rest(c); c = getc(fp))
            〈store c in buf if it fits 88〉
        if (i < size)
            buf[i] = '\0';
        else
            buf[size-1] = '\0';
        if (c != EOF)
            ungetc(c, fp);
        return i > 0;
    }
```

〈*store* c *in buf if it fits* 88〉 ≡
```
    {
        if (i < size - 1)
            buf[i++] = c;
    }
```

getword 的这个版本比 double 中的版本要复杂一点，因为当一个字符属于 first 集合但不属于 rest 集合时，这个版本必须能够工作。当 first 返回非零值时，该字符将保持在 buf 中，仅其后续字符将传递给 rest。

wf 的 main 函数处理其参数，参数给出了输入文件的名称。main 打开各个文件，并用 FILE 指针和文件名来调用 wf：

〈*wf functions* 88〉 ≡
```
    int main(int argc, char *argv[]) {
        int i;

        for (i = 1; i < argc; i++) {
            FILE *fp = fopen(argv[i], "r");
            if (fp == NULL) {
                fprintf(stderr, "%s: can't open '%s' (%s)\n",
                    argv[0], argv[i], strerror(errno));
                return EXIT_FAILURE;
            } else {
                wf(argv[i], fp);
                fclose(fp);
            }
        }
        if (argc == 1) wf(NULL, stdin);
        return EXIT_SUCCESS;
    }
```

〈*wf includes* 88〉 ≡

```
#include <stdio.h>
#include <stdlib.h>
#include <errno.h>
```

如果没有参数，main 用 NULL 字符串（用作文件名）和表示标准输入的 FILE 指针来调用 wf。NULL 字符串文件名告知 wf 无需输出文件名。

wf 使用表来存储单词及其计数。各个单词都转换为小写，再转换为原子，用作表的键。使用原子，使得 wf 可以利用表提供的默认哈希函数和比较函数。表中存储的值是指针，但 wf 却需要将一个整数计数关联到各个键。因而它为计数器分配了内存空间，并将指向该空间的指针存储在表中。

⟨*wf functions* 88⟩ +≡
```
void wf(char *name, FILE *fp) {
    Table_T table = Table_new(0, NULL, NULL);
    char buf[128];

    while (getword(fp, buf, sizeof buf, first, rest)) {
        const char *word;
        int i, *count;
        for (i = 0; buf[i] != '\0'; i++)
            buf[i] = tolower(buf[i]);
        word = Atom_string(buf);
        count = Table_get(table, word);
        if (count)
            (*count)++;
        else {
            NEW(count);
            *count = 1;
            Table_put(table, word, count);
        }
    }
    if (name)
        printf("%s:\n", name);
    {  ⟨print the words 90⟩  }
    ⟨deallocate the entries and table 91⟩
}
```

⟨*wf includes* 88⟩ +≡
```
#include <ctype.h>
#include "atom.h"
#include "table.h"
#include "mem.h"
#include "getword.h"
```

⟨*wf prototypes* 89⟩ ≡
```
void wf(char *, FILE *);
```

count 是一个指向整数的指针。如果 Table_get 返回 NULL，那么当前单词不在 table 中，如此 wf 为该计数器分配空间，并将其初始化为 1，来表示该单词的第一次出现，并将其添加到表中。当 Table_get 返回非 NULL 指针时，表达式(*count)++会将该指针指向的整数加 1。该表达式与*count++有很大不同，后者将 count 加 1，而不是将其指向的整数加 1。

字符是否是 first 和 rest 集合的成员，是通过同名函数来测试的，这些函数的实现使用了标准头文件 ctype.h 中定义的谓词：

⟨*wf functions* 88⟩ +≡
```
int first(int c) {
    return isalpha(c);
}

int rest(int c) {
    return isalpha(c) || c == '_';
}
```

⟨*wf prototypes* 89⟩ +≡
```
int first(int c);
int rest (int c);
```

在 wf 读取了所有单词后，它必须排序并输出它们。qsort 是标准 C 库的排序函数，可以对数组排序，因此，如果告知 qsort 数组中的键–值对应该当做单个元素处理，那么 wf 就可以对 Table_toArray 返回的数组进行排序。接下来，程序遍历数组即可输出各个单词及其计数：

⟨*print the words* 90⟩ ≡
```
int i;
void **array = Table_toArray(table, NULL);
qsort(array, Table_length(table), 2*sizeof (*array),
    compare);
for (i = 0; array[i]; i += 2)
    printf("%d\t%s\n", *(int *)array[i+1],
        (char *)array[i]);
FREE(array);
```

qsort 有 4 个参数：数组、元素的数目、各个元素的大小（字节数）和比较两个元素时调用的函数。为将键–值对当做单个元素处理，wf 告知 qsort 数组中有 N 个元素，每个元素占两个指针的空间。

qsort 用指向元素的指针作为参数调用比较函数。每个元素本身是两个指针，一个指向单词，另一个指向计数，因此调用比较函数时，其参数是两个指向字符的双重指针。例如，当比较 mem.c 文件中的 assert 和 book 时，参数 x 和 y 如图 8-1 所示。

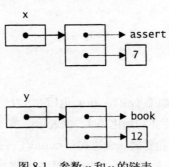

图 8-1　参数 x 和 y 的链表

比较函数可以调用 strcmp 来比较单词：

⟨*wf functions* 88⟩ +≡
```
int compare(const void *x, const void *y) {
    return strcmp(*(char **)x, *(char **)y);
}
```

⟨*wf includes* 88⟩ +≡
```
#include <string.h>
```

⟨*wf prototypes* 89⟩ +≡
```
int compare(const void *x, const void *y);
```

main 会对每个文件名参数调用 wf 函数，因此为节省空间，wf 应该在返回之前释放表和计数器。对 Table_map 的调用释放了各计数器，而 Table_free 释放了表本身。

⟨*deallocate the entries and* table 91⟩ ≡
```
Table_map(table, vfree, NULL);
Table_free(&table);
```

⟨*wf functions* 88⟩ +≡
```
void vfree(const void *key, void **count, void *cl) {
    FREE(*count);
}
```

⟨*wf prototypes* 89⟩ +≡
```
void vfree(const void *, void **, void *);
```

键没有释放，因为它们是原子，不能释放。另外，其中一些可能出现在后续的文件中。

收集 wf.c 的各个片段，就形成了 wf 程序：

⟨*wf.c*⟩ ≡
```
⟨wf includes 88⟩
⟨wf prototypes 89⟩
⟨wf functions 88⟩
```

8.3 实现

⟨*table.c*⟩ ≡
```
#include <limits.h>
#include <stddef.h>
#include "mem.h"
#include "assert.h"
#include "table.h"

#define T Table_T

⟨types 92⟩
⟨static functions 93⟩
⟨functions 92⟩
```

在可用于表示关联表的各种显而易见的数据结构中，哈希表是其中之一（树是另一种，参见习题 8.2）。因而每个 Table_T 是一个结构指针，该结构包含了 binding 结构的一个哈希表，键–值对则包含在 binding 结构中：

```
⟨types 92⟩ ≡
  struct T {
    ⟨fields 92⟩
    struct binding {
        struct binding *link;
        const void *key;
        void *value;
    } **buckets;
  };
```

buckets 指向一个数组，包含适当数目的元素。cmp 和 hash 函数是关联到特定表的，因此它们连同 buckets 中元素的数目，一同保存在 Table_T 结构中：

```
⟨fields 92⟩ ≡
  int size;
  int (*cmp)(const void *x, const void *y);
  unsigned (*hash)(const void *key);
```

Table_new 使用其 hint 参数来选择一个素数作为 buckets 的大小，它还会保存传递进来的 cmp 和 hash 函数指针（或指向静态函数的指针，用于比较和散列原子）：

```
⟨functions 92⟩ ≡
  T Table_new(int hint,
      int cmp(const void *x, const void *y),
      unsigned hash(const void *key)) {
      T table;
      int i;
      static int primes[] = { 509, 509, 1021, 2053, 4093,
          8191, 16381, 32771, 65521, INT_MAX };

      assert(hint >= 0);
      for (i = 1; primes[i] < hint; i++)
          ;
      table = ALLOC(sizeof (*table) +
          primes[i-1]*sizeof (table->buckets[0]));
      table->size = primes[i-1];
      table->cmp  = cmp  ?  cmp : cmpatom;
      table->hash = hash ? hash : hashatom;
      table->buckets = (struct binding **)(table + 1);
      for (i = 0; i < table->size; i++)
          table->buckets[i] = NULL;
      table->length = 0;
      table->timestamp = 0;
      return table;
  }
```

for 循环将 i 设置为 primes 中大于等于 hint 的第一个元素的索引值，primes[i - 1] 给出了 buckets 中元素的数目。请注意，该循环从索引 1 开始。Mem 接口的 ALLOC 宏负责分配 Table_T

结构和 buckets 占用的空间。Table 接口的实现使用素数作为其哈希表的大小，因为它无法控制键的哈希码如何计算。primes 中的值是最接近 2^n 的素数（$n=9\cdots16$），由此可以确定哈希表在很大范围内的大小。Atom 使用了稍简单的算法，因为它自身会计算哈希码。

如果 cmp 或 hash 是 NULL 函数指针，将使用下列函数

⟨*static functions* 93⟩ ≡
```
static int cmpatom(const void *x, const void *y) {
    return x != y;
}

static unsigned hashatom(const void *key) {
  return (unsigned long)key>>2;
}
```

代替。因为原子 x = y 即可推出 x 和 y 相等，所以 cmpatom 在 x = y 时返回 0，否则返回 1。这个特定的 Table 实现只需要测试键是否相等，因此 cmpatom 并不需要测定 x 和 y 的相对顺序。原子是一个地址，这个地址本身就可以用作哈希码，右移两位是因为可能每个原子都起始于字边界（word boundary），因此最右侧两位可能是 0。

buckets 中的每个元素都是一个链表的表头，该链表由 binding 结构构成，每个 binding 结构都包含一个键、与之相关联的值以及指向链表中下一个 binding 结构的指针。图 8-2 给出了一个例子。同一链表中，所有的键都具有相同的哈希码。

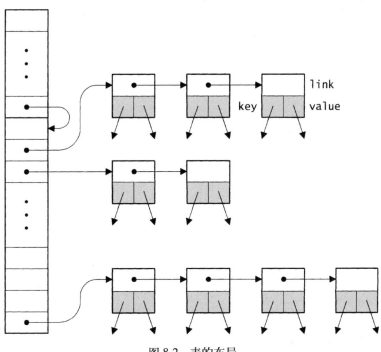

图 8-2　表的布局

Table_get 查找与键对应的值，它首先散列键得到其哈希码，而后将哈希码对 buckets 中元素的数目取模，然后搜索对应的链表查找与 key 相同的键。它调用表的 hash 和 cmp 函数。

⟨*functions* 92⟩ +≡
```
void *Table_get(T table, const void *key) {
    int i;
    struct binding *p;
    assert(table);
    assert(key);
    ⟨search table for key 94⟩
    return p ? p->value : NULL;
}
```

⟨*search* table *for* key 94⟩ ≡
```
i = (*table->hash)(key)%table->size;
for (p = table->buckets[i]; p; p = p->link)
    if ((*table->cmp)(key, p->key) == 0)
        break;
```

这个 for 循环在找到键时结束，此时 p 指向我们关注的 binding 结构实例。否则，p 最终为 NULL。

Table_put 的流程很相似，它在表中查找一个键，如果找到，则改变相关联的值。如果 Table_put 找不到键，那么它会分配并初始化一个新的 binding 结构实例，找到键在 buckets 中对应的链表，将该实例添加到链表的头部。事实上，可以将新的 binding 实例添加到链表中任何地方，但添加到表头是最容易也最高效的方案。

⟨*functions*⟩ +≡
```
void *Table_put(T table, const void *key, void *value) {
    int i;
    struct binding *p;
    void *prev;

    assert(table);
    assert(key);
    ⟨search table for key 94⟩
    if (p == NULL) {
        NEW(p);
        p->key = key;
        p->link = table->buckets[i];
        table->buckets[i] = p;
        table->length++;
        prev = NULL;
    } else
        prev = p->value;
    p->value = value;
    table->timestamp++;
    return prev;
}
```

Table_put 会将表的两个计数器加 1：

⟨*fields* 92⟩ +≡
```
int length;
unsigned timestamp;
```

length 是表中 binding 实例的数目，Table_length 函数即返回该值：

⟨*functions* 92⟩ +≡
```
int Table_length(T table) {
    assert(table);
    return table->length;
}
```

Table_put 或 Table_remove 每次修改表时，表的 timestamp 也会加 1。timestamp 用来实现 Table_map 必须强制实施的一项已检查的运行时错误：在 Table_map 访问表中各个 binding 实例时，表不能改变。Table_map 在进入时保存了 timestamp 的值。在每次调用 apply 之后，它通过断言来检查表的 timestamp 是否仍然等于该保存值。

⟨*functions* 92⟩ +≡
```
void Table_map(T table,
    void apply(const void *key, void **value, void *cl),
    void *cl) {
    int i;
    unsigned stamp;
    struct binding *p;

    assert(table);
    assert(apply);
    stamp = table->timestamp;
    for (i = 0; i < table->size; i++)
        for (p = table->buckets[i]; p; p = p->link) {
            apply(p->key, &p->value, cl);
            assert(table->timestamp == stamp);
        }
}
```

Table_remove 也搜索一个键，但它使用了指向 binding 实例的双重指针，这样在找到对应键的 binding 实例时，可以删除该 binding：

⟨*functions* 92⟩ +≡
```
void *Table_remove(T table, const void *key) {
    int i;
    struct binding **pp;

    assert(table);
    assert(key);
    table->timestamp++;
    i = (*table->hash)(key)%table->size;
    for (pp = &table->buckets[i]; *pp; pp = &(*pp)->link)
        if ((*table->cmp)(key, (*pp)->key) == 0) {
            struct binding *p = *pp;
            void *value = p->value;
            *pp = p->link;
```

```
            FREE(p);
            table->length--;
            return value;
        }
    return NULL;
}
```

上述 for 循环与 〈*search table for* key 94〉 中的 for 循环在功能上是等效的，只是 pp 指向对应于各个键的 binding 实例的指针。pp 最初指向 table->buckets[i]，而后遍历整个链表，当检查第 $k+1$ 个 binding 实例时，pp 指向第 k 个 binding 实例的 link 字段，如图 8-3 所示。

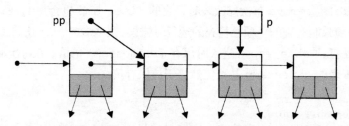

图 8-3　检查第 $k+1$ 个 binding 实例的情形

如果*pp 包含 key，那么通过将*pp 设置为(*pp)->link，即可从链表断开该 binding 的链接，p 包含*pp 的值。如果 Table_remove 找到键，它也会将表的长度减 1。

Table_toArray 类似于 List_toArray。它分配一个数组来容纳各个键–值对（以及一个结束指针），并访问 table 中的各个 binding 实例以填充数组：

〈*functions* 92〉+≡
```
void **Table_toArray(T table, void *end) {
    int i, j = 0;
    void **array;
    struct binding *p;
    assert(table);
    array = ALLOC((2*table->length + 1)*sizeof (*array));
    for (i = 0; i < table->size; i++)
        for (p = table->buckets[i]; p; p = p->link) {
            array[j++] = (void *)p->key;
            array[j++] = p->value;
        }
    array[j] = end;
    return array;
}
```

p->key 必须从 const void *转换为 void *，因为数组并未声明为常量。数组中键–值对的顺序是任意的。

Table_free 必须释放各个 binding 结构实例和 Table_T 结构本身。仅当表非空时，才需要前一个步骤：

```
⟨functions 92⟩ +≡
  void Table_free(T *table) {
      assert(table && *table);
      if ((*table)->length > 0) {
          int i;
          struct binding *p, *q;
          for (i = 0; i < (*table)->size; i++)
              for (p = (*table)->buckets[i]; p; p = q) {
                  q = p->link;
                  FREE(p);
              }
      }
      FREE(*table);
  }
```

8.4 扩展阅读

表是如此之有用，以至于许多编程语言将其作为内建数据类型。AWK[Aho, Kernighan and Weinberger，1988]是一个新近的例子，但表更早就出现在 SNOBOL4[Griswold，1972]中，而后也出现在 SNOBOL4 的后继者 Icon[Griswold and Griswold，1990]中。SNOBOL4 和 Icon 中的表可以用任何类型的值索引，也可以容纳任何类型的值，但 AWK 中的表（称作数组）只能用字符串和数字索引，也只能容纳字符串和数字。Table 接口的实现，使用了 Icon[Griswold and Griswold，1986]中用于实现表的一些技术。

PostScript[Adobe Systems，1990]这种页面描述语言（page-description language）也有表，称之为字典（dictionary）。PostScript 表只能通过"名字"来索引，这实际上是 PostScript 的原子版本，但 PostScript 表可以容纳任何类型的值（包括字典）。

表也出现在面向对象语言中，或者是内建类型的形式，或者以库的形式提供。SmallTalk 和 Objective-C 的基础库都包括字典，与 Table 接口所定义的表非常类似。这些类型的对象通常称作容器对象，因为它们可以容纳很多其他对象。

Table 的实现使用了固定大小的哈希表。只要负载系数（load factor，即表项的数目除以哈希桶的数目）较小，只需查看几项即可找到键。但在负载系数过高时，性能会受损。一旦负载系数超过某个阈值（假定是 5），就扩展哈希表，可以将负载系数维持在合理的范围内。习题 8.5 探讨了动态哈希表的一种有效但幼稚的实现，该方法会扩展哈希表并重新散列所有现存的表项。[Larson，1988]非常详细地描述了一种更复杂的方法，其中哈希表是逐渐扩展（或收缩）的，每次处理一个哈希链。Larson 的方法无需 hint，而且可以节省内存，因为它使得所有的表最初都只需要少量的哈希桶。

8.5 习题

8.1 关联表 ADT 有许多可行的方案。例如，在 Table 的早期版本中，Table_get 返回指向值的指针而不是值本身，因此客户程序可以改变表中存储的值。在一种设计中，Table_put 总是向表添加一个新的 binding 实例（即使键已经存在），实际上用同一个键"隐藏"此前存在的 binding 实例，而 Table_remove 只删除最近添加的 binding 实例。但 Table_map 会访问 table 中所有的 binding 实例。讨论这些及其他方案的优缺点。设计并实现一个不同的表 ADT。

8.2　Table 接口的设计使得可以用其他数据结构类实现表。例如，如果比较函数可以给出两个键的相对顺序，那么就可以使用树来实现 Table 接口。使用二叉查找树或红黑树重新实现 Table 接口。这些数据结构的细节，请参见[Sedgewick，1990]。

8.3　Table_map 和 Table_toArray 访问表中各 binding 实例的顺序是未指定的。假定要修改接口，使得 Table_map 按 binding 实例添加到表的顺序来访问各实例，而 Table_toArray 返回的数组中，各个 binding 实例也具有相同的顺序。请实现该修正。该行为有什么实际的好处？

8.4　假定 Table 接口规定，Table_map 和 Table_toArray 按排序次序访问各 binding 实例。该规定将使 Table 的实现复杂化，但将简化需要对 binding 实例排序的客户程序（如 wf）的工作。讨论该提议的优点并实现它。提示：在当前的实现中，Table_put 的平均情况运行时间是常数量级，Table_get 也几乎是如此。在修改后的实现中，Table_put 和 Table_get 的平均情况运行时间如何？

8.5　Table 接口的当前实现中，在 buckets 分配后不会扩展或收缩。修改 Table 接口的实现，使得随着键-值对的增删，修改后的实现能够使用一种启发式逻辑来周期性地调整 buckets 的大小。设计一个测试程序来检验你的启发式逻辑的有效性，并测量其好处。

8.6　实现[Larson，1988]中描述的线性动态散列算法，并对照你对前一道习题的解答，比较二者的性能。

8.7　修改 wf.c，以测量因从不释放原子而损失的内存空间数量。

8.8　修改 wf.c 的 compare 函数，使之按计数值递减次序对数组进行排序。

8.9　修改 wf.c，使之按文件名字母顺序来处理各个文件参数并输出。这样改变后，在 8.2 节开头给出的例子中，对 mem.c 的统计将出现在对 table.c 的统计之前。

第 9 章

集　合

集合（set）是不同成员的无序汇集。对集合的基本操作包括检验成员资格、添加成员和删除成员。其他操作包括集合的并、交、差和对称差。给定两个集合 s 和 t，并集 s + t 是包含 s 和 t 中所有成员的一个集合，交集 s * t 包含所有既出现在 s 中、也出现在 t 中成员，差集 s - t 包含所有仅出现在 s 中、而不出现在 t 中的成员，对称差集通常记作 s / t，包含了所有仅出现在 s 或 t 其中之一的成员。

描述集合时，通常会用到全集（universe），即所有可能成员的集合。例如，字符的集合通常关联到由 256 个八位字符码构成的全集。当确定了全集 U 时，可以定义集合 s 的补集，即 $U - s$。

由 Set 接口提供的集合不依赖全集。该接口导出了操作集合成员的函数，但从不直接查看集合成员。在这方面，Set 接口的设计类似于 Table 接口，都由客户程序提供函数来查看特定集合中成员的属性。

应用程序使用集合的方式，与使用表的方式非常相似。实际上，Set 接口定义的集合与表类似：集合成员是键，而与键关联的值被忽略了。

9.1　接口

⟨*set.h*⟩ ≡
```
#ifndef SET_INCLUDED
#define SET_INCLUDED

#define T Set_T
typedef struct T *T;
```
⟨*exported functions* 100⟩
```
#undef T
#endif
```

Set 接口导出的函数分为四组：分配和释放、基本集合操作、集合遍历和接受集合操作数并返回新集合的操作，如集合并操作。前三组中的函数与 Table 接口中的函数类似。

Set_T 实例由下列函数分配和释放：

⟨*exported functions* 100⟩ ≡
```
extern T   Set_new (int hint,
    int cmp(const void *x, const void *y),
    unsigned hash(const void *x));
extern void Set_free(T *set);
```

Set_new 分配、初始化并返回一新的 T 实例。hint 是对集合预期会包含的成员数目的一个估计，准确的 hint 值可能会提高性能，但任何非负值都是可接受的。cmp 用来比较两个成员，hash 用来将成员映射到无符号整数。给定两个成员 x 和 y，cmp(x,y) 针对 x 小于 y、x 等于 y 或 x 大于 y 的情形，必须分别返回小于零、等于零或大于零的整数。如果 cmp(x,y) 返回 0，那么 x 和 y 中只有一个会出现在集合中，而且 hash(x) 必定等于 hash(y)。Set_new 可能引发 Mem_Failed 异常。

如果 cmp 为 NULL 函数指针，那么假定集合的成员为原子，如果 x = y，那么两个成员 x 和 y 就是相等的。类似地，如果 hash 是 NULL 函数指针，Set_new 会自行提供一个适合于原子的哈希函数。

Set_free 释放*set 并将其赋值为 NULL 指针。Set_free 并不释放集合的成员，该工作可使用 Set_map 完成。如果传递给 Set_free 的 set 或*set 为 NULL 指针，则是已检查的运行时错误。

基本的集合操作由下列函数提供：

⟨*exported functions* 100⟩ +≡
```
extern int   Set_length(T set);
extern int   Set_member(T set, const void *member);
extern void  Set_put   (T set, const void *member);
extern void *Set_remove(T set, const void *member);
```

Set_length 返回集合的势（cardinality），或其所包含成员的数目。如果 member 在 set 中，Set_member 返回 1，否则返回 0。Set_put 将 member 添加到 set（如果 member 尚不在 set 中），Set_put 可能引发 Mem_Failed 异常。Set_remove 将 member 从 set 删除（如果 set 包含了 member），并返回删除的成员（可能是一个不同于 member 的指针）。否则（即 member 不在 set 中），Set_remove 什么都不做并返回 NULL。传递给上述例程的 set 或 member 为 NULL，则是已检查的运行时错误。

下列函数遍历一个集合中的所有成员。

⟨*exported functions* 100⟩ +≡
```
extern void   Set_map    (T set,
    void apply(const void *member, void *cl), void *cl);
extern void **Set_toArray(T set, void *end);
```

Set_map 对集合的每个成员都调用 apply。它会将成员本身和客户程序相关的指针 cl 传递给 apply。它并不查看 cl。请注意，不同于 Table_map，apply 不能改变集合的成员。如果传递给 Set_map 的 apply 或 set 为 NULL，或 apply 调用 Set_put 或 Set_remove 来改变 set 的内容，则构成已检查的运行时错误。

Set_toArray 返回一个指针，指向一个 *N*+1 个元素的数组，其中以任意顺序包含了集合的 *N* 个元素。end 的值（通常是 NULL 指针）赋值给数组的第 *N*+1 个元素。Set_toArray 可能引发 Mem_Failed 异常。客户程序必须释放返回的数组。传递给 Set_toArray 的 set 为 NULL，则是已检查的运行时错误。

　　下列各函数

⟨*exported functions* 100⟩ +≡
```
extern T Set_union(T s, T t);
extern T Set_inter(T s, T t);
extern T Set_minus(T s, T t);
extern T Set_diff (T s, T t);
```

执行本章开头描述的 4 个集合操作。Set_union 返回 s + t，Set_inter 返回 s * t，Set_minus 返回 s - t，Set_diff 返回 s / t。所有这 4 个函数都会创建并返回新的 T 实例并可能引发 Mem_Failed 异常。这些函数将为 NULL 的 s 或 t 解释为空集，但总是返回一个新的、非 NULL 的 T 实例。因而，Set_union(s,NULL) 返回 s 的一个副本。对于上述各个函数，如果 s 和 t 都是 NULL，或 s 和 t 都不是 NULL，但二者的比较函数和哈希函数不同时，则构成已检查的运行时错误。即，此前调用 Set_new 创建 s 和 t 时，必须指定了相同的比较函数和哈希函数。

9.2　例子：交叉引用列表

　　xref 输出其各个输入文件中标识符的交叉引用列表，这是很有用的，例如，可用于找到程序源文件中对特定标识符的所有引用。例如，

```
% xref xref.c getword.c
...
FILE    getword.c: 6
        xref.c: 18 43 72
...
c       getword.c: 7 8 9 10 11 16 19 22 27 34 35
        xref.c: 141 142 144 147 148
...
```

输出表明，FILE 用于 getword.c 的第 6 行和 xref.c 的第 18 行、第 43 行和第 72 行。类似地，c 出现在 getword.c 中 11 个代码行，以及 xref.c 中的 5 个代码行。一个行号只列出一次，即使该标识符在这一行出现了多次。输出按排序次序列出了文件和行号。

　　如果程序没有参数，xref 将输出标准输入中的标识符的交叉引用列表，并省略上述的样例输出中的文件名：

```
% cat xref.c getword.c | xref
...
FILE 18 43 72 157
```

```
...
c 141 142 144 147 148 158 159 160 161 162 167 170 173 178
185 186 ...
```

xref 的实现说明了如何协同使用集合和表。它建立了一个表，由标识符索引，而每个相关联的值则是另一个表，由文件名索引。表中的值是集合，包含了若干整数指针，指向标识符出现的行号。图 9-1 描述了这个结构，并给出了上述第一次输出后与标识符 FILE 相关的细节。在单一的顶层表中与 FILE（在下文的代码中，即为标识符的值）相关联的值，是一个处于第二层的表 Table_T，包含了两个键：表示 getword.c 和 xref.c 的原子。与这些键关联的值是 Set_T 实例，集合中保存的是整数指针，指向 FILE 出现的行号。在顶层表中，对于每个标识符，都有一个二级表；在每一个二级表中，每个键-值对中的值都是一个集合。

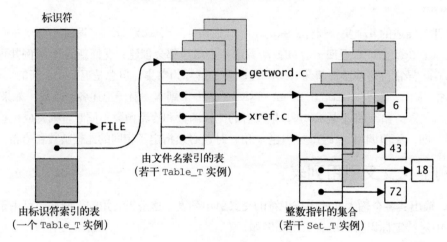

图 9-1 交叉引用列表的数据结构

⟨*xref.c*⟩ ≡
  ⟨*xref includes* 103⟩
  ⟨*xref prototypes* 104⟩
  ⟨*xref data* 105⟩
  ⟨*xref functions* 102⟩

xref 的 main 函数与 wf 的非常相似：它创建标识符表，然后处理文件名参数。它会分别打开每个文件，并用 FILE 指针、文件名和标识符表作为参数，来调用 xref 函数。如果没有参数，则调用 xref 时，传递的参数是 NULL 文件名指针、对应于标准输入的 FILE 指针和标识符表：

⟨*xref functions* 102⟩ ≡
```c
int main(int argc, char *argv[]) {
    int i;
    Table_T identifiers = Table_new(0, NULL, NULL);

    for (i = 1; i < argc; i++) {
        FILE *fp = fopen(argv[i], "r");
```

```
            if (fp == NULL) {
                fprintf(stderr, "%s: can't open '%s' (%s)\n",
                    argv[0], argv[i], strerror(errno));
                return EXIT_FAILURE;
            } else {
                xref(argv[i], fp, identifiers);
                fclose(fp);
            }
        }
        if (argc == 1) xref(NULL, stdin, identifiers);
        ⟨print the identifiers 103⟩
        return EXIT_SUCCESS;
    }
```

⟨*xref includes* 103⟩ ≡
```
    #include <stdio.h>
    #include <stdlib.h>
    #include <errno.h>
    #include "table.h"
```

xref 会建立一个复杂的数据结构，如果首先考察如何输出该数据结构的内容（通过遍历其各个组成部分），那么就更容易理解如何建立该数据结构。编写独立的代码块或函数来分别处理数据结构的各个组成部分，有助于读者理解遍历过程的细节。

第一步建立标识符及其值（二级表）的数组，并按标识符对数组排序，然后遍历数组调用另一个函数 print 来处理各个二级表。这个步骤与 wf 的代码块*⟨print the words 103⟩*很相似。

⟨*print the identifiers* 103⟩ ≡
```
    {
        int i;
        void **array = Table_toArray(identifiers, NULL);
        qsort(array, Table_length(identifiers),
            2*sizeof (*array), compare);
        for (i = 0; array[i]; i += 2) {
            printf("%s", (char *)array[i]);
            print(array[i+1]);
        }
        FREE(array);
    }
```

identifiers 中的各个键是原子，因此传递给标准库函数 qsort 的比较函数 compare，与 wf 中使用的 compare 是相同的，都使用 strcmp 来比较一对标识符（8.2 节解释了 qsort 的参数）：

⟨*xref functions* 102⟩ +≡
```
    int compare(const void *x, const void *y) {
        return strcmp(*(char **)x, *(char **)y);
    }
```

⟨*xref includes* 103⟩ +≡

```
#include <string.h>
```

⟨*xref prototypes* 104⟩ ≡
```
int compare(const void *x, const void *y);
```

identifiers 中的每个值都是另一个表，将传递给 print 函数。这个表中的键是表示文件名的原子，因此可以使用与上文类似的代码，将键和值导出到一个数组中排序并遍历。

⟨*xref functions* 102⟩ +≡
```
void print(Table_T files) {
    int i;
    void **array = Table_toArray(files, NULL);

    qsort(array, Table_length(files), 2*sizeof (*array),
        compare);
    for (i = 0; array[i]; i += 2) {
        if (*(char *)array[i] != '\0')
            printf("\t%s:", (char *)array[i]);
        ⟨print the line numbers in the set array[i+1] 104⟩
        printf("\n");
    }
    FREE(array);
}
```

⟨*xref prototypes* 104⟩ +≡
```
void print(Table_T);
```

print 可以使用 compare，因为相关的键只是字符串。如果没有文件名参数，那么传递给 print 的每个表都只有一个项，其键是一个零长度的原子。print 使用该约定，来避免在输出行号列表之前输出文件名。

传递给 print 的表中，每个值都是一个行号的集合。因为 Set 实现了指针的集合，xref 用指向整数的指针来表示行号，并将这些指针添加到集合中。为输出它们，程序调用 Set_toArray 构建并返回一个整数指针的数组，以 NULL 指针结尾，然后排序该数组并输出整数行号：

⟨*print the line numbers in the set* array[i+1] 104⟩ ≡
```
{
    int j;
    void **lines = Set_toArray(array[i+1], NULL);
    qsort(lines, Set_length(array[i+1]), sizeof (*lines),
        cmpint);
    for (j = 0; lines[j]; j++)
        printf(" %d", *(int *)lines[j]);
    FREE(lines);
}
```

cmpint 与 compare 类似，但其参数为两个指向整数的双重指针，通过比较整数值来返回结果：

⟨*xref functions* 102⟩ +≡

```
int cmpint(const void *x, const void *y) {
    if (**(int **)x < **(int **)y)
        return -1;
    else if (**(int **)x > **(int **)y)
        return +1;
    else
        return 0;
}
```

⟨*xref prototypes* 104⟩ +≡
```
int cmpint(const void *x, const void *y);
```

　　xref 建立上述代码输出的数据结构时，使用的是此前讨论过的代码。它使用 getword 从输入读取标识符。对于每个标识符，程序从数据结构中找到对应的集合，并将当前行号添加到集合中：

⟨*xref functions* 102⟩ +≡
```
void xref(const char *name, FILE *fp,
        Table_T identifiers){
    char buf[128];

    if (name == NULL)
        name = "";
    name = Atom_string(name);
    linenum = 1;
    while (getword(fp, buf, sizeof buf, first, rest)) {
        Set_T set;
        Table_T files;
        const char *id = Atom_string(buf);
```
        ⟨files ← *file table in* identifiers *associated with* id 106⟩
        ⟨set ← *set in* files *associated with* name 106⟩
        ⟨*add* linenum *to* set, *if necessary* 107⟩
```
    }
}
```

⟨*xref includes* 103⟩ +≡
```
#include "atom.h"
#include "set.h"
#include "mem.h"
#include "getword.h"
```

⟨*xref prototypes* 104⟩ +≡
```
void xref(const char *, FILE *, Table_T);
```

linenum 是一个全局变量，每次 first 遇到一个换行符时，都将 linenum 加 1，first 是传递给 getword 的函数指针参数，用于识别标识符的首字母：

⟨*xref data* 105⟩ ≡
```
int linenum;
```

⟨*xref functions* 102⟩ +≡
```
int first(int c) {
```

```
            if (c == '\n')
                linenum++;
            return isalpha(c) || c == '_';
        }

        int rest(int c) {
            return isalpha(c) || c == '_' || isdigit(c);
        }
```

⟨*xref includes* 103⟩ +≡
```
    #include <ctype.h>
```

getword 以及传递给它的 first 和 rest 函数，已经在 8.2 节描述过。

⟨*xref prototypes* 104⟩ +≡
```
    int first(int c);
    int rest (int c);
```

穿过两层表以找到适当集合的代码，必须处理数据结构中某些部分缺失的问题。例如，在第一次遇到某个标识符时，identifiers 表中没有对应的项，因此代码需要创建文件表（下面代码中的 files 表），并将"标识符–文件表"对（下面代码中的 id 和 files）即时添加到 identifiers 表：

⟨files ← *file table in* identifiers *associated with* id 106⟩ ≡
```
    files = Table_get(identifiers, id);
    if (files == NULL) {
        files = Table_new(0, NULL, NULL);
        Table_put(identifiers, id, files);
    }
```

类似地，在一个新文件中第一次遇到某个标识符时，行号的集合尚不存在，因此需要创建一个新集合并将其添加到 files 表：

⟨set ← *set in* files *associated with* name 106⟩ ≡
```
    set = Table_get(files, name);
    if (set == NULL) {
        set = Set_new(0, intcmp, inthash);
        Table_put(files, name, set);
    }
```

这些集合的成员是指向整数的指针，intcmp 和 inthash 比较并散列整数值。intcmp 类似上文的 cmpint，但其参数是集合中的指针，因此它可以调用 cmpint。可以直接用整数本身作为其哈希码：

⟨*xref functions* 102⟩ +≡
```
    int intcmp(const void *x, const void *y) {
        return cmpint(&x, &y);
    }

    unsigned inthash(const void *x) {
        return *(int *)x;
```

```
    }
```

⟨*xref prototypes* 104⟩ +≡
```
    int       intcmp (const void *x, const void *y);
    unsigned inthash(const void *x);
```

在控制到达代码块<*add* `linenum` *to* `set`, *if necessary* 107>时，`set` 就是应该插入当前行号的目标集合。插入操作由下述代码完成：

```
int *p;
NEW(p);
*p = linenum;
Set_put(set, p);
```

但如果 `set` 已经包含 `linenum`，该代码将产生内存泄漏，因为指向新分配内存空间的指针不会添加集合中[①]。仅当 `linenum` 不在 `set` 中时才分配内存空间，即可避免内存泄漏。

⟨*add* `linenum` *to* `set`, *if necessary* 107⟩ ≡
```
    {
        int *p = &linenum;
        if (!Set_member(set, p)) {
            NEW(p);
            *p = linenum;
            Set_put(set, p);
        }
    }
```

9.3 实现

Set 接口的实现与 Table 的实现非常相似。它用哈希表表示集合，并使用比较函数和哈希函数在表中定位成员。章后的习题，针对下述实现和 Table 接口的实现，探讨了一些可行的备选方案。

⟨*set.c*⟩ ≡
```
    #include <limits.h>
    #include <stddef.h>
    #include "mem.h"
    #include "assert.h"
    #include "arith.h"
    #include "set.h"
    #define T Set_T
```
⟨*types* 108⟩
⟨*static functions* 108⟩
⟨*functions* 108⟩

Set_T 是一个哈希表，其中通过链表来保存集合的成员：

———————————

①应当是集合，不是表。——译者注

⟨*types* 108⟩ ≡
```
struct T {
    int length;
    unsigned timestamp;
    int (*cmp)(const void *x, const void *y);
    unsigned (*hash)(const void *x);
    int size;
    struct member {
        struct member *link;
        const void *member;
    } **buckets;
};
```

length 是集合中成员的数目，timestamp 用于实现 Set_map 中的已检查的运行时错误，即禁止 apply 修改集合，cmp 和 hash 分别指向比较函数和哈希函数。

类似 Table_new，Set_new 会为 buckets 数组计算一个适当的容量，并将容量值记录在 size 字段中，并分配 struct T 实例和 buckets 数组所需的空间：

⟨*functions* 108⟩ ≡
```
T Set_new(int hint,
    int cmp(const void *x, const void *y),
    unsigned hash(const void *x)) {
    T set;
    int i;
    static int primes[] = { 509, 509, 1021, 2053, 4093,
        8191, 16381, 32771, 65521, INT_MAX };

    assert(hint >= 0);
    for (i = 1; primes[i] < hint; i++)
        ;
    set = ALLOC(sizeof (*set) +
        primes[i-1]*sizeof (set->buckets[0]));
    set->size = primes[i-1];
    set->cmp  = cmp  ? cmp : cmpatom;
    set->hash = hash ? hash : hashatom;
    set->buckets = (struct member **)(set + 1);
    for (i = 0; i < set->size; i++)
        set->buckets[i] = NULL;
    set->length = 0;
    set->timestamp = 0;
    return set;
}
```

Set_new 使用 hint 选择 primes 中的一个值，作为 buckets 数组的容量（参见 8.3 节）。如果成员是原子（cmp 或者 hash 是 NULL 函数指针，即表明这一点），Set_new 将使用下列比较和哈希函数，这与 Table_new 使用的函数是相同的。

⟨*static functions* 108⟩ ≡
```
static int cmpatom(const void *x, const void *y) {
    return x != y;
}
```

```
static unsigned hashatom(const void *x) {
    return (unsigned long)x>>2;
}
```

9.3.1 成员操作

检验成员资格类似在表中查找键：散列所检验的成员，并搜索 `buckets` 中与散列值对应的链表

⟨*functions* 108⟩ +≡
```
int Set_member(T set, const void *member) {
    int i;
    struct member *p;

    assert(set);
    assert(member);
    ⟨search set for member 109⟩
    return p != NULL;
}
```

⟨*search* set *for* member 109⟩ ≡
```
i = (*set->hash)(member)%set->size;
for (p = set->buckets[i]; p; p = p->link)
    if ((*set->cmp)(member, p->member) == 0)
        break;
```

如果搜索取得成功，那么 `p` 不是 `NULL`，否则为 `NULL`，因此检验 `p` 即可确定 `Set_member` 的结果。

添加一个新成员的过程类似：搜索集合查找该成员，如果搜索失败则添加它。

⟨*functions* 108⟩ +≡
```
void Set_put(T set, const void *member) {
    int i;
    struct member *p;

    assert(set);
    assert(member);
    ⟨search set for member 109⟩
    if (p == NULL) {
        ⟨add member to set 109⟩
    } else
        p->member = member;
    set->timestamp++;
}
```

⟨*add* member *to* set 109⟩ ≡
```
NEW(p);
p->member = member;
p->link = set->buckets[i];
set->buckets[i] = p;
```

```
    set->length++;
```

timestamp 用于 Set_map 中，以强制实施已检查的运行时错误。

　　Set_remove 会删除一个成员，该函数使用一个指向 member 结构的双重指针 pp 遍历适当的哈希链，直至*pp 为 NULL 或(*pp)->member 即为我们感兴趣的成员，后一种情况下，下述代码中的赋值操作*pp = (*pp)->link 即可从哈希链中删除该成员。

⟨functions 108⟩ +≡
```
    void *Set_remove(T set, const void *member) {
        int i;
        struct member **pp;

        assert(set);
        assert(member);
        set->timestamp++;
        i = (*set->hash)(member)%set->size;
        for (pp = &set->buckets[i]; *pp; pp = &(*pp)->link)
            if ((*set->cmp)(member, (*pp)->member) == 0) {
                struct member *p = *pp;
                *pp = p->link;
                member = p->member;
                FREE(p);
                set->length--;
                return (void *)member;
            }
        return NULL;
    }
```

使用 pp 遍历哈希链，这使用了与 Table_remove 相同的惯用法，请参见 8.3 节。

　　Set_remove 和 Set_put 通过将集合的 length 字段减 1 和加 1 来跟踪集合中成员的数目，Set_length 函数会返回该字段：

⟨functions 108⟩ +≡
```
    int Set_length(T set) {
        assert(set);
        return set->length;
    }
```

　　如果集合是非空的，Set_free 首先必须遍历各个哈希链，释放其中的 member 结构实例，然后才能释放集合本身并将*set 清零。

⟨functions 108⟩ +≡
```
    void Set_free(T *set) {
        assert(set && *set);
        if ((*set)->length > 0) {
            int i;
            struct member *p, *q;
            for (i = 0; i < (*set)->size; i++)
                for (p = (*set)->buckets[i]; p; p = q) {
                    q = p->link;
                    FREE(p);
```

```
            }
        }
        FREE(*set);
    }
```

Set_map 与 Table_map 几乎相同：它会遍历各个哈希链，并对每个成员调用 apply。

⟨*functions* 108⟩ +≡
```
    void Set_map(T set,
        void apply(const void *member, void *cl), void *cl) {
        int i;
        unsigned stamp;
        struct member *p;

        assert(set);
        assert(apply);
        stamp = set->timestamp;
        for (i = 0; i < set->size; i++)
            for (p = set->buckets[i]; p; p = p->link) {
                apply(p->member, cl);
                assert(set->timestamp == stamp);
            }
    }
```

一个差别是，Set_map 将每个成员（而不是指向每个成员的指针）传递给 apply，因此 apply 不能改变集合中的指针。但它仍然可以通过转换，来修改这些成员所指向的值，这会破坏集合的语义。

Set_toArray 比 Table_toArray 简单，类似 List_toArray，它只需分配一个数组并将集合的成员复制到数组中：

⟨*functions* 108⟩ +≡
```
    void **Set_toArray(T set, void *end) {
        int i, j = 0;
        void **array;
        struct member *p;

        assert(set);
        array = ALLOC((set->length + 1)*sizeof (*array));
        for (i = 0; i < set->size; i++)
            for (p = set->buckets[i]; p; p = p->link)
                array[j++] = (void *)p->member;
        array[j] = end;
        return array;
    }
```

p->member 必须从 const void *转换为 void *，因为数组并未声明为常量。

9.3.2　集合操作

所有 4 个集合操作的实现都是类似的。例如，s + t 通过将 s 和 t 的每个成员都添加到一个新的集合来实现，实现时可以首先建立 s 的一个副本，而后将 t 的各个成员都添加到副本中（如果尚未包含在该集合中的话）：

```
⟨functions 108⟩ +≡
  T Set_union(T s, T t) {
      if (s == NULL) {
          assert(t);
          return copy(t, t->size);
      } else if (t == NULL)
          return copy(s, s->size);
      else {
          T set = copy(s, Arith_max(s->size, t->size));
          assert(s->cmp == t->cmp && s->hash == t->hash);
          { ⟨for each member q in t 112⟩
              Set_put(set, q->member);
          }
          return set;
      }
  }

⟨for each member q in t 112⟩ ≡
  int i;
  struct member *q;
  for (i = 0; i < t->size; i++)
      for (q = t->buckets[i]; q; q = q->link)
```

内部函数 copy 返回其参数的一个副本，参数必须不能为 NULL。

```
⟨static functions 108⟩ +≡
  static T copy(T t, int hint) {
      T set;

      assert(t);
      set = Set_new(hint, t->cmp, t->hash);
      { ⟨for each member q in t 112⟩
          ⟨add q->member to set 112⟩
      }
      return set;
  }

⟨add q->member to set 112⟩ ≡
  {
      struct member *p;
      const void *member = q->member;
      int i = (*set->hash)(member)%set->size;
      ⟨add member to set 109⟩
  }
```

Set_union 和 copy 都可以访问特许信息：它们都知道集合的表示，因而可以通过向 Set_ new 传递适当的 hint 值，来为新的集合指定哈希表的大小。Set_union 在建立 s 的副本时需要提供 hint，它使用 s 或 t 中较大的哈希表的容量，因为结果集合包含的成员数目，至少等于

Set_union 中最大的参数集合的成员数。copy 可以调用 Set_put 将每个成员添加到副本集合中，但它使用<*add* q->member *to* set 155>代码块，这使得添加操作更为直接，避免了 Set_put 中不必要的搜索步骤。

交集操作 s * t，将利用 s 或 t 中较小的哈希表创建一个新的集合，仅当某个成员同时出现在 s 和 t 中时，才将其添加到新的集合：

```
⟨functions 108⟩+≡
  T Set_inter(T s, T t) {
      if (s == NULL) {
          assert(t);
          return Set_new(t->size, t->cmp, t->hash);
      } else if (t == NULL)
          return Set_new(s->size, s->cmp, s->hash);
      else if (s->length < t->length)
          return Set_inter(t, s);
      else {
          T set = Set_new(Arith_min(s->size, t->size),
              s->cmp, s->hash);
          assert(s->cmp == t->cmp && s->hash == t->hash);
          { ⟨for each member q in t 112⟩
                  if (Set_member(s, q->member))
                      ⟨add q->member to set 112⟩
          }
          return set;
      }
  }
```

如果 s 成员数比 t 少，那么 Set_inter 将在调换 s 和 t 之后，递归调用自身[①]。这使得最后一个 else 子句中的 for 循环将遍历较小的集合。

差集操作 s - t 将创建一个新集合，并将 s 中那些不属于 t 的成员添加到新集合中。下述代码调换了参数的名称，以便使用代码块<*for each member* q *in* t 112>来遍历 s：

```
⟨functions 108⟩+≡
  T Set_minus(T t, T s) {
      if (t == NULL){
          assert(s);
          return Set_new(s->size, s->cmp, s->hash);
      } else if (s == NULL)
          return copy(t, t->size);
      else {
          T set = Set_new(Arith_min(s->size, t->size),
              s->cmp, s->hash);
          assert(s->cmp == t->cmp && s->hash == t->hash);
          { ⟨for each member q in t 112⟩
                  if (!Set_member(s, q->member))
                      ⟨add q->member to set 112⟩
```

---

① 其实可以直接调换 s 和 t，不必要递归。——译者注

```
        }
        return set;
    }
}
```

对称差操作 s/t 创建的集合中，其成员只出现在 s 或 t 其中一个集合中，而不会同时出现在 s 和 t 中。如果 s 或 t 是空集，那么 s/t 等于 t 或 s。否则，s/t 等于(s - t) + (t - s)，即首先遍历 s，将不在 t 中的各个成员添加到新集合中，而后遍历 t，将不在 s 中的各个成员添加到新集合。代码块<*for each member* q *in* t 112>可以用于这两次遍历，只需要在两次遍历之间切换 s 和 t 的值即可：

⟨*functions* 108⟩ +≡
```
    T Set_diff(T s, T t) {
        if (s == NULL) {
            assert(t);
            return copy(t, t->size);
        } else if (t == NULL)
            return copy(s, s->size);
        else {
            T set = Set_new(Arith_min(s->size, t->size),
                s->cmp, s->hash);
            assert(s->cmp == t->cmp && s->hash == t->hash);
            { ⟨for each member q in t 112⟩
                  if (!Set_member(s, q->member))
                      ⟨add q->member to set 112⟩
            }
            { T u = t; t = s; s = u; }
            { ⟨for each member q in t 112⟩
                  if (!Set_member(s, q->member))
                      ⟨add q->member to set 112⟩
            }
            return set;
        }
    }
```

这 4 个操作的更高效实现是可能的，习题探讨了其中一些方案。一个特例是当 s 和 t 中的哈希表容量相同时，这对一些应用程序可能是比较重要的，参见习题 9.7。

9.4 扩展阅读

Set 接口导出的集合模仿了 Icon[Griswold and Griswold，1990]中的集合，其实现也类似于 Icon[Griswold and Griswold，1986]中的实现。对于固定的、较小的全集来说，通常使用位向量来表示集合，第 13 章描述了使用该方法的一个接口。

Icon 是将集合作为内建数据类型的少数语言之一。集合是 SETL 中的中心数据类型，其大部分运算符和控制结构都用来操作集合。

9.5 习题

9.1 使用 Table 接口实现 Set 接口。

9.2 使用 Set 接口实现 Table 接口。

9.3 Set 和 Table 接口的实现有许多共同之处。设计并实现另一个接口，提炼出二者的共同特性。该接口的目的是，支持类似集合和表的 ADT 的实现。使用你的新接口，重新使用 Set 和 Table 接口。

9.4 为包（bag）设计一个接口。包类似集合，但其成员可以出现多次。例如，{1 2 3}是一个整数集合，而{1 1 2 2 3}是一个整数包。使用前一道习题中设计的支持接口，来实现本接口。

9.5 copy 在创建其参数集合的副本时，每次复制一个成员。因为它知道副本中成员的数目，因此可以一次性地分配所有的 member 结构实例，然后在填充副本集合时将这些 member 实例添加到适当的哈希链。实现该方案并测量其好处。

9.6 通过在 member 结构中存储哈希码，可能使一些集合操作更高效，这样对每个成员只需调用一次 hash，仅当哈希码相等时才需要调用比较函数。分析此项改进预期会节省的时间，如果看起来值得，那么实现该改进并测量改进后的结果。

9.7 当 s 和 t 中哈希桶数目相同时，s+t 相当于位于相同哈希链上的各个子集的并集。即 s+t 中的每个哈希链，是 s 和 t 中对应哈希链上的成员的并集。这种情况经常发生，因为许多应用程序在调用 Set_new 时指定了相同的 hint。改变 s + t、s * t、s - t 和 s / t 的实现，以检测这种情况，并对其使用更简单、更高效的实现。

9.8 如果一个标识符出现在几个连续行中，xref 将输出每一个行号。例如：

```
c        getword.c: 7 8 9 10 11 16 19 22 27 34 35
```

修改 xref.c，使之将多个连续行号替换为一个行范围：

```
c        getword.c: 7-11 16 19 22 27 34-35
```

9.9 xref 分配大量内存，但仅释放 Table_toArray 创建的数组。修改 xref，使之最终释放它分配的所有东西（当然，原子除外）。在数据结构输出时，很容易增量式地完成释放工作。使用习题 5.5 的答案，来确认是否释放了所有分配的东西。

9.10 解释 cmpint 和 intcmp 为何使用显式比较来比较整数，而不是返回二者相减的结果。即 cmpint 的下述版本看起来简单得多，它有什么问题呢？

```
int cmpint(const void *x, const void *y) {
    return **(int **)x - **(int **)y;
}
```

第 10 章

动态数组

10

数组是由相同类型值组成的一个序列，序列中的元素以一对一的方式关联到某个连续范围内的索引值。在几乎所有编程语言中，都把某些形式的数组作为内建的数据类型。在某些语言（如 C 语言）中，所有数组索引值有共同的下界，而在其他的语言中（如 Modula-3），每个数组都可以有自身的索引值边界。在 C 语言中，所有数组的索引都从 0 开始。

数组的大小可以在编译时或运行时指定。静态数组的大小在编译时就是已知的。例如，在 C 语言中声明数组时，数组的大小必须在编译时就是已知的，即在声明 int a[n]中，n 必须是常量表达式。静态数组可以在运行时分配，例如，作为局部变量的数组，就是在运行时调用其所在函数时分配的，但其大小是编译时就是已知的。

像 Table_toArray 这样的函数返回的数组是动态数组，因为其内存空间是通过调用 malloc 或等效的分配函数分配的。因此，他们的大小可以在运行时确定。一些语言(如 Modula-3)，在语言层面支持动态数组。但在 C 语言中，动态数组必须显式构造，如 Table_toArray 函数所示。

各种 toArray 函数都说明了动态数组是多么有用，本章描述的 Array ADT 提供了一种类似但更为通用的设施。它导出的函数可以分配并释放动态数组，可以访问动态数组并进行边界检查，可以扩展或收缩动态数组以容纳更多或更少的元素。

本章还描述了 ArrayRep 接口。对少数需要更高效地访问数组元素的客户程序，该接口披露了动态数组的表示细节。Array 和 ArrayRep 共同说明了一个二级接口或分层的接口。Array 规定了数组 ADT 的高层视图，ArrayRep 规定了该 ADT 在较低层次上的另一个更详细的视图。这种组织方式的好处在于，如果有客户程序导入了 ArrayRep 接口，那么很显然，它们将依赖于动态数组的表示。对表示的修改将只影响此类客户程序，而不会影响到只导入 Array 接口的那些客户程序（比前一类多得多）。

10.1 接口

如下的 Array ADT

⟨*array.h*⟩ ≡
```
#ifndef ARRAY_INCLUDED
#define ARRAY_INCLUDED

#define T Array_T
typedef struct T *T;
```
⟨*exported functions* 117⟩
```
#undef T
#endif
```

导出了一些函数，可以操作包含 N 个元素的数组，通过索引值 0 到 $N–1$ 访问。特定数组中的每个元素都是定长的，但不同数组的元素可以有不同的大小。Array_T 实例通过下列函数分配和释放：

⟨*exported functions* 117⟩ ≡
```
extern T    Array_new (int length, int size);
extern void Array_free(T *array);
```

Array_new 分配、初始化并返回一个新的数组，包含 length 个元素，可以用索引值 0 到 length - 1 访问，在 length 为 0 时，数组不包含任何元素。每个元素占 size 字节。每个元素中的各个字节都初始化为 0。size 必须包含对齐所需的填充字节，这样，在 length 为正值时，直接分配 length * size 个字节即可创建数组。如果 length 为负值或 size 不是正值，则造成已检查的运行时错误，Array_new 可能引发 Mem_Failed 异常。

Array_free 释放*array 并将其清零。如果 array 或*array 是 NULL，则是已检查的运行时错误。

不同于本书中大部分其他 ADT 在 void 指针基础上建立结构的方式，Array 接口对元素的值不作任何限制，每个元素只是一个字节序列，包含 size 个字节。这种设计的基本原理是，Array_T 通常用于构建其他 ADT：第 11 章描述的序列就是一个例子。

下列各函数

⟨*exported functions* 117⟩ +≡
```
extern int Array_length(T array);
extern int Array_size  (T array);
```

返回 array 中元素的数目及元素的大小。数组元素通过下列函数访问：

⟨*exported functions* 117⟩ +≡
```
extern void *Array_get(T array, int i);
extern void *Array_put(T array, int i, void *elem);
```

Array_get 返回指向编号为 i 的元素的指针，类比而言，假定 a 声明为 C 语言数组，那么该函数的语义类似于&a[i]。客户程序通过反引用 Array_get 返回的指针，即可访问元素的值。Array_put 用 elem 指向的新元素，覆盖元素 i 的值。不同于 Table_put，Array_put 返回

elem。它不能返回元素 i 先前的值，因为元素未必是指针，而且元素也可能是任意字节长。

如果 i 大于或等于 array 的长度，或 elem 是 NULL，则是已检查的运行时错误。首先调用 Array_get，而后在反引用 Array_get 返回的指针之前，通过 Array_resize 改变 array 的大小，则造成未检查的运行时错误。如果 elem 指向的内存空间，以任何方式与 array 的第 i 个元素的内存空间重叠，都是未检查的运行时错误。

⟨*exported functions* 117⟩+≡
```
extern void Array_resize(T array, int length);
extern T  Array_copy  (T array, int length);
```

Array_resize 改变 array 的大小，使之能够容纳 length 个元素，会根据需要扩展或收缩数组。如果 length 超过数组的当前长度，则增加的新元素被初始化为 0。调用 Array_resize，将使此前调用 Array_get 返回的值都变为无效。Array_copy 的语义类似，但将返回 array 的一个副本，包含 array 的前 length 个元素。如果 length 超过 array 中元素的数目，副本中过多的那些元素将被初始化为 0。Array_resize 和 Array_copy 可能引发 Mem_Failed 异常。

Array 没有类似 Table_map 和 Table_toArray 的函数，因为 Array_get 提供了执行等效操作的必要手段。

向该接口中任何函数传递的 T 值为 NULL，都是已检查的运行时错误。

ArrayRep 接口揭示了 Array_T 是由指向描述符的指针表示的，描述符结构的各个字段给出了数组中元素的数目、元素的大小和指向数组内存空间的指针。

⟨*arrayrep.h*⟩ ≡
```
#ifndef ARRAYREP_INCLUDED
#define ARRAYREP_INCLUDED

#define T Array_T

struct T {
    int length;
    int size;
    char *array;
};

extern void ArrayRep_init(T array, int length,
    int size, void *ary);

#undef T
#endif
```

图 10-1 给出 Array_new(100, sizeof int) 返回的包含 100 个整数的数组的描述符，所运行的机器上整数为 4 字节。如果数组没有元素，array 字段为 NULL。数组描述符有时也称为信息矢量（dope vector）。

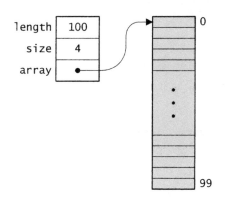

图 10-1 `Array_New(100, sizeof int)` 创建的 `Array_T` 实例

ArrayRep 的客户程序可以读取描述符的各字段，但不能写这些字段，否则会造成未检查的运行时错误。ArrayRep 保证，如果 array 是一个 T 实例，而 i 是非负整数且小于 array->length，那么

　　`array->array + i*array->size`

是元素 i 的地址。

ArrayRep 还导出了 ArrayRep_init，该函数初始化 array 指向的 Array_T 结构实例的各字段，将其分别设置为参数 length、size 和 ary 的值。提供该函数后，客户程序可以初始化 Array_T 实例，将其嵌入到其他结构中。如果 array 是 NULL，或 size 不是正值，或 length 为正值且 ary 为 NULL，或 length 为零且 ary 不是 NULL，均会造成已检查的运行时错误[①]。用调用 ArrayRep_init 之外的手段初始化 T 结构，则是未检查的运行时错误。

10.2 实现

我们用一个实现导出 Array 和 ArrayRep 两个接口：

⟨*array.c*⟩ ≡
```
  #include <stdlib.h>
  #include <string.h>
  #include "assert.h"
  #include "array.h"
  #include "arrayrep.h"
  #include "mem.h"

  #define T Array_T
```

⟨*functions* 120⟩

Array_new 为一个描述符及数组本身（如果 length 为正值）分配空间，并调用 ArrayRep_init

---

① 原文对 length 和 ary 的限定有点错误，根据下文的代码改正。——译者注

初始化描述符的各字段：

⟨*functions* 120⟩ ≡
```
T Array_new(int length, int size) {
    T array;

    NEW(array);
    if (length > 0)
        ArrayRep_init(array, length, size,
            CALLOC(length, size));
    else
        ArrayRep_init(array, length, size, NULL);
    return array;
}
```

ArrayRep_init 是初始化描述符的各字段唯一的有效方法，用其他方式分配描述符的客户程序必须调用 ArrayRep_init 来初始化描述符。

⟨*functions* 120⟩ +≡
```
void ArrayRep_init(T array, int length, int size,
    void *ary) {
    assert(array);
    assert(ary && length>0 || length==0 && ary==NULL);
    assert(size > 0);
    array->length = length;
    array->size   = size;
    if (length > 0)
        array->array = ary;
    else
        array->array = NULL;
}
```

调用 ArrayRep_init 来初始化一个 T 结构实例，有助于减少耦合：这些调用清楚地标识出了自行分配描述符的那些客户程序（因而依赖于数组的表示）。只要 ArrayRep_init 不改变，那么向描述符添加字段不会影响这些客户程序。例如，如果向 T 结构添加一个用于标识序列号的字段，且该字段由 ArrayRep_init 自动初始化，那么就会发生上述场景。

Array_free 释放数组本身和 T 结构实例，并将其参数清零[①]：

⟨*functions* 120⟩ +≡
```
void Array_free(T *array) {
    assert(array && *array);
    FREE((*array)->array);
    FREE(*array);
}
```

Array_free 无需检查 (*array)->array 是否为 NULL，因为 FREE 可以处理 NULL 指针。

Array_get 从 Array_T 实例获取数组元素，Array_put 向 Array_T 实例存储数组元素：

---

① 指将*array 清零，由 FREE 宏自动完成。——译者注

⟨*functions* 120⟩ +≡
```
void *Array_get(T array, int i) {
    assert(array);
    assert(i >= 0 && i < array->length);
    return array->array + i*array->size;
}

void *Array_put(T array, int i, void *elem) {
    assert(array);
    assert(i >= 0 && i < array->length);
    assert(elem);
    memcpy(array->array + i*array->size, elem,
        array->size);
    return elem;
}
```

请注意，Array_put 将返回其第三个参数，而不是目标数组元素的地址。

Array_length 和 Array_size 分别返回描述符中名称类似的字段：

⟨*functions* 120⟩ +≡
```
int Array_length(T array) {
    assert(array);
    return array->length;
}

int Array_size(T array) {
    assert(array);
    return array->size;
}
```

ArrayRep 的客户程序可以从描述符直接访问这些字段。

Array_resize 调用 Mem 接口的 RESIZE 来改变数组中的元素的数目，并相应地改变数组的 length 字段。

⟨*functions* 120⟩ +≡
```
void Array_resize(T array, int length) {
    assert(array);
    assert(length >= 0);
    if (length == 0)
        FREE(array->array);
    else if (array->length == 0)
        array->array = ALLOC(length*array->size);
    else
        RESIZE(array->array, length*array->size);
    array->length = length;
}
```

不同于 Mem 接口的 RESIZE，在这里，新的长度为 0 是合法的，而在这种情况下数组将被释放，此后描述符实际上描述了一个空的动态数组。

Array_copy 与 Array_resize 非常相似，只是它会复制 array 的描述符以及数组的部分或全部内容：

⟨*functions* 120⟩ +≡

```
T Array_copy(T array, int length) {
    T copy;

    assert(array);
    assert(length >= 0);
    copy = Array_new(length, array->size);
    if (copy->length >= array->length
    && array->length > 0)
        memcpy(copy->array, array->array,
            array->length*array->size);
    else if (array->length > copy->length
    && copy->length > 0)
        memcpy(copy->array, array->array,
            copy->length*array->size);
    return copy;
}
```

10.3 扩展阅读

一些语言支持动态数组的变体。例如，Modula-3[Nelson，1991]容许在执行期间创建具有任意边界的数组，但这种数组不能扩展或收缩。Icon[Griswold and Griswold，1990]中的列表与动态数组类似，可以在两端添加或删除元素，从而进行扩展或收缩，这与下一章描述的序列非常相似。Icon 还支持从列表获取子列表，或将子列表替换为一个不同长度的列表。

10.4 习题

10.1 设计并实现一个 ADT，提供指针的动态数组。它应该通过函数提供对这些数组元素的“安全”访问，这些函数本质上与 Table 接口提供的函数类似。在你的实现中使用 Array 或 Array_Rep。

10.2 为动态矩阵（即二维数组）设计一个 ADT，并使用 Array 实现它。你可以将设计推广到 N 维数组吗？

10.3 为稀疏动态数组（其中大部分元素是零的数组）设计并实现一个 ADT。你的设计应该接受一个特定于数组的值作为零，实现应该只存储那些不等于零的元素。

10.4 将下述函数

```
extern void Array_reshape(T array, int length,
    int size);
```

添加到 Array 接口及其实现中。Array_reshape 会将 array 中元素的数目和每个元素的大小分别改为 length 和 size。类似 Array_resize，重整后的数组保留了原数组的前 length 个元素，如果 length 超过原来的长度，超出的那部分元素将设置为 0。array 中的第 i 个元素，将变为重整后的数组中的第 i 个元素。如果 size 小于原本每个元素的大小，则截断原来的各个元素，如果 size 大于原来各个元素的大小，超出的那部分字节设置为 0。

第 11 章

序　列

序列包含 N 个值，分别关联到整数索引 0 到 $N-1$（当 N 为正值时）。空序列不包含任何值。类似数组，序列中的值可通过索引访问，还可以从序列的两端添加或删除值。序列可根据需要自动扩展，以容纳其内容。其中的值都是指针。

　　序列是本书中最有用的 ADT 之一。尽管序列的规格相对简单，但可以用作数组、链表、栈、队列和双端队列，实现这些数据结构的 ADT 所需的设施通常都包含在序列中。序列可以看作前一章描述的动态数组的更抽象版本。序列将簿记信息和调整大小的相关细节隐藏到其实现中。

11.1　接口

　　序列是 Seq 接口中定义的不透明指针类型的实例：

⟨*seq.h*⟩ ≡
```
#ifndef SEQ_INCLUDED
#define SEQ_INCLUDED

#define T Seq_T
typedef struct T *T;

⟨exported functions 123⟩

#undef T
#endif
```

向该接口中任何例程传递的 T 值为 NULL，都是已检查的运行时错误。

　　序列通过下列函数创建：

⟨*exported functions* 123⟩ ≡
```
extern T Seq_new(int hint);
extern T Seq_seq(void *x, ...);
```

Seq_new 创建并返回一个空序列。hint 是对新序列将包含值的最大数目的估计。如果该数值是未知的，可用 0 作为 hint，以创建一个较小的序列。无论 hint 值如何，序列都会根据需要扩展以容纳其内容。传递负的 hint 值，是一个已检查的运行时错误。

Seq_seq 创建并返回一个序列，用函数的非 NULL 指针参数来初始化序列中的值。参数列表结束于第一个 NULL 指针参数。因而

```
Seq_T names;
...
names = Seq_seq("C", "ML", "C++", "Icon", "AWK", NULL);
```

将创建一个包含五个值的序列，并将其赋值给 names。参数列表中的值将关联到索引 0~4。Seq_seq 的参数列表的可变部分传递的指针假定为 void 指针，因此在传递 char 或 void 以外的指针时，程序员必须提供转换，参见 7.1 节。Seq_new 和 Seq_seq 可能引发 Mem_Failed 异常。

⟨*exported functions* 123⟩ +≡
```
extern void Seq_free(T *seq);
```

释放序列*seq 并将*seq 清零。如果 seq 或*seq 是 NULL 指针，则造成已检查的运行时错误。

⟨*exported functions* 123⟩ +≡
```
extern int Seq_length(T seq);
```

该函数返回序列 seq 中的值的数目。

N 值序列中的各个值，分别关联到索引 0 到 $N-1$。这些值通过下列函数访问：

⟨*exported functions* 123⟩ +≡
```
extern void *Seq_get(T seq, int i);
extern void *Seq_put(T seq, int i, void *x);
```

Seq_get 返回 seq 中的第 i 个值。Seq_put 将第 i 个值改为 x，并返回先前的值。i 等于或大于 N 将造成已检查的运行时错误。Seq_get 和 Seq_put 可以在常数时间内访问第 i 个值。

向序列两端添加值，即可扩展序列：

⟨*exported functions* 123⟩ +≡
```
extern void *Seq_addlo(T seq, void *x);
extern void *Seq_addhi(T seq, void *x);
```

Seq_addlo 将 x 添加到 seq 的低端并返回 x。添加一个值到序列的开始，会将所有现存值的索引都加 1，并将序列的长度加 1。Seq_addhi 将 x 添加到 seq 的高端并返回 x。添加一个值到序列的末尾，会将序列的长度加 1。Seq_addlo 和 Seq_addhi 可能引发 Mem_Failed 异常。

类似地，通过从序列两端删除值可以收缩序列：

⟨*exported functions* 123⟩ +≡
```
extern void *Seq_remlo(T seq);
extern void *Seq_remhi(T seq);
```

Seq_remlo 删除并返回 seq 低端的值。在序列的起始处删除值，会将余下所有值的索引都减 1，并将序列的长度减 1。Seq_remhi 删除并返回 seq 高端的值。在序列末端删除值，会将序列的长度减 1。将空序列传递给 Seq_remlo 或 Seq_remhi，是已检查的运行时错误。

11.2 实现

本章开头提出，序列是动态数组的高级抽象。因而序列的表示包含了一个动态数组，这不是指向 Array_T 的一个指针，而是 Array_T 结构本身的一个实例，其实现同时导入了 Array 和 ArrayRep 接口：

```
⟨seq.c⟩ ≡
  #include <stdlib.h>
  #include <stdarg.h>
  #include <string.h>
  #include "assert.h"
  #include "seq.h"
  #include "array.h"
  #include "arrayrep.h"
  #include "mem.h"

  #define T Seq_T

  struct T {
      struct Array_T array;
      int length;
      int head;
  };

  ⟨static functions 128⟩
  ⟨functions 126⟩
```

length 字段包含了序列中的值的数目，而 array 字段保存了存储这些值的数组。该数组总是至少包含 length 个元素，当 length 小于 array.length 时，其中一些元素是不使用的。该数组用作一个环形缓冲区，以容纳序列中的值。序列中索引为 0 的值保存在数组中索引为 head 的元素处，序列中索引号连续的值，也保存在数组的"连续"元素中（注意："连续"是同余意义上的）。即如果序列中第 i 个值保存在数组元素 array.length - 1 中，那么第 i+1 个值保存在数组元素 0 中。图 11-1 给出了在一个 16 个元素的数组保存包含 7 个值的序列的方法。左侧的方框是 Seq_T 及其内嵌的 Array_T，以淡色阴影标明。

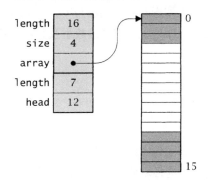

图 11-1　7 个值的序列（容量为 16）

右侧的方框是数组，其中的阴影标明了被序列中的值占用的元素。

如下文详述，在序列开始处添加值时，需要将 head 减 1，而后对数组长度求模，在序列开始处删除值时，需要将 head 加 1，而后对数组长度求模。序列总是会包含一个数组，即使空序列也是如此。

创建新序列时，会分配一个可以容纳 hint 个指针的动态数组（如果 hint 为 0，那么可以容纳 16 个指针）：

⟨functions 126⟩ ≡
```
T Seq_new(int hint) {
    T seq;

    assert(hint >= 0);
    NEW0(seq);
    if (hint == 0)
        hint = 16;
    ArrayRep_init(&seq->array, hint, sizeof (void *),
        ALLOC(hint*sizeof (void *)));
    return seq;
}
```

使用 NEW0 将 length 和 head 字段初始化为 0。Seq_seq 调用 Seq_new 创建一个空序列，然后对参数列表中的参数逐一调用 Seq_addhi，将其追加到新序列中：

⟨functions 126⟩ +≡
```
T Seq_seq(void *x, ...) {
    va_list ap;
    T seq = Seq_new(0);

    va_start(ap, x);
    for ( ; x; x = va_arg(ap, void *))
        Seq_addhi(seq, x);
    va_end(ap);
    return seq;
}
```

Seq_seq 使用了处理可变长度参数列表的宏，用法与 List_list 非常相似，请参见 7.1 节。

可通过 Array_free 释放一个序列，这将释放数组及其描述符：

⟨functions 126⟩ +≡
```
void Seq_free(T *seq) {
    assert(seq && *seq);
    assert((void *)*seq == (void *)&(*seq)->array);
    Array_free((Array_T *)seq);
}
```

对 Array_free 的调用之所以能够工作，仅仅因为*seq 指向的地址等于&(*seq)->array，如代码中的断言所示。即 Array_T 结构必须是 Seq_T 结构中的第一个字段，这样 Seq_new 中 NEW0 返回的指针既指向一个 Seq_T 实例，同时也指向一个 Array_T 实例。

Seq_length 只是返回序列的 length 字段：

⟨*functions* 126⟩ +≡
```
int Seq_length(T seq) {
    assert(seq);
    return seq->length;
}
```

序列中的第 i 个值，所对应数组元素的索引值为 (head + i) mod array.length。通过类型转换，使之可以直接索引数组：

⟨seq[i] 127⟩ ≡
```
((void **)seq->array.array)[
    (seq->head + i)%seq->array.length]
```

Seq_get 只是返回上述代码给出的这个数组元素，Seq_put 将其设置为 x：

⟨*functions* 126⟩ +≡
```
void *Seq_get(T seq, int i) {
    assert(seq);
    assert(i >= 0 && i < seq->length);
    return ⟨seq[i] 127⟩;
}

void *Seq_put(T seq, int i, void *x) {
    void *prev;

    assert(seq);
    assert(i >= 0 && i < seq->length);
    prev = ⟨seq[i] 127⟩;
    ⟨seq[i] 127⟩ = x;
    return prev;
}
```

Seq_remlo 和 Seq_remhi 从一个序列中删除值。在这两个函数中，Seq_remhi 比较简单，因为它只需要将 length 字段减 1，并返回由 length 的新值索引的序列值即可：

⟨*functions* 126⟩ +≡
```
void *Seq_remhi(T seq) {
    int i;

    assert(seq);
    assert(seq->length > 0);
    i = --seq->length;
    return ⟨seq[i] 127⟩;
}
```

Seq_remlo 稍微复杂一些，因为它必须返回由 head 索引的值（即序列中索引值 0 对应的值），接下来需要将 head 加 1 然后对数组长度取模，并将 length 减 1：

⟨*functions* 126⟩ +≡
```
void *Seq_remlo(T seq) {
    int i = 0;
    void *x;
```

```
        assert(seq);
        assert(seq->length > 0);
        x = ⟨seq[i] 127⟩;
        seq->head = (seq->head + 1)%seq->array.length;
        --seq->length;
        return x;
    }
```

Seq_addlo 和 Seq_addhi 向序列添加值，因而必须处理数组容量用尽的可能性，当 length
等于 array.length 时，就会发生这种情况。在发生这种情况时，这两个函数都调用 expand
来扩大数组，expand 进而又调用了 Array_resize 来完成其工作。在这两个函数中，Seq_addhi
仍然是比较简单的那个，因为在检查是否需要扩展数组后，该函数只需将新值保存在由索引值
length 指定的数组元素处，并将 length 加 1 即可：

⟨*functions* 126⟩ +≡
```
    void *Seq_addhi(T seq, void *x) {
        int i;

        assert(seq);
        if (seq->length == seq->array.length)
            expand(seq);
        i = seq->length++;
        return ⟨seq[i] 127⟩ = x;
    }
```

Seq_addlo 也会检查是否需要扩展数组，但接下来它需要将 head 减 1 后对数组长度取模，并
将 x 存储到由 head 的新值索引的数组元素处，这就是序列中索引值 0 对应的值：

⟨*functions* 126⟩ +≡
```
    void *Seq_addlo(T seq, void *x) {
        int i = 0;
        assert(seq);
        if (seq->length == seq->array.length)
            expand(seq);
        if (--seq->head < 0)
            seq->head = seq->array.length - 1;
        seq->length++;
        return ⟨seq[i] 127⟩ = x;
    }
```

另外，Seq_addlo 也可以通过下列代码，来对 seq->head 减 1 并取模：

```
    seq->head = Arith_mod(seq->head - 1, seq->array.length);
```

expand 封装了对 Array_resize 的调用，这将倍增序列中数组的长度：

⟨*static functions* 128⟩ ≡
```
    static void expand(T seq) {
        int n = seq->array.length;
```

```
                Array_resize(&seq->array, 2*n);
                if (seq->head > 0)
                    ⟨slide tail down 129⟩
        }
```

该代码暗示，expand 还必须处理将数组用作环形缓冲区的情形。除非 head 碰巧是 0，否则，原数组后半段的那些元素（从 head 之后）必须移动到扩展之后的数组末端，以便把中间的区域腾出来，如图 11-2 所示，同时需要相应地调整 head：

```
⟨slide tail down 129⟩ ≡
    {
        void **old = &((void **)seq->array.array)[seq->head];
        memcpy(old+n, old, (n - seq->head)*sizeof (void *));
        seq->head += n;
    }
```

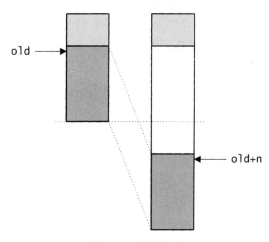

图 11-2　扩展序列

11.3　扩展阅读

序列与 Icon[Griswold and Griswold, 1990]中的列表几乎是相同的，但相关操作的名称则取自 DEC 实现的 Modula-3[Horning 等人，1993]附带的库中的 Sequence 接口。本章中描述的实现也与 DEC 的实现类似。习题 11.1 探讨了 Icon 的实现。

11.4　习题

11.1　Icon 用块的双链表实现了列表（序列的 Icon 版本），每个块可以容纳（假定）M 个值。这种表示避免了使用 Array_resize，因为新的块可以在调用 Seq_addlo 和 Seq_addhi 时根据需要添加到列表的两端。这种表示的不利之处在于，必须遍历各个块才能访问第 i 个值，这花费的时间正比于 i/M。使用这种表示构建 Seq 接口的一个新实现，并开发一些测试程序来测量其性能。假定访问索引值 i 对应的值时，通常都会伴随着对索引值 i - 1 或 i + 1 对应的值的访问；你能修改实现，使得这种情况能够在常数时间内执行完成吗？

11.2　为 Seq 接口设计一个实现，不要使用 Array_resize。例如，在原来的 N 元素数组用尽时，可以将其转换为一个指针数组，每个元素都是指向另一个数组（假定可容纳 $2N$ 个元素）的指针，这样，转换后的序列可容纳 $2N^2$ 个值。如果 N 为 1024，转换后的序列可容纳超过两百万个元素，每个元素都可以在常数时间内访问。这种"边向量"表示中，每个 $2N$ 元素数组都可以惰性分配，即仅当有值存储到其中时才分配。

11.3　假定禁用 Seq_addlo 和 Seq_remlo，设计一个渐增式分配空间的实现，但序列中的任何元素都必须能够在对数时间内访问。提示：跳表（skip list，参见[Pugh, 1990]）。

11.4　序列只扩展，但从不收缩。修改 Seq_remlo 和 Seq_remhi 的实现，使之在数组有超过半数空间空闲时，对序列进行收缩，即当 seq->length 变为小于 seq->array.length/2 时。在什么情况下，该修改是一个坏主意？提示：颠簸（指序列反复扩展/收缩）。

11.5　重新实现 xref，使用序列而不是集合来容纳行号。由于文件是顺序读取的，不需要对行号排序，因为它们将按递增次序出现在序列中。

11.6　重写 Seq_free，使其无需再用现在的断言。请注意，不能使用 Array_free。

第 12 章

环

12

环与序列非常相似：它包含 N 个值，分别关联到整数索引 0 到 $N-1$（当 N 为正值时）。空的环不包含任何值。其中的值都是指针。与序列中的值类似，环中的值也可以用索引访问。

不同于序列的是，值可以添加到环中任意位置，而环中的任何值都可以被删除。此外，环中的值还可以重新编号：将环左"旋"，会将每个值的索引减 1 并对环的长度取模，将环右旋，则将各个索引值加 1 并对环的长度取模。虽然在环中可以在任意位置添加/删除值，但这种灵活性的代价是，访问第 i 个值不保证在常数时间内完成。

12.1 接口

顾名思义，环是双链表的抽象，但 Ring ADT 只披露了一点点信息，即环是一个不透明指针类型的实例：

```
⟨ring.h⟩ ≡
  #ifndef RING_INCLUDED
  #define RING_INCLUDED

  #define T Ring_T
  typedef struct T *T;

  ⟨exported functions 131⟩
  #undef T
  #endif
```

向该接口中任何例程传递的 T 值为 NULL，都是已检查的运行时错误。

环通过下列函数创建，与 Seq 接口中类似的函数相对应：

```
⟨exported functions 131⟩ ≡
  extern T Ring_new (void);
  extern T Ring_ring(void *x, ...);
```

Ring_new 创建并返回一个空环。Ring_ring 创建并返回一个环，用函数的非 NULL 指针参数来初始化环中的值。参数列表结束于第一个 NULL 指针参数。因而

```
Ring_T names;
```

```
   ...
   names = Ring_ring("Lists", "Tables", "Sets", "Sequences", "Rings", NULL);
```

会用给出的五个值创建一个环，并将其赋值给 names。参数列表中的值将关联到索引 0~4。
Ring_ring 的参数列表的可变部分传递的指针假定为 void 指针，因此在传递 char 或 void 以
外的指针时，程序员必须提供转换，参见 7.1 节。Ring_new 和 Ring_ring 可能引发 Mem_Failed
异常。

⟨*exported functions* 131⟩+≡
```
   extern void Ring_free   (T *ring);
   extern int  Ring_length(T  ring);
```

Ring_free 释放 *ring 指定的环并将 *ring 清零。如果 ring 或 *ring 是 NULL 指针，则为已
检查的运行时错误。Ring_length 返回 ring 中值的数目。

在长度为 N 的环中，各个值分别关联到整数索引值 0 到 N–1。这些值通过下列函数访问：

⟨*exported functions* 131⟩+≡
```
   extern void *Ring_get(T ring, int i);
   extern void *Ring_put(T ring, int i, void *x);
```

Ring_get 返回 ring 中的第 i 个值。Ring_put 将 ring 中第 i 个值改为 x，并返回原值。i
等于或大于 N 将造成已检查的运行时错误。

通过下列函数，可以向环中任何位置添加值：

⟨*exported functions* 131⟩+≡
```
   extern void *Ring_add(T ring, int pos, void *x);
```

Ring_add 将 x 添加到 ring 中的 pos 位置处，并返回 x。在一个 N 值环中，位置指定了值之间
的地点，如图 12-1 所示，其中给出了一个包含 5 个值（整数 0~4）的环。

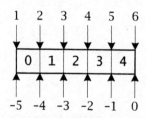

图 12-1　包含 5 个值的环

中间一行数字是索引，上面一行是正位置，下面一行是非正位置。非正位置指定了从环末尾
算起的各个地点，不需要了解环的长度。对空环来说，位置 0 和 1 也是有效的。Ring_add 可以
接受两种形式的位置。指定不存在的位置（包括正位置大于环长度加 1，或负位置绝对值大于环
的长度），是已检查的运行时错误。

添加一个新值，会将其右侧所有值的索引加 1，并将环的长度加 1。Ring_add 可能引发
Mem_Failed 异常。

下列各函数

⟨*exported functions* 131⟩ +≡
```
extern void *Ring_addlo(T ring, void *x);
extern void *Ring_addhi(T ring, void *x);
```

等效于 Seq 接口中名称相似的对应函数。Ring_addlo 等效于 Ring_add(ring, 1, x)，而 Ring_addhi 等效于 Ring_add(ring, 0, x)。Ring_addlo 和 Ring_addhi 可能引发 Mem_Failed 异常。

下列函数

⟨*exported functions* 131⟩ +≡
```
extern void *Ring_remove(T ring, int i);
```

删除并返回 ring 中的第 i 个值。删除值，会将其右侧剩下的值的索引都减 1，并将环的长度减 1。i 大于或等于 ring 的长度，是已检查的运行时错误。

与 Seq 接口中名称相似的函数类似，下列各函数

⟨*exported functions* 131⟩ +≡
```
extern void *Ring_remlo(T ring);
extern void *Ring_remhi(T ring);
```

删除并返回位于 ring 的低/高端的值。Ring_remlo 等效于 Ring_remove(ring, 0)，而 Ring_remhi 等效于 Ring_remove(ring, Ring_length(ring) - 1)。向 Ring_remlo 或 Ring_remhi 传递空环，是已检查的运行时错误。

"环"这个名称来自下列函数

⟨*exported functions* 131⟩ +≡
```
extern void Ring_rotate(T ring, int n);
```

该函数左"旋"或右"旋"ring，将其中的值重新编号。如果 n 为正值，ring 向右旋转 n 个值（顺时针），各个值的索引加 n 然后对 ring 的长度取模。将一个包含字符串 A 到 H 的八值环，向右旋转 3 个位置，如图 12-2 所示，箭头指向第一个元素。

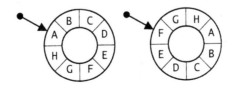

图 12-2 向右旋转 3 个位置的八值环

如果 n 为负值，ring 向左转旋转 n 个值（逆时针），各个值的索引减 n 然后对环的长度取模。如果 n 模环的长度得 0，那么 Ring_rotate 没有效果。n 的绝对值大于 ring 的长度，是已检查的运行时错误。

12.2 实现

本实现将环表示为一个包含两个字段的结构：

⟨*ring.c*⟩ ≡
```
#include <stdlib.h>
#include <stdarg.h>
#include <string.h>
#include "assert.h"
#include "ring.h"
#include "mem.h"

#define T Ring_T

struct T {
    struct node {
        struct node *llink, *rlink;
        void *value;
    } *head;
    int length;
};
```

⟨*functions* 134⟩

head 字段指向由 node 结构构成的一个双链表，node 结构中的 value 字段保存了环中的值。head 指向关联到索引 0 的值，后续值保存在通过 rlink 字段链接的各结点中，各结点的 llink 字段指向其前趋。图 12-3 给出了一个六值环的结构。虚线从 llink 字段发出，按逆时针方向环行，实线从 rlink 字段发出，按顺时针方向环行。

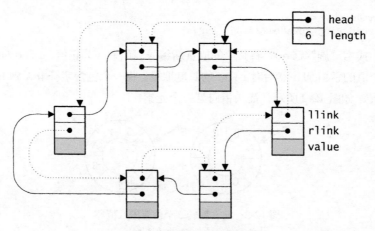

图 12-3　包含 6 个元素的环

空环的 length 字段为 0，head 字段为 NULL，即为 Ring_new 的返回值：

⟨*functions* 134⟩ ≡
```
  T Ring_new(void) {
```

```
        T ring;

        NEW0(ring);
        ring->head = NULL;
        return ring;
    }
```

Ring_ring 首先创建一个空环，然后调用 Ring_addhi 将 Ring_ring 的各个指针参数添加到环的末尾，直至遇到第一个 NULL 指针：

⟨*functions* 134⟩+≡
```
    T Ring_ring(void *x, ...) {
        va_list ap;
        T ring = Ring_new();

        va_start(ap, x);
        for ( ; x; x = va_arg(ap, void *))
            Ring_addhi(ring, x);
        va_end(ap);
        return ring;
    }
```

释放环时，首先释放各个 node 结构实例，而后释放 Ring_T 结构实例（即环的首部）。释放结点的次序并不重要，因此 Ring_free 只是按照 rlink 指针的方向释放各个结点。

⟨*functions* 134⟩+≡
```
    void Ring_free(T *ring) {
        struct node *p, *q;

        assert(ring && *ring);
        if ((p = (*ring)->head) != NULL) {
            int n = (*ring)->length;
            for ( ; n-- > 0; p = q) {
                q = p->rlink;
                FREE(p);
            }
        }
        FREE(*ring);
    }
```

12

下列函数

⟨*functions* 134⟩+≡
```
    int Ring_length(T ring) {
        assert(ring);
        return ring->length;
    }
```

返回环中的值的数目。

Ring_get 和 Ring_put 都必须找到环中的第 i 个值。这等效于遍历链表到第 i 个 node 结构实例，由下列代码块完成。

⟨q ← i*th node* 136⟩ ≡
```
    {
        int n;
        q = ring->head;
        if (i <= ring->length/2)
            for (n = i; n-- > 0; )
                q = q->rlink;
        else
            for (n = ring->length - i; n-- > 0; )
                q = q->llink;
    }
```

该代码循最短路径找到第 i 个结点：如果 i 不大于环长度的一半，则代码经由第一个 for 循环，通过 rlink 指针按顺时针方向找到想要的结点。否则，代码经由第二个 for 循环，通过 llink 指针按逆时针方向找到目标结点。例如，在图 12-3 中，值 0 到 3 可沿顺时针方向找到，值 4 和 5 则需沿逆时针方向找到。

给出该代码块之后，Ring_get 和 Ring_put 两个访问函数很容易实现：

⟨*functions* 134⟩ +≡
```
    void *Ring_get(T ring, int i) {
        struct node *q;

        assert(ring);
        assert(i >= 0 && i < ring->length);
        ⟨q ← ith node 136⟩
        return q->value;
    }

    void *Ring_put(T ring, int i, void *x) {
        struct node *q;
        void *prev;

        assert(ring);
        assert(i >= 0 && i < ring->length);
        ⟨q ← ith node 136⟩
        prev = q->value;
        q->value = x;
        return prev;
    }
```

向环添加值的函数必须分配一个结点，初始化它，并将其插入到双链表中正确的位置。这些函数还必须处理向空环添加结点的情形。Ring_addhi 是这些函数中最简单的一个：它将一个新的结点添加到 head 指向的结点左侧，如图 12-4 所示。阴影标记出了新结点，右侧图中的加粗线表明了需要改变的链接。以下是代码：

⟨*functions* 134⟩ +≡
```
    void *Ring_addhi(T ring, void *x) {
        struct node *p, *q;

        assert(ring);
```

```
        NEW(p);
        if ((q = ring->head) != NULL)
            ⟨insert p to the left of q 137⟩
        else
          ⟨make p ring's only value 137⟩
        ring->length++;
        return p->value = x;
    }
```

向空环添加一个值很容易：将 `ring->head` 指向新的结点，该结点的链接指向结点本身。

```
⟨make p ring's only value 137⟩ ≡
    ring->head = p->llink = p->rlink = p;
```

如图 12-4 所示，Ring_addhi 将 q 指向环中第一个结点，并将新结点插入到其左侧。这个插入操作涉及初始化新结点的链接，以及重定向 q 的 llink 和 q 的前趋结点的 rlink：

```
⟨insert p to the left of q 137⟩ ≡
    {
        p->llink = q->llink;
        q->llink->rlink = p;
        p->rlink = q;
        q->llink = p;
    }
```

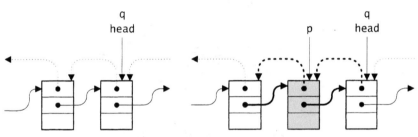

图 12-4　在 head 的左侧插入一个新结点

图 12-5 的系列图中第二到第五幅图，分别说明了这四个语句各自的效果。在每一步，加重的弧线表示新的链接。当 q 指向双链表中唯一的结点时，重新绘制此系列图是很有裨益的，留给读者完成。

　　Ring_addlo 几乎同样容易，但新添加的结点会变为环中第一个结点。要完成这个转换，可以首先调用 Ring_addhi，然后将环右旋一个位置（即将 head 设置为其前趋）：

```
⟨functions 134⟩ +≡
    void *Ring_addlo(T ring, void *x) {
        assert(ring);
        Ring_addhi(ring, x);
        ring->head = ring->head->llink;
        return x;
    }
```

　　Ring_add 是向环添加值的三个函数中最复杂的，因为它需要处理前一节描述的任意位置，其中包括向环的两端添加值的情形。向环的两端添加值的特例可通过 `Ring_addlo` 和 `Ring_addhi` 处理（空环的处理亦涵盖于其中），首先通过位置值得到该位置右侧的值的索引，然后将新结点添加到其左侧，如上文的代码块所述。

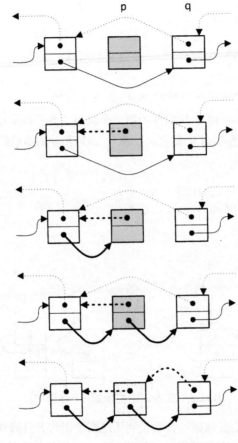

图 12-5　向 q 的左侧插入一个新结点

```
⟨functions 134⟩ +≡
    void *Ring_add(T ring, int pos, void *x) {
        assert(ring);
        assert(pos >= -ring->length && pos<=ring->length+1);
        if (pos == 1 || pos == -ring->length)
            return Ring_addlo(ring, x);
        else if (pos == 0 || pos == ring->length + 1)
            return Ring_addhi(ring, x);
        else {
            struct node *p, *q;
            int i = pos < 0 ? pos + ring->length : pos - 1;
            ⟨q ← ith node 136⟩
            NEW(p);
```

⟨*insert* p *to the left of* q 137⟩
```
        ring->length++;
        return p->value = x;
    }
}
```

前两个 if 语句涵盖了对环两端的位置的处理。对 i 的初始化，处理了对应于索引 1 到 ring->length - 1 的位置。

删除值的三个函数比添加值的函数要容易，因为边界条件更少一些，唯一的边界条件是删除环中最后一个值时。Ring_remove 是三个函数中最通用的：它找到第 i 个结点，并将其从双链表中删除：

⟨*functions* 134⟩ +≡
```
    void *Ring_remove(T ring, int i) {
        void *x;
        struct node *q;

        assert(ring);
        assert(ring->length > 0);
        assert(i >= 0 && i < ring->length);
```
⟨q ← i *th node* 136⟩
```
        if (i == 0)
            ring->head = ring->head->rlink;
        x = q->value;
```
⟨*delete node* q 139⟩
```
        return x;
    }
```

如果 i 是 0，Ring_remove 会删除第一个结点，因而必须将 head 重定向到下一个结点。

添加一个结点涉及四次指针赋值，删除一个结点只需要两次：

⟨*delete node* q 139⟩ ≡
```
    q->llink->rlink = q->rlink;
    q->rlink->llink = q->llink;
    FREE(q);
    if (--ring->length == 0)
        ring->head = NULL;
```

图 12-6 中的第二和第三幅图，分别说明了该代码块开头两个语句各自的效果。受到影响的链接以加重弧线显示。<delete node q 194>中的第三个语句会释放结点，最后两个语句将 ring 的 length 字段减 1，如果刚好删除了环中最后一个结点，则将 head 指针置为 NULL。同样，对于从单结点和两结点环中删除结点的情形来说，重新绘制该序列图也是有裨益的。

Ring_remhi 的实现类似，但更容易查找要删除的结点：

⟨*functions* 134⟩ +≡
```
    void *Ring_remhi(T ring) {
        void *x;
        struct node *q;
```

```
        assert(ring);
        assert(ring->length > 0);
        q = ring->head->llink;
        x = q->value;
        〈delete node q 139〉
        return x;
    }
```

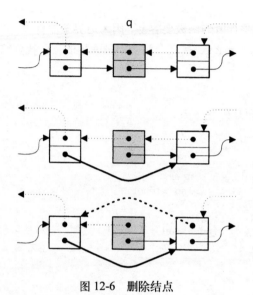

图 12-6　删除结点

如上所示，Ring_addlo 的实现是通过调用 Ring_addhi 并将 ring 的 head 字段指向其前趋。可以用"对称"（指步骤相反，如同镜像对称）的惯用法来实现 Ring_remlo：将 ring 的 head 指向其后继，然后调用 Ring_remhi 即可。

〈functions 134〉+≡
```
    void *Ring_remlo(T ring) {
        assert(ring);
        assert(ring->length > 0);
        ring->head = ring->head->rlink;
        return Ring_remhi(ring);
    }
```

最后一个操作是对环进行旋转。如果 n 是正值，那么将顺时针方向旋转一个 N 值环，这意味着索引为 n 模 N 的值将成为新的 head。如果 n 是负值，那么环将逆时针旋转，这意味着 head 将移动到索引为 n + N 的值。

〈functions 134〉+≡
```
    void Ring_rotate(T ring, int n) {
        struct node *q;
        int i;
```

```
    assert(ring);
    assert(n >= -ring->length && n <= ring->length);
    if (n >= 0)
        i = n%ring->length;
    else
        i = n + ring->length;
    ⟨q ← ith node 136⟩
    ring->head = q;
}
```

这里使用代码块<q ←i*th node* 136>，确保了旋转沿最短路径进行。

12.3 扩展阅读

[Knuth，1973a]和[Sedgewick，1990]两书都详细阐述了操作双链表的算法。

Icon 中提供的一些向列表删除和添加值的操作，与 Ring 提供的操作类似。习题 12.4 探讨了 Icon 的实现。Ring_add 中指定位置的方案，即取自 Icon。

12.4 习题

12.1 重写 Ring_free 中的循环，消除对变量 n 的使用，使用链表结构确定循环何时结束。

12.2 仔细考察 Ring_rotate 的实现。解释第二个 if 语句的后项为何必须写作 i = n + ring->length。

12.3 对 Ring_get(ring, i)的调用通常会后接另一个调用，如 Ring_get(ring, i + 1)。修改环的实现，使得环能够记录最近访问的索引及对应结点，并在可能的情况下使用该信息，以避免<q ←i*th node* 136>中的循环。在添加或删除值时，不要忘记更新该信息。对此设计一个测试程序，测量此项改进带来的好处。

12.4 Icon 实现了列表，它类似于环，是数组的双链表，每个数组包含 N 个值。这些数组用作环形缓冲区，类似 Seq 实现中的数组。查找第 i 个值，通常需要在列表中遍历 i/N 个数组，然后计算第 i 个值在目标数组中的索引。添加一个值，或者将其添加到某个现存数组中的空槽位，或者需要添加一个新数组。删除一个值，将使数组中空出一个槽位，如果该值是数组中最后一个值，那么将数组从列表中删除并释放。该表示比本章描述的实现更为复杂，但对大的环来说，其性能更好。使用该表示重新实现环，并测量这两个实现的性能。需要多大的环，才能检测到改进带来的好处？

12

第 13 章

位 向 量 *13*

第 9 章中描述的集合可以包含任意元素，因为这些元素只能通过客户程序提供的函数操作。与此相比，整数的集合灵活性较少，但使用很频繁，我们有理由将其实现为一个独立的 ADT。Bit 接口导出了操作位向量的函数，位向量可用于表示从 0 到 $N-1$ 的整数集合。例如，256 位的位向量可用于高效地表示字符的集合。

Bit 接口提供了 Set 接口中大部分的集合操作函数，以及少量特定于位向量的函数。不同于 Set 接口提供的集合，由位向量表示的集合有一个定义明确的全集，即从 0 到 $N-1$ 的所有整数构成的集合。因而，Bit 接口可以提供 Set 接口所不能提供的函数，如集合的补集。

13.1 接口

"位向量"这个名称揭示了这种整数集合的表示实质上是比特位的序列。尽管如此，Bit 接口仍然只导出了一个不透明类型，来表示位向量：

⟨*bit.h*⟩ ≡
```
#ifndef BIT_INCLUDED
#define BIT_INCLUDED

#define T Bit_T
typedef struct T *T;
```
⟨*exported functions* 142⟩
```

#undef T
#endif
```

一个位向量的长度是固定的，由 Bit_new 在创建位向量时指定：

⟨*exported functions* 142⟩ ≡
```
extern T   Bit_new   (int length);
extern int Bit_length(T set);
extern int Bit_count (T set);
```

Bit_new 创建一个包含 length 个比特位的新向量，并将所有比特位都设置为 0。该向量表示了从 0 到 length − 1 的所有整数（包含 0 和 length − 1）。传递负的 length 值，是一个已检查的运行时错误。`Bit_new` 可能引发 `Mem_failed` 异常。

`Bit_length` 返回 `set` 中的比特位数，`Bit_count` 返回 `set` 中 1 的数目（即置位的比特位数）。

向该接口中任何例程（`Bit_union`、`Bit_inter`、`Bit_minus` 和 `Bit_diff` 除外）传递的 `T` 值为 `NULL`，是已检查的运行时错误。

⟨*exported functions* 142⟩+≡
```
    extern void Bit_free(T *set);
```

`Bit_free` 释放 `*set` 并将 `*set` 清零。`set` 或 `*set` 是 `NULL`，则造成已检查的运行时错误。

集合中的各个元素（即向量中的各个比特位），通过下列函数操作：

⟨*exported functions* 142⟩+≡
```
    extern int Bit_get(T set, int n);
    extern int Bit_put(T set, int n, int bit);
```

`Bit_get` 返回比特位 `n`，因而测试了 `n` 是否在 `set` 中，即如果 `set` 中的比特位 `n` 是 1，`Bit_get` 将返回 1，否则返回 0。`Bit_put` 将集合中的比特位 `n` 设置为 `bit`，并返回该比特位的原值。如果 `n` 为负值或大于等于 `set` 的长度，或 `bit` 是 0 和 1 以外的值，都会造成已检查的运行时错误。

上述函数操作集合中的单个比特位，而以下的函数

⟨*exported functions* 142⟩+≡
```
    extern void Bit_clear(T set, int lo, int hi);
    extern void Bit_set  (T set, int lo, int hi);
    extern void Bit_not  (T set, int lo, int hi);
```

将操作集合中连续的比特序列，即集合的子集。`Bit_clear` 将 `lo` 到 `hi` 的所有比特位清零（包含比特位 `lo` 和 `hi`），`Bit_set` 将 `lo` 到 `hi` 的所有比特位置位（含比特位 `lo` 和 `hi`），而 `Bit_not` 将 `lo` 到 `hi` 的所有比特位取反。如果 `lo` 大于 `hi`，或 `lo`/`hi` 为负值，或 `lo`/`hi` 大于等于 `set` 的长度，都会造成已检查的运行时错误。

⟨*exported functions* 142⟩+≡
```
    extern int Bit_lt (T s, T t);
    extern int Bit_eq (T s, T t);
    extern int Bit_leq(T s, T t);
```

如果 $s \subset t$，`Bit_lt` 返回 1，否则返回 0。如果 $s \subset t$，`s` 是 `t` 的一个真子集（proper subset）。如果 $s = t$，`Bit_eq` 返回 1，否则返回 0。如果 $s \subseteq t$，`Bit_leq` 返回 1，否则返回 0。对这三个函数来说，如果 `s` 和 `t` 的长度不同，则是已检查的运行时错误。

下列函数

⟨*exported functions* 142⟩+≡
```
    extern void Bit_map(T set,
        void apply(int n, int bit, void *cl), void *cl);
```

13

从比特位 0 开始，对 set 中的每一个比特位调用 apply。n 是比特位的编号，介于 0 和集合的长度减 1 之间，bit 是比特位 n 的值，cl 由客户程序提供。apply 不同于传递到 Table_map 的函数，它可以改变 set。如果对比特位 n 调用 apply 时，apply 改变了比特位 k，其中 k > n，那么这一次修改在此后（对比特位 k）调用 apply 时将是可见的，因为 Bit_map 必须就地处理集合中的各个比特位。如果要禁用这种语义，Bit_map 需要在开始处理比特位之前，将位向量复制一份。

下列函数实现了 4 个标准的集合操作，这些操作已经在第 9 章中描述过。每个函数都返回一个新的集合，作为操作的结果。

⟨*exported functions* 142⟩+≡
```
extern T Bit_union(T s, T t);
extern T Bit_inter(T s, T t);
extern T Bit_minus(T s, T t);
extern T Bit_diff (T s, T t);
```

Bit_union 返回 s 和 t 的并集，记作 s+t，实际上是两个位向量的可兼容的按位或。Bit_inter 返回 s 和 t 的交集 s * t，它是两个位向量的按位与。Bit_minus 返回 s 和 t 的差集 s - t，是 t 的补集和 s 按位与。Bit_diff 返回 s 和 t 的对称差 s / t，它是两个位向量的按位异或。

该 4 个函数的参数 s 或 t 可以为 NULL 指针，但不能同时为 NULL，NULL 指针可以解释为空集。因而 Bit_union(s, NULL) 返回 s 的一个副本。这些函数总是返回非 NULL 的 T 值。如果 s 和 t 同时为 NULL，或 s 和 t 的长度不同，均为已检查的运行时错误。这些函数可能引发 Mem_Failed 异常。

13.2 实现

Bit_T 是一个指向某个结构实例的指针，该结构实例包含了位向量的长度和向量本身：

⟨*bit.c*⟩ ≡
```
#include <stdarg.h>
#include <string.h>
#include "assert.h"
#include "bit.h"
#include "mem.h"

#define T Bit_T

struct T {
    int length;
    unsigned char *bytes;
    unsigned long *words;
};
```

⟨*macros* 145⟩

⟨*static data* 148⟩
⟨*static functions* 152⟩
⟨*functions* 145⟩

length 字段给出了向量中比特位的数目，而 bytes 指向一个至少包含<length / 8>个字节的内存区。这些比特位通过索引 bytes 来访问：字节 bytes[i] 中包含了从比特位 8·i 到 8·i + 7，其中比特位 8·i 是该字节的最低位。请注意，该约定只使用了每个字符的 8 个比特位，在字符位宽大于 8 的机器上，多余的比特位不会使用。

如果所有访问各个比特位的操作都使用相同的约定（就像 Bit_get 那样），那么也可以将位向量的各个比特位存储到其他类型（比如 unsigned long）的数组中。Bit 使用字符数组，这使得可以对 Bit_count、Bit_set、Bit_clear 和 Bit_not 使用表驱动的实现[①]。

一些操作（如 Bit_union）同时操作所有比特位。对这些操作，访问位向量时，可通过 words 每次访问 BPW 个比特位，其中

⟨*macros* 145⟩ ≡
```
#define BPW (8*sizeof (unsigned long))
```

words 必须指向整数个 unsigned long，nwords 计算了包含 len 个比特位的位向量所需要的 unsigned long 的数目[②]：

⟨*macros* 145⟩ +≡
```
#define nwords(len) ((((len) + BPW - 1)&(~(BPW-1)))/BPW)
```

Bit_new 在分配新的 T 实例时使用 nwords：

⟨*functions* 145⟩ ≡
```
T Bit_new(int length) {
    T set;

    assert(length >= 0);
    NEW(set);
    if (length > 0)
        set->words = CALLOC(nwords(length),
            sizeof (unsigned long));
    else
        set->words = NULL;
    set->bytes = (unsigned char *)set->words;
    set->length = length;
    return set;
}
```

Bit_new 最多可能分配 sizeof(unsigned long) - 1 个多余的字节。这些多余的字节必须清零，才能使下述函数正常工作。

Bit_free 释放集合并将其参数清零，Bit_length 返回 length 字段。

---

① 实际上是基于数组的预计算实现。——译者注

② 不是 length 个比特位。——译者注

13

⟨*functions* 145⟩ +≡
```
void Bit_free(T *set) {
    assert(set && *set);
    FREE((*set)->words);
    FREE(*set);
}

int Bit_length(T set) {
    assert(set);
    return set->length;
}
```

13.2.1   成员操作

Bit_count 返回集合中成员的数目，即集合中值为 1 的比特位的数目。完全可以简单地遍历集合并测试每一个比特位，但使用每个字节中两个四比特位的"半字节"来索引一个表同样很容易（四比特位的半字节值共有 16 种可能性，因此该表只需要 16 个项，分别给出各个半字节值中置位的比特位数目）。

⟨*functions* 145⟩ +≡
```
int Bit_count(T set) {
    int length = 0, n;
    static char count[] = {
        0,1,1,2,1,2,2,3,1,2,2,3,2,3,3,4 };

    assert(set);
    for (n = nbytes(set->length); --n >= 0; ) {
        unsigned char c = set->bytes[n];
        length += count[c&0xF] + count[c>>4];
    }
    return length;
}
```

⟨*macros* 145⟩ +≡
```
#define nbytes(len) ((((len) + 8 - 1)&(~(8-1)))/8)
```

nbytes 宏计算了<len / 8>，它用于按比特遍历位向量的操作中。在上述函数中，循环的每次迭代计算集合的字节 n 中置位的比特位数目（将两个半字节中置位的比特位数目相加至 length）。该循环可能访问一些多余的比特位，但因为 Bit_new 将多余的比特位初始化为 0，因而不会破坏结果。

位向量中的比特位 n，是字节 n/8 中的比特位 n%8，在一个字节中，比特位的编号从 0 开始，从右向左递增，即最低位是比特位 0，最高位是比特位 7。Bit_get 返回比特位 n 的值时，首先将字节 n/8 右移 n%8 位，然后只返回最右边的比特位：

⟨*functions* 145⟩ +≡
```
int Bit_get(T set, int n) {
    assert(set);
```

```
    assert(0 <= n && n < set->length);
    return 〈bit n in set 147〉;
}
```

〈*bit* n *in* set 147〉≡
```
((set->bytes[n/8]>>(n%8))&1)
```

Bit_put 使用类似的惯用法来设置比特位 n 的值：在 bit 为 1 时，Bit_put 将 1 左移 n%8 位，将其结果按位或到字节 n/8 中。

〈*functions* 145〉+≡
```
    int Bit_put(T set, int n, int bit) {
        int prev;

        assert(set);
        assert(bit == 0 || bit == 1);
        assert(0 <= n && n < set->length);
        prev = 〈bit n in set 147〉;
        if (bit == 1)
            set->bytes[n/8] |=   1<<(n%8);
        else
            set->bytes[n/8] &= ~(1<<(n%8));
        return prev;
    }
```

如上述代码所示，在 bit 为 0 时，Bit_put 需要将比特位 n 清零，首先构造一个掩码，其中的比特位 n%8 为 0，其余比特位均为 1，然后将该掩码按位与到字节 n/8 中。

Bit_set、Bit_clear 和 Bit_not 都使用了类似的技术，分别将集合中某个范围内的比特位置位、清零、取反，但这些函数更为复杂，因为它们必须处理比特位范围跨越字节边界的情形。例如，如果 set 有 60 个比特位，

```
Bit_set(set, 3, 54)
```

将第一个字节中的比特位 3 到 7 置位，将字节 1 到 5 中的全部比特位置位，将字节 6 中的比特位 0 到 6 置位，其中字节编号从 0 开始。在图 13-1 中，这 3 个区域从右到左排列，分别对应 3 种深浅不同的阴影区域。

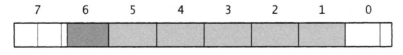

图 13-1　3 种深浅不同的阴影区域

字节 7 中的最高 4 位不使用，因而总是 0。Bit_set 的代码反映出了图中的 3 个区域：

〈*functions* 145〉+≡
```
    void Bit_set(T set, int lo, int hi) {
        〈check set, lo, and hi 148〉
        if (lo/8 < hi/8) {
            〈set the most significant bits in byte lo/8 148〉
```

```
              ⟨set all the bits in bytes lo/8+1..hi/8-1 148⟩
              ⟨set the least significant bits in byte hi/8 148⟩
        } else
              ⟨set bits lo%8..hi%8 in byte lo/8 149⟩
  }
```

⟨*check* set, lo, *and* hi 148⟩ ≡
```
        assert(set);
        assert(0 <= lo && hi < set->length);
        assert(lo <= hi);
```

当 lo 和 hi 指的是不同字节中的比特位时，字节 lo/8 中被置位的比特位数目取决于 lo%8：如果 lo%8 为 0，那么该字节中所有比特位都被置位，如果它是 7，那么只有最高位置位。这些以及其他可能的情况由掩码表示，存储在一个表中，通过 lo%8 索引

⟨*static data* 148⟩ ≡
```
    unsigned char msbmask[] = {
        0xFF, 0xFE, 0xFC, 0xF8,
        0xF0, 0xE0, 0xC0, 0x80
    };
```

将 msbmask[lo%8] 按位或到字节 lo/8 中，即可将适当的比特位置位：

⟨*set the most significant bits in byte* lo/8 148⟩ ≡
```
    set->bytes[lo/8] |= msbmask[lo%8];
```

在第二个区域中，每个字节中所有的比特位都将被设置为 1：

⟨*set all the bits in bytes* lo/8+1..hi/8-1 148⟩ ≡
```
    {
        int i;
        for (i = lo/8+1; i < hi/8; i++)
            set->bytes[i] = 0xFF;
    }
```

hi%8 确定了字节 hi/8 中哪些比特位被置位：如果 hi%8 为 0，仅最低位置位，如果它是 7，那么该字节中所有比特位均置位。同样，可以将 hi%8 用作索引，从一个表中选择适当的掩码，按位或到字节 hi/8 中：

⟨*set the least significant bits in byte* hi/8 148⟩ ≡
```
    set->bytes[hi/8] |= lsbmask[hi%8];
```

⟨*static data* 148⟩ +≡
```
    unsigned char lsbmask[] = {
        0x01, 0x03, 0x07, 0x0F,
        0x1F, 0x3F, 0x7F, 0xFF
    };
```

当 lo 和 hi 指向同一字节中的两个比特位时，可以将 msbmask[lo%8] 和 lsbmask[hi%8] 给出的掩码合并起来确定一个掩码，来指定需要置位的比特位。例如，

```
Bit_set(set, 9, 13)
```

将集合中第二个字节的比特位 0 到 5 置位，这可以通过与掩码 0x3E 按位或来完成，该掩码是 msbmask[1] 和 lsbmask[5] 按位与的结果。一般来说，这两个掩码重叠的部分，刚好对应于那些应该置位的比特位，因此处理该情形的代码是：

```
⟨set bits lo%8..hi%8 in byte lo/8 149⟩≡
    set->bytes[lo/8] |= ⟨mask for bits lo%8..hi%8 149⟩;

⟨mask for bits lo%8..hi%8 149⟩≡
    (msbmask[lo%8]&lsbmask[hi%8])
```

Bit_clear 和 Bit_not 类似于 Bit_set，都以类似的方式使用了 msbmask 和 lsbmask。对 Bit_clear 来说，将 msbmask 和 lsbmask 取反得到相应的掩码，分别按位与到 lo/8 和 hi/8 字节中即可。

```
⟨functions 145⟩+≡
    void Bit_clear(T set, int lo, int hi) {
        ⟨check set, lo, and hi 148⟩
        if (lo/8 < hi/8) {
            int i;
            set->bytes[lo/8] &= ~msbmask[lo%8];
            for (i = lo/8+1; i < hi/8; i++)
                set->bytes[i] = 0;
            set->bytes[hi/8] &= ~lsbmask[hi%8];
        } else
            set->bytes[lo/8] &= ~ ⟨mask for bits lo%8..hi%8 149⟩;
    }
```

Bit_not 必须将 lo 到 hi 各比特位取反，这通过与适当掩码的按位异或来完成：

```
⟨functions 145⟩+≡
    void Bit_not(T set, int lo, int hi) {
        ⟨check set, lo, and hi 148⟩
        if (lo/8 < hi/8) {
            int i;
            set->bytes[lo/8] ^= msbmask[lo%8];
            for (i = lo/8+1; i < hi/8; i++)
                set->bytes[i] ^= 0xFF;
            set->bytes[hi/8] ^= lsbmask[hi%8];
        } else
            set->bytes[lo/8] ^= ⟨mask for bits lo%8..hi%8 149⟩;
    }
```

Bit_map 对一个集合中的每个比特位调用 apply。它将比特位编号、比特值及一个由客户程序提供的指针传递给 apply。

```
⟨functions 145⟩+≡
    void Bit_map(T set,
        void apply(int n, int bit, void *cl), void *cl) {
        int n;

        assert(set);
```

13

```
for (n = 0; n < set->length; n++)
    apply(n, ⟨bit n in set 147⟩, cl);
}
```

如上述代码所示，`Bit_map` 所采用的比特位编号方式，与 `Bit_get` 和其他将比特位编号作为参数的 `Bit` 函数所暗含的比特位编号方式是相同的，`Bit_map` 正是这样将各个比特位逐一传递给 `apply`。每过 8 个比特位 n/8 的值改变一次，因此这很容易诱导我们将 `set->bytes[n/8]` 的值复制到一个临时变量，然后通过移位和掩码分别获取各个比特位。但这种改进违背了接口的语义：如果 `apply` 改变了一个它尚未"看到"的比特位，那么在对 `apply` 的后续调用中，`apply` 应该可以看到该比特位的新值。

13.2.2 比较

`Bit_eq` 比较集合 s 和 t，如果二者相等则返回 1，否则返回 0。这可以通过比较 s 和 t 中的相对应的各个 `unsigned long` 值来完成，在发现 s≠t 时即可停止循环：

```
⟨functions 145⟩+≡
  int Bit_eq(T s, T t) {
      int i;
      assert(s && t);
      assert(s->length == t->length);
      for (i = nwords(s->length); --i >= 0; )
          if (s->words[i] != t->words[i])
              return 0;
      return 1;
  }
```

`Bit_leq` 比较集合 s 和 t，确定 s 是否等于 t 或是 t 的真子集。如果对 s 中每个置位的比特位，t 中对应的比特位都是 1，那么即有 s⊆t。在集合方面，如果 t 的补集与 s 的交集为空，那么 s⊆t。因而，如果 s & ~t 等于 0，既有 s⊆t，对 s 和 t 中的每个 `unsigned long` 来说，该关系仍然成立。如果对所有 i，都有 s->u.words[i]⊆t->u.words[i]，那么就有 s⊆t。`Bit_leq` 利用该性质，在结果已知的情况下停止比较。

```
⟨functions 145⟩+≡
  int Bit_leq(T s, T t) {
      int i;

      assert(s && t);
      assert(s->length == t->length);
      for (i = nwords(s->length); --i >= 0; )
          if ((s->words[i]&~t->words[i]) != 0)
              return 0;
      return 1;
  }
```

如果 s 是 t 的真子集，`Bit_lt` 返回 1，如果 s⊆t 且 s≠t，那么有 s⊂t，这可以通过检查以下两项来确认：对每个 i，都有 s->u.words[i] & ~t->u.words[i]等于 0；至少有一个 i，使得 s->u.words[i] 不等于 t->u.words[i]：

⟨functions 145⟩ +≡
```
int Bit_lt(T s, T t) {
    int i, lt = 0;

    assert(s && t);
    assert(s->length == t->length);
    for (i = nwords(s->length); --i >= 0; )
        if ((s->words[i]&~t->words[i]) != 0)
        return 0;
        else if (s->words[i] != t->words[i])
            lt |= 1;
    return lt;
}
```

13.2.3 集合操作

实现集合操作 s + t、s * t、s - t 和 s / t 的函数可以按每次一个长整数来处理集合，因为其功能与比特位编号无关。这些函数还将 T 的 NULL 值解释为空集，但 s 或 t 中至少有一个不能为 NULL 值，这样才能确定结果集的长度。这些函数的实现类似，但有三个差别：当 s 和 t 指向同一集合时结果集不同，处理 NULL 参数的方式不同，处理两个非空集时形成结果的方式不同。这些函数的相似性通过 setop 宏捕获：

⟨macros 145⟩ +≡
```
#define setop(sequal, snull, tnull, op) \
    if (s == t) { assert(s); return sequal; } \
    else if (s == NULL) { assert(t); return snull; } \
    else if (t == NULL) return tnull; \
    else { \
        int i; T set; \
        assert(s->length == t->length); \
        set = Bit_new(s->length); \
        for (i = nwords(s->length); --i >= 0; ) \
            set->words[i] = s->words[i] op t->words[i]; \
        return set; }
```

Bit_union 可以代表这些函数：

⟨functions 145⟩ +≡
```
T Bit_union(T s, T t) {
    setop(copy(t), copy(t), copy(s), |)
}
```

如果 s 和 t 指向同一集合，则结果是该集合的一个副本。如果 s 或 t 二者之一为 NULL，结果是另一个集合（必须不为 NULL）的一个副本。否则，结果是一个集合，其中的各个 unsigned long 值是 s 和 t 中对应的 unsigned long 值按位或的结果。

私有函数 copy 会将其参数集合复制一份，它首先分配一个同样长度的新集合，而后将参数集合中的各个比特位复制到新的集合：

```
⟨static functions 152⟩ ≡
  static T copy(T t) {
      T set;

      assert(t);
      set = Bit_new(t->length);
      if (t->length > 0)
          memcpy(set->bytes, t->bytes, nbytes(t->length));
      return set;
  }
```

Bit_inter 如果有任何一个参数是 NULL，则返回空集，否则，它将返回一个集合，是其参数集合的按位与结果：

```
⟨functions 145⟩ +≡
  T Bit_inter(T s, T t) {
      setop(copy(t),
          Bit_new(t->length), Bit_new(s->length), &)
  }
```

如果 s 为 NULL，s-t 是空集，但如果 t 为 NULL，s-t 等于 s。如果 s 和 t 都不是 NULL，s－t 是 t 的补集和 s 的按位与结果。当 s 和 t 指向同一 Bit-T 集合时，s－t 为空集。

```
⟨functions 145⟩ +≡
  T Bit_minus(T s, T t) {
      setop(Bit_new(s->length),
          Bit_new(t->length), copy(s), & ~)
  }
```

setop 的第三个参数为 & ~,这使得 setop 中的循环体在 Bit_minus 中展开后的结果如下所示：

```
set->words[i] = s->words[i] & ~t->words[i];
```

Bit_diff 实现了对称差 s / t，它是 s 和 t 的按位异或结果。当 s 为 NULL 时，s / t 等于 t，反之亦然。

```
⟨functions 145⟩ +≡
  T Bit_diff(T s, T t) {
      setop(Bit_new(s->length), copy(t), copy(s), ^)
  }
```

如上述代码所示，当 s 和 t 指向同一集合时，s / t 为空集。

13.3　扩展阅读

[Briggs and Torczon，1993]描述了一种集合表示，专门为大的稀疏集合设计，可以在常数时间内初始化集合。[Gimpel，1974]介绍了多道空间（spatially multiplexed）的集合，习题 13.5 描述了这种集合。

13.4 习题

13.1 在稀疏集合中，大部分比特位都是 0。修改 Bit 的实现，使之通过一些措施对稀疏集合节省空间，例如，不存储大量重复的 0。

13.2 设计一个接口，支持[Briggs and Torczon，1993]描述的稀疏集合，并实现你的接口。

13.3 Bit_set 使用下述循环

```
for (i = lo/8+1; i < hi/8; i++)
    set->bytes[i] = 0xFF;
```

将从 lo/8+1 到 hi/8 的各字节的所有比特位置位。Bit_clear 和 Bit_not 也有类似的循环。修改这些循环，在可能的情况下，对 unsigned long（而不是字节）来清零、置位和取反。注意对齐约束。这项改变可能对某些应用程序的执行时间有可测量的改进，你能找到这样的应用程序吗？

13.4 假定 Bit 接口中的函数可以跟踪集合中置位的比特位的数目。Bit 接口中哪些函数可以简化或改进？实现这种方案，并设计一个测试程序，来测定速度的提高。请确定在何种情况下，这种做法的好处可以抵消其成本。

13.5 在多道空间集合中，比特位是按字存储的。在一台 int 位宽为 32 位的计算机上，一个包含 N 个 unsigned int 的数组，可以容纳 32 个 N 比特位的集合。该数组的每个比特位列都是一个集合。一个 32 位的掩码，仅在比特位 i 置位，即标识了列 i 处的集合。这种表示的一个好处是，通过操作这种掩码，一些操作可以在常数时间内完成。例如两个集合的并集，其掩码是两个源集合的掩码的并集。许多 N 位集合，可以共享同一个 N 字的数组，分配一个新集合时，只需从数组中分配一个空闲的位列即可（如果没有空闲位列，则需要分配新数组）。这种性质可以节省空间，但却使存储管理大大复杂化，因为对任意 N 值，实现都必须跟踪有空闲位列的 N 字数组。使用这种表示重新实现 Bit 接口。如果必须改变原接口，可以设计一个新接口。

第 14 章

格　式　化

14

标准 C 库函数 printf、fprintf 和 vprintf 可以格式化数据并输出，而 sprintf 和 vsprintf 可以将数据格式化到字符串中。这些函数调用时的参数包括一个格式串和一组参数列表，列表中的参数将被格式化。格式化的过程，由嵌入到格式串中的转换限定符（conversion specifier，形如%c）控制，第 i 个%c 描述了格式串之后的参数列表中第 i 个参数如何格式化。格式串中其他字符逐字复制。例如，如果 name 是字符串 Array，而 count 为 8，

```
sprintf(buf, "The %s interface has %d functions\n",
    name, count)
```

会将字符串"The Array interface has 8 functions\n"填充到 buf 中，其中\n 表示换行符。转换限定符还可以包含宽度、精度和填充字符等说明信息。例如，如果在上述的格式串中使用%06d 而不是%d，那么会将字符串"The Array interface has 000008 functions\n"填充到 buf 中。

这些函数毫无疑问很有用，但却至少有 4 个缺点。首先，转换限定符的集合是固定的，因而无法提供特定于客户程序的代码。其次，格式化的结果，只能输出或存储到字符串中，无法指定特定于客户程序的输出例程。再次，也是最危险的缺点是，sprintf 和 vsprintf 可能试图在输出缓冲区中存储超出其容量的字符，同时又无法指定输出缓冲区的大小。最后，对于参数列表的可变部分传递的各个参数，没有对应的类型检查机制。Fmt 接口改正了前三个缺点。

14.1　接口

Fmt 接口导出了 11 个函数、一个类型、一个变量和一个异常：

```
⟨fmt.h⟩ ≡
  #ifndef FMT_INCLUDED
  #define FMT_INCLUDED
  #include <stdarg.h>
  #include <stdio.h>
  #include "except.h"

  #define T Fmt_T
  typedef void (*T)(int code, va_list *app,
```

```
          int put(int c, void *cl), void *cl,
          unsigned char flags[256], int width, int precision);

    extern char *Fmt_flags;
    extern const Except_T Fmt_Overflow;

    ⟨exported functions 155⟩

    #undef T
    #endif
```

从技术上讲，Fmt 不是一个抽象数据类型，但它确实导出了一个类型 Fmt_T，它定义了与每个格式化代码关联的格式转换函数的类型，下文将详细阐述。

14.1.1　格式化函数

两个主要的格式化函数是：

```
⟨exported functions 155⟩ ≡
    extern void Fmt_fmt (int put(int c, void *cl), void *cl,
        const char *fmt, ...);
    extern void Fmt_vfmt(int put(int c, void *cl), void *cl,
        const char *fmt, va_list ap);
```

Fmt_fmt 按照第三个参数 fmt 给出的格式串来格式化其第四个和后续参数；并调用 put(c, cl) 来输出每个格式化完毕的字符 c；c 当做 unsigned char 处理，因此传递到 put 的 c 值总是正的。Fmt_vfmt 按照 fmt 给出的格式串来格式化 ap 指向的各个参数，具体过程类似 Fmt_fmt，如下所述。

参数 cl 可以指向客户程序提供的数据，它会直接传递给客户程序提供的 put 函数而不作解释。put 函数返回一个整数，通常是其参数。Fmt 函数并不使用该功能，但这种设计使得可以某些机器上将标准 I/O 函数 fputc 用作 put 函数（同时，需要作为 cl 传递 FILE *）。例如，

```
    Fmt_fmt((int (*)(int, void *))fputc, stdout,
        "The %s interface has %d functions\n", name, count)
```

输出

```
    The Array interface has 8 functions
```

到标准输出，此时 name 为 Array 而 count 为 8。其中的转换是必要的，因为 fputc 的类型为 int (*)(int, FILE *)，而 put 的类型为 int (*)(int, void *)。仅当 FILE 指针的表示与 void 指针相同时，这种用法才是正确的。

图 14-1 给出的语法图定义了转换限定符的语法。转换限定符中的字符定义了一条穿过语法图的路径，有效的限定符会从头到尾遍历一条路径。限定符以%开头，后接可选的标志字符，其解释取决于格式码，接下来是可选的字段宽度、周期和精度，最后以单字符的格式码结束，由图 14-1 中的 C 表示。有效的标志字符是那些出现在 Fmt_flags 指向的字符串中的字符，它们通常

指定了对齐（justification）、填充（padding）和截断（truncation）信息。如果一个标志字符在一个限定符中出现多于255次，则是已检查的运行时错误。如果字段宽度或精度显示为星号，那么假定下一个参数为整数，且用作宽度或精度。因而，一个限定符可能消耗零或多个参数，这取决于星号的出现与否以及与格式码关联的具体转换函数。如果指定的宽度或精度值等于 INT_MIN（最小的负整数），则是已检查的运行时错误。

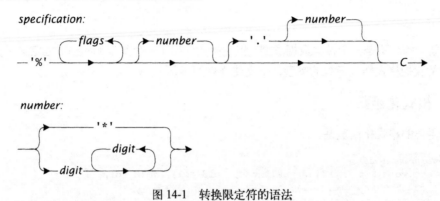

图14-1 转换限定符的语法

标志、宽度和精度的准确的解释，取决于与转换限定符关联的转换函数。所调用的转换函数，是调用 Fmt_fmt 时已注册的那些函数。

默认的转换限定符及与之相关的转换函数，是标准 I/O 库中 printf 和相关函数功能的一个子集。Fmt_flags 的初始值指向字符串"-+ 0"，其中的字符是有效的标志字符。-使得被转换的字符串按给定的字段宽度向左对齐，否则，字符串将向右对齐。+使得符号转换的结果以-或+开始。空格使得符号转换的结果以空格开始（如果是正的）。0 使得数字转换的结果在前部用 0 补齐，直至达到字段宽度为止，否则使用空格补齐。负数宽度解释为-标志加上对应的正数宽度值。负数精度解释为没有指定精度。

表14-1综述了默认的转换限定符。这些是标准 C 库中的定义的限定符的一个子集。

表14-1   默认的转换限定符

转换限定符参数类型	描　　述
c int	参数解释为无符号字符并输出
d int	参数将转换为其有符号十进制表示。如果给定精度，精度指定了最少的数位数目，如有必要，则会在前部加0补齐。默认精度是1。如果-和0标志同时出现，或给定了精度，则忽略0标志。如果+和空格标志同时出现，则忽略空格标志。如果参数和精度是0，那么转换后的结果不会有字符输出
o u x unsigned	参数转换为无符号表示（o表示八进制，u表示十进制，x表示十六进制）。对于x，大于9的数位分别用字母abcdef表示。标志和精度的解释类似于d
f double	参数转换为其十进制表示，形如x.y。精度给定了小数点右侧数位的数目，默认值为6。如果将精度显式指定为0，则省略小数点。在小数点出现时，x至少有一个数位。精度大于99，则是已检查的运行时错误。标志的解释类似于d

（续）

转换限定符参数类型	描 述
e double	参数转换为为十进制表示，形如 $x.ye\pm p$。x 总是一个数位，p 总是两个数位。标志和精度的解释类似于 d
g double	参数以 f 或 e 的方式转换为十进制表示，具体如何转换取决于其值。精度给定了有效数字的数目，默认值为 1。如果 p 小于 -4 或大于等于精度，则结果形如 $x.ye\pm p$，否则，结果形如 $x.y$。y 没有后补零，当 y 为 0 时忽略小数点。精度大于 99，则是已检查的运行时错误
p void *	参数转换为其十六进制表示，规则类似 u。标志和精度的解释类似于 d
s char *	来自于对应参数的后续字符都会输出，直至遇到 0 字符为止，或输出的字符数已经达到了显式设置的精度限制。除 - 之外的所有标志都会忽略

以下函数

⟨*exported functions* 155⟩+≡
```
extern void Fmt_print (const char *fmt, ...);
extern void Fmt_fprint(FILE *stream,
    const char *fmt, ...);
extern int Fmt_sfmt   (char *buf, int size,
    const char *fmt, ...);
extern int Fmt_vsfmt(char *buf, int size,
    const char *fmt, va_list ap);
```

类似于 C 库函数 printf、fprintf、sprintf 和 vsprintf。

Fmt_fprint 按照 fmt 给定的格式串来格式化第三个和后续参数，并将格式化输出写到指定的流中。Fmt_print 将格式化输出写到标准输出。

Fmt_sfmt 按照 fmt 给定的格式串来格式化第四个和后续参数，将格式化输出以 0 结尾字符串形式，存储到 buf[0..size - 1] 中。Fmt_vsfmt 的语义类似，但其参数则取自于可变长度参数列表 ap。这两个函数都会返回存储到 buf 中字符的数目，不计算结尾的 0 字符。如果 Fmt_sfmt 和 Fmt_vsfmt 输出的字符数多于 size（包含结尾的 0 字符），则引发 Fmt_Overflow 异常。如果 size 不是正值，则造成已检查的运行时错误。

以下两个函数

⟨*exported functions* 155⟩+≡
```
extern char *Fmt_string (const char *fmt, ...);
extern char *Fmt_vstring(const char *fmt, va_list ap);
```

类似 Fmt_sfmt 和 Fmt_vsfmt，但它们会分配足够大的字符串来容纳格式化输出结果，并返回这些字符串。客户程序负责释放返回的字符串。Fmt_string 和 Fmt_vstring 可能引发 Mem_Failed 异常。

如果传递给上述任一格式化函数的参数 put、buf 或 fmt 为 NULL，则造成已检查的运行时错误。

14.1.2 转换函数

每个格式符 C 都关联到一个转换函数。这些关联可以通过调用下述函数来改变：

⟨*exported functions* 155⟩+≡
```
    extern T Fmt_register(int code, T cvt);
```

Fmt_register 将 cvt 设置为 code 指定的格式符对应的转换函数，并返回指向先前转换函数的指针。因而，客户程序可以临时替换转换函数，而后又恢复到原来的转换函数。code 小于 1 或大于 255，都是已检查的运行时错误。如果格式串使用的转换限定符没有相关联的转换函数，同样是已检查的运行时错误。

许多转换函数，都是%d 和%s 转换限定符对应的转换函数的变体。Fmt 导出了两个实用函数，供对应于数值和字符串的内部转换函数使用。

⟨*exported functions* 155⟩+≡
```
    extern void Fmt_putd(const char *str, int len,
        int put(int c, void *cl), void *cl,
        unsigned char flags[256], int width, int precision);
    extern void Fmt_puts(const char *str, int len,
        int put(int c, void *cl), void *cl,
        unsigned char flags[256], int width, int precision);
```

Fmt_putd 假定 str[0..len - 1]包含了一个有符号数的字符串表示，它将按照 flags、width 和 precision 指定的转换，如表 14-1 中的%d 所述，来输出该字符串。类似地，Fmt_puts 按照 flags、width 和 precision 指定的转换，如%s 所述，来输出 str[0..len - 1]。如果传递给 Fmt_putd 或 Fmt_puts 的 str 为 NULL、len 为负值、flags 为 NULL 或 put 为 NULL，则是已检查的运行时错误。

Fmt_putd 和 Fmt_puts 本身不是转换函数，但可以被转换函数调用。在编写特定于客户程序的转换函数时，这两个函数特别有用，如下文说明。

类型 Fmt_T 定义了转换函数的签名，即其参数的类型和返回类型。转换函数调用时有七个参数。前两个是格式码和指向可变长度参数列表指针的指针，该参数列表用于访问被格式化的数据。第三个和第四个参数是客户程序的输出函数和相关数据。最后三个参数是标志、字段宽度和精度。标志通过一个 256 个元素的字符数组给出，第 i 个元素等于标志字符 i 在转换限定符中出现的次数。width 和 precision 在没有显式给出时等于 INT_MIN。

转换函数必须使用如下的表达式

```
    va_arg(*app, type)
```

来取得参数，并根据与该转换函数相关联的格式码进行格式化。*type* 是该参数的预期类型。该表达式取得参数的值，然后将*app 加 1 使之指向下一个参数。如果转换函数使*app 不正确地递增，则造成未检查的运行时错误。

Fmt 用于限定符%s 的私有转换函数，说明了如何编写转换函数，以及如何使用 Fmt_puts。限定符%s 类似 printf 的%s；其转换函数将输出对应的参数字符串中的字符，直至遇到 0 字符为止，或输出字符的数目已经达到了可选精度的限制。-标志或负数宽度指定了左对齐。转换函数使用 va_arg 从可变长度参数列表中取得参数并调用 Fmt_puts：

⟨*conversion functions* 159⟩ ≡
```
static void cvt_s(int code, va_list *app,
    int put(int c, void *cl), void *cl,
    unsigned char flags[], int width, int precision) {
    char *str = va_arg(*app, char *);

    assert(str);
    Fmt_puts(str, strlen(str), put, cl, flags,
        width, precision);
}
```

Fmt_puts 解释 flags、width 和 precision，并据此输出字符串

⟨*functions* 159⟩ ≡
```
void Fmt_puts(const char *str, int len,
    int put(int c, void *cl), void *cl,
    unsigned char flags[], int width, int precision) {

    assert(str);
    assert(len >= 0);
    assert(flags);
    ⟨normalize width and flags 159⟩
    if (precision >= 0 && precision < len)
        len = precision;
    if (!flags['-'])
        pad(width - len, ' ');
    ⟨emit str[0..len-1] 159⟩
    if ( flags['-'])
        pad(width - len, ' ');
}
```

⟨*emit* str[0..len-1] 159⟩ ≡
```
{
    int i;
    for (i = 0; i < len; i++)
        put((unsigned char)*str++, cl);
}
```

到 unsigned char 的转换确保了传递给 put 的值总是较小的正整数，正如 Fmt 的规格所限定。

在忽略宽度或精度时，width 和 precision 等于 INT_MIN。该接口提供了特定于客户程序的转换函数所需的灵活性，使之能够对宽度和精度使用显式设置/省略值的所有组合，还可以使用重复的标志。但默认转换函数不需要这种一般性，它们将省略的宽度视为显式将宽度设置为 0，负数宽度视为 - 标志连同对应的正数宽度，负数精度视为省略精度，重复出现的标志被视作只出现一次。如果有显式设置的精度，则忽略 0 标志，而且如上所示，至多会输出 str 中的 precision 个字符。

⟨*normalize* width *and* flags 159⟩ ≡
  ⟨*normalize* width 160⟩
  ⟨*normalize* flags 160⟩

⟨*normalize* width 160⟩ ≡
```
if (width == INT_MIN)
    width = 0;
if (width < 0) {
    flags['-'] = 1;
    width = -width;
}
```

⟨*normalize* flags 160⟩ ≡
```
if (precision >= 0)
    flags['0'] = 0;
```

如对 pad 的调用所示，必须输出 width − len 个空格来正确地对齐输出：

⟨*macros* 160⟩ ≡
```
#define pad(n, c) do { int nn = (n); \
    while (nn-- > 0) \
        put((c), cl); } while (0)
```

pad 是一个宏，因为它需要访问 put 和 cl。

下一节将描述其他默认转换函数的实现。

14.2   实现

Fmt 的实现包括接口中定义的各个函数，与默认转换限定符关联的转换函数，以及将转换限定符映射到转换函数的表。

⟨*fmt.c*⟩ ≡
```
#include <stdarg.h>
#include <stdlib.h>
#include <stdio.h>
#include <string.h>
#include <limits.h>
#include <float.h>
#include <ctype.h>
#include <math.h>
#include "assert.h"
#include "except.h"
#include "fmt.h"
#include "mem.h"
#define T Fmt_T

⟨types 162⟩
⟨macros 160⟩
⟨conversion functions 159⟩
⟨data 160⟩
⟨static functions 161⟩
⟨functions 159⟩
```

⟨*data* 160⟩ ≡
```
const Except_T Fmt_Overflow = { "Formatting Overflow" };
```

14.2.1 格式化函数

Fmt_vfmt 是实现的核心，因为所有其他接口函数都调用它来完成实际的格式化工作。Fmt_fmt 是最简单的例子，它初始化一个 va_list 指针，指向其参数列表的可变部分，并调用Fmt_vfmt：

⟨*functions* 159⟩ +≡
```
void Fmt_fmt(int put(int c, void *), void *cl,
    const char *fmt, ...) {
    va_list ap;

    va_start(ap, fmt);
    Fmt_vfmt(put, cl, fmt, ap);
    va_end(ap);
}
```

Fmt_print 和 Fmt_fprint 调用 Fmt_vfmt 时，将 outc 作为 put 函数，将对应于标准输出的流或给定的流作为相关的数据：

⟨*static functions* 161⟩ ≡
```
static int outc(int c, void *cl) {
    FILE *f = cl;

    return putc(c, f);
}
```

⟨*functions* 159⟩ +≡
```
void Fmt_print(const char *fmt, ...) {
    va_list ap;
    va_start(ap, fmt);
    Fmt_vfmt(outc, stdout, fmt, ap);
    va_end(ap);
}

void Fmt_fprint(FILE *stream, const char *fmt, ...) {
    va_list ap;

    va_start(ap, fmt);
    Fmt_vfmt(outc, stream, fmt, ap);
    va_end(ap);
}
```

Fmt_sfmt 调用 Fmt_vsfmt：

⟨*functions* 159⟩ +≡
```
int Fmt_sfmt(char *buf, int size, const char *fmt, ...) {
    va_list ap;
    int len;

    va_start(ap, fmt);
    len = Fmt_vsfmt(buf, size, fmt, ap);
    va_end(ap);
```

14

```
        return len;
    }
```

Fmt_vsfmt 调用 Fmt_vfmt 时，传递了一个 put 函数和一个指向结构的指针，该结构跟踪了需要格式化输出到 buf 的字符串和 buf 能够容纳的字符数：

⟨*types* 162⟩ ≡
```
    struct buf {
        char *buf;
        char *bp;
        int size;
    };
```

buf和size实际上是复制了Fmt_vsfmt的名称类似的参数，而bp则指向buf中输出下一个被格式化字符的位置。Fmt_vsfmt会初始化该结构的一个局部变量实例，并将指向该实例的一个指针传递给Fmt_vfmt：

⟨*functions* 159⟩ +≡
```
    int Fmt_vsfmt(char *buf, int size, const char *fmt,
        va_list ap) {
        struct buf cl;

        assert(buf);
        assert(size > 0);
        assert(fmt);
        cl.buf = cl.bp = buf;
        cl.size = size;
        Fmt_vfmt(insert, &cl, fmt, ap);
        insert(0, &cl);
        return cl.bp - cl.buf - 1;
    }
```

上述对 Fmt_vfmt 的调用，内部又调用了私有函数 insert，参数是每一个需要输出的字符和指向 Fmt_vsfmt 的局部 buf 结构实例的指针。insert 会检查是否有空间容纳需要输出的字符，并将该字符存储到 bp 字段指向的位置，并将 bp 字段加 1：

⟨*static functions* 161⟩ +≡
```
    static int insert(int c, void *cl) {
        struct buf *p = cl;

        if (p->bp >= p->buf + p->size)
            RAISE(Fmt_Overflow);
        *p->bp++ = c;
        return c;
    }
```

Fmt_string 和 Fmt_vstring 的工作原理同上，只是使用了不同的 put 函数。Fmt_string 调用了 Fmt_vstring：

⟨*functions* 159⟩ +≡
```
    char *Fmt_string(const char *fmt, ...) {
```

```
            char *str;
            va_list ap;

            assert(fmt);
            va_start(ap, fmt);
            str = Fmt_vstring(fmt, ap);
            va_end(ap);
            return str;
        }
```

Fmt_vstring 将 buf 结构实例初始化为一个可容纳 256 个字符的字符串，并将执行该实例的指针传递给 Fmt_vfmt：

⟨*functions* 159⟩ +≡
```
    char *Fmt_vstring(const char *fmt, va_list ap) {
        struct buf cl;

        assert(fmt);
        cl.size = 256;
        cl.buf = cl.bp = ALLOC(cl.size);
        Fmt_vfmt(append, &cl, fmt, ap);
        append(0, &cl);
        return RESIZE(cl.buf, cl.bp - cl.buf);
    }
```

append 类似于 Fmt_vsfmt 的 put，只是它会在必要时将 buf 的容量加倍，使之能够容纳格式化输出的字符。

⟨*static functions* 161⟩ +≡
```
    static int append(int c, void *cl) {
        struct buf *p = cl;

        if (p->bp >= p->buf + p->size) {
            RESIZE(p->buf, 2*p->size);
            p->bp = p->buf + p->size;
            p->size *= 2;
        }
        *p->bp++ = c;
        return c;
    }
```

当 Fmt_vstring 完成时，buf 字段指向的内存空间可能过长，这也是 Fmt_vstring 调用 RESIZE 释放过多空间的原因。

Fmt_vfmt 是所有格式化函数的终点。它会解释格式串，并对每个格式限定符调用适当的转换函数。对格式串中的其他字符，它调用 put 函数：

⟨*functions* 159⟩ +≡
```
    void Fmt_vfmt(int put(int c, void *cl), void *cl,
        const char *fmt, va_list ap) {
        assert(put);
        assert(fmt);
```

```
while (*fmt)
    if (*fmt != '%' || *++fmt == '%')
        put((unsigned char)*fmt++, cl);
    else
        ⟨format an argument 164⟩
}
```

⟨*format an argument* 164⟩代码块中的大部分工作，都是在逐一处理各个标志、字段宽度和精度设置，以及处理转换限定符没有对应的转换函数的可能性。在该代码块中（如下），width 给出了字段宽度，而 precision 给出了精度。

```
⟨format an argument 164⟩ ≡
    {
        unsigned char c, flags[256];
        int width = INT_MIN, precision = INT_MIN;
        memset(flags, '\0', sizeof flags);
        ⟨get optional flags 165⟩
        ⟨get optional field width 165⟩
        ⟨get optional precision 166⟩
        c = *fmt++;
        assert(cvt[c]);
        (*cvt[c])(c, &ap, put, cl, flags, width, precision);
    }
```

cvt 是指向转换函数的指针的数组，它通过格式符索引。在上述的代码块中需要将 c 声明为 unsigned char，这确保了将*fmt 解释为 0~255 范围内的整数。

cvt 初始化时，只设置了对应默认转换限定符的转换函数，假定字符使用 ASCII 编码：

```
⟨data 160⟩ +≡
    static T cvt[256] = {
    /*   0-  7 */ 0,     0, 0,    0,     0,     0,     0,     0,
    /*   8- 15 */ 0,     0, 0,    0,     0,     0,     0,     0,
    /*  16- 23 */ 0,     0, 0,    0,     0,     0,     0,     0,
    /*  24- 31 */ 0,     0, 0,    0,     0,     0,     0,     0,
    /*  32- 39 */ 0,     0, 0,    0,     0,     0,     0,     0,
    /*  40- 47 */ 0,     0, 0,    0,     0,     0,     0,     0,
    /*  48- 55 */ 0,     0, 0,    0,     0,     0,     0,     0,
    /*  56- 63 */ 0,     0, 0,    0,     0,     0,     0,     0,
    /*  64- 71 */ 0,     0, 0,    0,     0,     0,     0,     0,
    /*  72- 79 */ 0,     0, 0,    0,     0,     0,     0,     0,
    /*  80- 87 */ 0,     0, 0,    0,     0,     0,     0,     0,
    /*  88- 95 */ 0,     0, 0,    0,     0,     0,     0,     0,
    /*  96-103 */ 0,     0, 0,    cvt_c, cvt_d, cvt_f, cvt_f, cvt_f,
    /* 104-111 */ 0,     0, 0,    0,     0,     0,     0,     cvt_o,
    /* 112-119 */ cvt_p, 0, 0,    cvt_s, 0,     cvt_u, 0,     0,
    /* 120-127 */ cvt_x, 0, 0,    0,     0,     0,     0,     0
    };
```

Fmt_register 通过将 cvt 中适当的元素设置为相应的函数指针，来设置一个新的转换函数。它返回该元素的原值：

⟨*functions* 159⟩ +≡
```
T Fmt_register(int code, T newcvt) {
    T old;

    assert(0 < code
        && code < (int)(sizeof (cvt)/sizeof (cvt[0])));
    old = cvt[code];
    cvt[code] = newcvt;
    return old;
}
```

扫描转换限定符的代码块遵循图 14-1 给出的语法，扫描过程中会逐次对 fmt 加 1。第一个代码块处理标志：

⟨*data* 160⟩ +≡
```
char *Fmt_flags = "-+ 0";
```

⟨*get optional flags* 165⟩ ≡
```
if (Fmt_flags) {
    unsigned char c = *fmt;
    for ( ; c && strchr(Fmt_flags, c); c = *++fmt) {
        assert(flags[c] < 255);
        flags[c]++;
    }
}
```

接下来处理字段宽度：

⟨*get optional field width* 165⟩ ≡
```
if (*fmt == '*' || isdigit(*fmt)) {
    int n;
    ⟨n ← next argument or scan digits 165⟩
    width = n;
}
```

宽度或精度设置中都可能出现星号，而在这种情况下下一个整数参数提供了对应的值。

⟨n ← *next argument or scan digits* 165⟩ ≡
```
if (*fmt == '*') {
    n = va_arg(ap, int);
    assert(n != INT_MIN);
    fmt++;
} else
    for (n = 0; isdigit(*fmt); fmt++) {
        int d = *fmt - '0';
        assert(n <= (INT_MAX - d)/10);
        n = 10*n + d;
    }
```

如该代码所示，在参数指定了宽度或精度时，其值不能为 INT_MIN，该值是保留的，作为默认值。在宽度或精度显式给出时，它不能大于 INT_MAX，这等效于约束 10 * n + d ≤ INT_MAX，即 10 * n + d 不会上溢。我们必须在不导致上溢的情况下进行该测试，这也是在上述的断言中将约束重写的原因。

句点表明接下来是一个可选的精度设置：

⟨*get optional precision* 166⟩ ≡
```
    if (*fmt == '.' && (*++fmt == '*' || isdigit(*fmt))) {
        int n;
        ⟨n ← next argument or scan digits 165⟩
        precision = n;
    }
```

请注意，句点如果没有后接星号或数字，那么将处理以及解释为显式忽略的精度。

14.2.2 转换函数

cvt_s 是对应于 %s 的转换函数，在 14.1.2 节给出。cvt_d 是对应于 %d 的转换函数，在格式化数字的转换函数中具有代表性。它会获取整数参数，将其转换为无符号整数，并在局部缓冲区中生成适当的字符串（转换从最高有效位开始）。它接下来调用 Fmt_putd 输出字符串。

⟨*conversion functions* 159⟩ +≡
```
    static void cvt_d(int code, va_list *app,
        int put(int c, void *cl), void *cl,
        unsigned char flags[], int width, int precision) {
        int val = va_arg(*app, int);
        unsigned m;
        ⟨declare buf and p, initialize p 166⟩

        if (val == INT_MIN)
            m = INT_MAX + 1U;
        else if (val < 0)
            m = -val;
        else
            m = val;
        do
            *--p = m%10 + '0';
        while ((m /= 10) > 0);
        if (val < 0)
            *--p = '-';
        Fmt_putd(p, (buf + sizeof buf) - p, put, cl, flags,
            width, precision);
    }
```

⟨*declare* buf *and* p, *initialize* p 166⟩ ≡
```
    char buf[43];
    char *p = buf + sizeof buf;
```

cvt_d 使用无符号算术的原因，与 Atom_int 相同，请参见 3.2 节，其中还解释了为何 buf 有 43 个字符。

⟨*functions* 159⟩ +≡
```
    void Fmt_putd(const char *str, int len,
        int put(int c, void *cl), void *cl,
```

```
                unsigned char flags[], int width, int precision) {
                int sign;

                assert(str);
                assert(len >= 0);
                assert(flags);
                ⟨normalize width and flags 159⟩
                ⟨compute the sign 167⟩
                {  ⟨emit str justified in width 167⟩  }
        }
```

Fmt_putd 必须按照 flags、width 和 precision 的规定输出 str 中的字符串。如果精度已经给出，那么它指定了必须输出的最小位数。必须输出精度指定的那么多位数，这可能需要在前部补 0。Fmt_putd 首先确定是否需要输出符号或在前部添加空格，然后将 sign 设置给该字符：

```
⟨compute the sign 167⟩ ≡
    if (len > 0 && (*str == '-' || *str == '+')) {
        sign = *str++;
        len--;
    } else if (flags['+'])
        sign = '+';
    else if (flags[' '])
        sign = ' ';
    else
        sign = 0;
```

<compute the sign 167>代码块中 if 语句的次序，实现了+标志优先于空格标志的规则。转换结果的长度 n，取决于精度、被转换的值和符号：

```
⟨emit str justified in width 167⟩ ≡
    int n;
    if (precision < 0)
        precision = 1;
    if (len < precision)
        n = precision;
    else if (precision == 0 && len == 1 && str[0] == '0')
        n = 0;
    else
        n = len;
    if (sign)
        n++;
```

n 被赋值为需要输出的字符数，该代码还处理了以精度 0 对值 0 进行转换的特例，在这种情况下转换结果没有输出字符。

　　如果输出是左对齐的，那么 Fmt_putd 现在可以输出符号，如果输出是右对齐的，需要前部补 0，那么现在可以输出符号和填充字符，而如果输出是右对齐，需要在前部添加空格，那么可以输出填充字符和符号。

```
⟨emit str justified in width 167⟩+ ≡
    if (flags['-']) {
```

```
         ⟨emit the sign 168⟩
    } else if (flags['0']) {
         ⟨emit the sign 168⟩
         pad(width - n, '0');
    } else {
         pad(width - n, ' ');
         ⟨emit the sign 168⟩
    }
```

⟨*emit the sign* 168⟩ ≡
```
    if (sign)
         put(sign, cl);
```

Fmt_putd 最后可以输出转换结果，这可能包括前部添加的 0（为满足精度要求），以及填充字符（如果输出是左对齐的）：

⟨*emit* str *justified in* width 167⟩ +≡
```
    pad(precision - len, '0');
    ⟨emit str[0..len-1] 159⟩
    if (flags['-'])
         pad(width - n, ' ');
```

cvt_u 比 cvt_d 简单，但它可以使用 Fmt_putd 输出转换结果的所有机制。它将输出下一个无符号整数的十进制表示：

⟨*conversion functions* 159⟩ +≡
```
    static void cvt_u(int code, va_list *app,
         int put(int c, void *cl), void *cl,
         unsigned char flags[], int width, int precision) {
         unsigned m = va_arg(*app, unsigned);
         ⟨declare buf and p, initialize p 166⟩

         do
              *--p = m%10 + '0';
         while ((m /= 10) > 0);
         Fmt_putd(p, (buf + sizeof buf) - p, put, cl, flags,
              width, precision);
    }
```

八进制和十六进制转换类似于无符号十进制转换，但输出的基不同，这又简化了转换的过程。

⟨*conversion functions* 159⟩ +≡
```
    static void cvt_o(int code, va_list *app,
         int put(int c, void *cl), void *cl,
         unsigned char flags[], int width, int precision) {
         unsigned m = va_arg(*app, unsigned);
         ⟨declare buf and p, initialize p 166⟩

         do
              *--p = (m&0x7) + '0';
         while ((m >>= 3) != 0);
         Fmt_putd(p, (buf + sizeof buf) - p, put, cl, flags,
              width, precision);
```

```
    }

static void cvt_x(int code, va_list *app,
    int put(int c, void *cl), void *cl,
    unsigned char flags[], int width, int precision) {
    unsigned m = va_arg(*app, unsigned);
    ⟨declare buf and p, initialize p 166⟩

    ⟨emit m in hexadecimal 169⟩
}
```

⟨*emit* m *in hexadecimal* 169⟩ ≡
```
    do
        *--p = "0123456789abcdef"[m&0xf];
    while ((m >>= 4) != 0);
    Fmt_putd(p, (buf + sizeof buf) - p, put, cl, flags,
        width, precision);
```

cvt_p 将指针作为十六进制数输出。精度和-以外的所有标志都忽略。参数被解释为指针，它首先被转换为 unsigned long，因为 unsigned 的位宽可能不足以容纳指针[①]。

⟨*conversion functions* 159⟩ +≡
```
static void cvt_p(int code, va_list *app,
    int put(int c, void *cl), void *cl,
    unsigned char flags[], int width, int precision) {
    unsigned long m = (unsigned long)va_arg(*app, void*);
    ⟨declare buf and p, initialize p 166⟩

    precision = INT_MIN;
    ⟨emit m in hexadecimal 169⟩
}
```

cvt_c 是与 %c 相关的转换函数，它格式化输出一个字符，左对齐或右对齐 width 个字符。它忽略精度和其他标志。

⟨*conversion functions* 159⟩ +≡
```
static void cvt_c(int code, va_list *app,
    int put(int c, void *cl), void *cl,
    unsigned char flags[], int width, int precision) {
    ⟨normalize width 160⟩
    if (!flags['-'])
        pad(width - 1, ' ');
    put((unsigned char)va_arg(*app, int), cl);
    if ( flags['-'])
        pad(width - 1, ' ');
}
```

cvt_c 获取的参数是一个整数而不是字符，因为通过参数列表的可变部分传递的字符参数，会经

---

① 位宽是体系结构/编译器高度相关的，目前的主流编译器 gcc/icc/msvc 中，32 位环境下，sizeof(int)==sizeof(long)==sizeof(void*)==4，64 位环境下，sizeof(int)==sizeof(long)==4, sizeof(void*)==sizeof(long long)==8。——译者注

由默认的参数类型"提升"而转换为整数进行传递。cvt_c 将由此得到的整数转换 unsigned char，这样有符号、无符号和普通的字符都能够以同样的方式输出。

将浮点值精确地转换为十进制表示的过程，很难以与机器无关的方式完成。与机器相关的算法更快速且准确，因此与转换限定符 e、f 和 g 关联的转换函数使用了下述代码块：

```
⟨format a double argument into buf 170⟩ ≡
    {
        static char fmt[] = "%.dd?";
        assert(precision <= 99);
        fmt[4] = code;
        fmt[3] =        precision%10 + '0';
        fmt[2] = (precision/10)%10 + '0';
        sprintf(buf, fmt, va_arg(*app, double));
    }
```

将 val 的绝对值转换到 buf 中，接下来输出 buf。

浮点转换限定符之间的差别在于，它们格式化浮点值各部分的方式不同。限定符 %.99f 的输出最长，可能需要 DBL_MAX_10_EXP+1+1+99+1 个字符。DBL_MAX_10_EXP 和 DBL_MAX 定义在标准头文件 float.h 中。DBL_MAX 是可以表示为 double 的值中最大的值，而 DBL_MAX_10_EXP 是 $\log_{10}$DBL_MAX，即，它是可以通过 double 表示的最大的十进制指数值。对应 IEEE 754 格式下的 64 位 double 值，DBL_MAX 是 $1.797693 * 10^{308}$，而 DBL_MAX_10_EXP 是 308。对 fmt[2] 和 fmt[3] 的赋值假定使用了 ASCII 码。

因而，如果用转换限定符 %.99f 转换 DBL_MAX，结果的数位情况是：小数点之前可能有 DBL_MAX_10_EXP+1 个数位、小数点、小数点之后可能有 99 个数位、结束的 0 字符。将精度限制为 99，可以限制用于容纳转换结果的缓冲区的大小，使得缓冲区的最大长度在编译时已知。其他转换限定符 %e 和 %g 的转换结果，比 %f 的结果字符数要少。cvt_f 处理所有三种格式码：

```
⟨conversion functions 159⟩ +≡
    static void cvt_f(int code, va_list *app,
        int put(int c, void *cl), void *cl,
        unsigned char flags[], int width, int precision) {
        char buf[DBL_MAX_10_EXP+1+1+99+1];

        if (precision < 0)
            precision = 6;
        if (code == 'g' && precision == 0)
            precision = 1;
        ⟨format a double argument into buf 170⟩
        Fmt_putd(buf, strlen(buf), put, cl, flags,
            width, precision);
    }
```

14.3   扩展阅读

[Plauger，1992]描述了 C 库中 printf 一族输出函数的实现，包括字符串与浮点值之间双向

转换的底层代码。他的代码还说明了如何实现其他 `printf` 风格的格式化标志和格式码。

[Hennessy and Patterson，1994]一书的 4.8 节描述了 IEEE 754 浮点标准，以及浮点加法和乘法的实现。[Goldberg，1991]综述了程序员最关心的浮点运算性质。

浮点转换已经实现过多次，但转换得不精确或速度太慢，很容易使得这些转换变为拙劣的工作。对这些转换正确性的判断测试是：如果给定浮点值 x，输出转换由 x 生成一个字符串，输入转换从该字符串重新创建一个浮点值 y，那么要求 x 和 y "按位"相等（即 x 和 y 的二进制表示是完全相同的）。[Clinger，1990]描述了如何精确地进行输入转换，该论文还阐明，对某些 x，这种转换需要任意精度算术的支持。[Steele and White，1990]描述了如何进行精确的输出转换。

14.4 习题

14.1 `Fmt_vstring` 使用 `RESIZE` 来释放它返回的字符串中不使用的部分。设计一种方法，仅在释放空间可以带来回报时进行释放操作，即被释放的空间值得上释放操作的代价。

14.2 使用 [Steele and White，1990]中描述的算法实现 `e`、`f` 和 `g` 转换。

14.3 编写一个转换函数，从下一个整数参数获取转换限定符，并将该函数关联到 `@`。例如，

```
Fmt_string("The offending value is %@\n", x.format, x.value);
```

将根据 `x.format` 中的格式码来格式化 `x.value`。

14.4 编写一个转换函数，将一个 `Bit_T` 中的元素以整数序列的形式输出，其中连续的 1 输出为范围表示，例如，1 32-45 68 70-71。

第 15 章

低级字符串

C 语言本来并非处理字符串的语言,但它确实包含了操纵字符数组的功能,这种字符数组通常称作字符串。按照惯例,一个 N 个字符的字符串是一个包含 $N+1$ 字符的数组,最后一个字符是 0 字符,即其值为 0。

该语言本身只有两个特性有助于处理字符串。指向字符的指针可用于遍历字符数组,而字符串常数(literal,指字面常数,本章中均译为常数)可用于初始化字符数组。例如,

```
char msg[] = "File not found";
```

是对以下语句的简写:

```
char msg[] = { 'F', 'i', 'l', 'e', ' ', 'n', 'o', 't',
    ' ', 'f', 'o', 'u', 'n', 'd', '\0' };
```

顺便提及,字符常数(如'F')的类型是 int,而不是 char,这也解释了为何 sizeof 'F' 等于 sizeof(int)。

字符串常数还可以代表初始化为给定字符串的字符数组。例如,

```
char *msg = "File not found";
```

等效于

```
static char t376[] = "File not found";
char *msg = t376;
```

其中 t376 是编译器生成的一个内部变量名。

在可以使用只读数组名称的任何位置,都可以使用字符串常数。例如,Fmt 的 cvt_x 在一个表达式中使用了一个字符串常数:

```
do
    *--p = "0123456789abcdef"[m&0xf];
while ((m >>= 4) != 0);
```

该赋值等效于下述更详细的语句:

```
{
    static char digits[] = "0123456789abcdef";
    *p++ = digits[m&0xf];
}
```

这里 digits 是编译器生成的变量名。

C 库包含了一组操纵 0 结尾字符串的函数。这些函数定义在标准头文件 string.h 中，可以复制、搜索、扫描、比较和转换字符串。其中 strcat 颇具代表性：

```
char *strcat(char *dst, const char *src)
```

该函数将字符串 src 追加到 dst 的末端，即，它将 src 字符串中包括结尾 0 字符在内的所有字符，复制到 dst 中从 0 字符开始的连续内存区域中。

strcat 说明了 string.h 中定义的各个函数的两个缺点。首先，客户程序必须为结果分配空间，如 strcat 中的 dst。其次，也是最重要的，所有这些函数都是不安全的，其中任何一个函数都无法检查结果字符串是否包含足够的空间。如果 dst 没有足够的空间容纳来自 src 的各个字符，strcat 会将这些字符溢出到未分配的空间或用于其他用途的空间中。其中一些函数，如 strncat，有额外的参数来限制复制到结果的字符数，这有助于防止此类错误，但分配错误仍然可能发生。

本章描述的 Str 接口中的函数，可以避免这些缺点，并提供了一个方便的方法来操作其字符串参数的子串。这些函数比 string.h 中的那些更为安全，因为大部分 Str 函数会为其结果分配空间。与这些分配操作相关的成本，就是为安全性付出的代价。

通常，这些分配操作时无论如何都需要进行的，因为当 string.h 函数的结果的长度取决于计算的结果时，客户程序必须为结果分配大小适当的空间。类似于 string.h 函数，Str 函数的客户程序仍然必须释放返回的结果。下一章描述的 Text 接口会导出另一组字符串处理函数，可以避免 Str 函数的一些分配开销。

15.1 接口

```
⟨str.h⟩ ≡
  #ifndef STR_INCLUDED
  #define STR_INCLUDED
  #include <stdarg.h>

  ⟨exported functions 174⟩

  #undef T
  #endif
```

15

Str 接口中的函数的所有字符串参数，都通过一个指向 0 结尾字符数组的指针和该数组中的位置给出。类似于 Ring 中的位置，字符串位置标识了各个字符之间的位置，以及最后一个非 0 字符之后的位置。正数位置指定了从字符串左端起的位置，位置 1 是第一个字符左侧的位置。非正数位置指定了从字符串右侧起的位置，位置 0 是最后一个字符右侧的位置。例如，图 15-1 给出了字符串 Interface 中的各个位置。

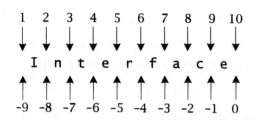

图 15-1 Interface 中各个字符的位置

　　字符串 s 中的两个位置 i 和 j 指定了两个位置之间的子串，记作 s[i:j]。如果 s 指向字符串 Interface，那么 s[-4:0] 是子串 face。这些位置可以按任意顺序给出：s[0:-4] 同样指定了子串 face。子串可以为 NULL，s[3:3] 和 s[3:-7] 都指定了 Interface 中 n 和 t 之间的 NULL 子串。对任何有效位置 i，s[i:i+1] 总是 i 右侧的字符（最右侧的位置除外）。

　　字符索引是另一种指定子串的方法，这种方法看起来更为自然，但却有不利之处。在用索引指定子串时，顺序很重要。例如，字符串 Interface 中索引值从 0 到 9（含）。如果用两个索引指定子串，子串从第一个索引之后开始、在第二个索引之前结束，那么 s[1..6] 指定了子串 terf。但该约定必须允许使用 0 字符的索引，才能用 s[4..9] 指定子串 face，而且无法指定字符串起点处的 NULL 子串。改变该约定，使得子串结束于第二个索引之后，那就无法指定 NULL 子串。其他使用负数索引的约定也可以使用，但与这里的位置约定相比，更显笨拙。[①]

　　位置比字符索引要好，因为它们避免了令人迷惑的边界情况。而且非正数位置可以在不知道字符串长度的情况下来访问字符串的尾部[②]。

　　Str 接口导出的函数可以创建并返回 0 结尾字符串，且返回有关其中字符串和位置的信息。创建字符串的函数是：

⟨*exported functions* 174⟩ ≡
```
extern char *Str_sub(const char *s, int i, int j);
extern char *Str_dup(const char *s, int i, int j, int n);
extern char *Str_cat(const char *s1, int i1, int j1,
    const char *s2, int i2, int j2);
extern char *Str_catv(const char *s, ...);
extern char *Str_reverse(const char *s, int i, int j);
extern char *Str_map(const char *s, int i, int j,
    const char *from, const char *to);
```

所有这些函数都会为结果分配空间，它们都可能引发 Mem_Failed 异常。向该接口中任何函数传递 NULL 字符串指针都是已检查的运行时错误（下文对 Str_catv 和 Str_map 详述的情况除外）。

---

① 作者实际上忘记了 C 对索引的天然约定，即所谓的半开区间：假定 i、j 为基于 0 的非负索引值，i<=j，s 为字符串，s[i:j] 指定了从索引 i 开始、在索引 j 之前结束的子串；与文中的位置约定相比，这种约定优雅简单，而且具有同样的表示能力。——译者注

② 除非字符串尾部的地址已知，否则这是不可能的。——译者注

Str_sub 返回 s[i:j]，它是 s 中位于位置 i 和 j 之间的子串。例如，以下调用

```
Str_sub("Interface", 6, 10)
Str_sub("Interface", 6, 0)
Str_sub("Interface", -4, 10)
Str_sub("Interface", -4, 0)
```

都返回 face。位置可以按任意顺序给出。向该接口中任何函数传递的 i 和 j 未能指定 s 中的一个子串，都是已检查的运行时错误。

Str_dup 返回一个字符串，该字符串是 s[i:j] 的 n 个副本。传递负的 n 值，是一个已检查的运行时错误。Str_dup 通常用于复制一个字符串，例如，Str_dup("Interface", 1, 0, 1) 返回 Interface 的一个副本。请注意，使用位置 1 和 0，即指定了 Interface 整个字符串。

Str_cat 返回 s1[i1:j1] 和 s2[i2:j2] 两个子串连接构成的字符串，即，该字符串首先包含 s1[i1:j1] 中的所有字符，后接 s2[i2:j2] 中的所有字符。Str_catv 与之类似，其参数为 0 或多个三元组，每个三元组指定了一个字符串和两个位置，函数返回所有这些子串连接构成的字符串。参数列表结束于 NULL 指针参数。例如，

```
Str_catv("Interface", -4, 0, " plant", 1, 0, NULL)
```

返回字符串 face plant。

Str_reverse 返回 s[i:j] 中字符以与其出现在 s 中的反序所构成的字符串。

Str_map 返回 s[i:j] 中字符按照 from 和 to 映射得到的字符所构成的字符串。对 s[i:j] 中的每个字符来说，如果其出现在 from 中，则映射为 to 中的对应字符。不出现在 from 中的字符映射到本身。例如，

```
Str_map(s, 1, 0, "ABCDEFGHIJKLMNOPQRSTUVWXYZ",
                 "abcdefghijklmnopqrstuvwxyz")
```

会返回 s 的一个副本，其中的大写字母都被替换为小写。

如果 from 和 to 都是 NULL，则使用最近一次调用 Str_map 时指定的映射。如果 s 是 NULL，则忽略 i 和 j，from 和 to 只用于建立默认映射，Str_map 将返回 NULL。

以下情况是已检查的运行时错误：from 和 to 中有且仅有一个为 NULL，非 NULL 的 from 和 to 字符串长度不同，s、from 和 to 都是 NULL，第一次调用 Str_map 时 from 和 to 都是 NULL。

Str 接口中其余的函数，用于返回字符串中有关字符串或位置的信息，这些函数都不分配空间。

⟨*exported functions* 174⟩ +≡
```
extern int Str_pos(const char *s, int i);
extern int Str_len(const char *s, int i, int j);
extern int Str_cmp(const char *s1, int i1, int j1,
    const char *s2, int i2, int j2);
```

Str_pos 返回对应于 s[i:i] 的正数位置。正数位置总是可以通过减 1 转换为索引，因此在

需要索引时通常使用 `Str_pos`。例如，如果 s 指向字符串 `Interface`,

```
printf("%s\n", &s[Str_pos(s, -4)-1])
```

将输出 `face`。

`Str_len` 返回 s[i:j] 中字符的数目。

`Str_cmp` 根据 s1[i1:j1] 与 s2[i2:j2] 的比较结果，对小于、等于、大于三种情形分别返回负值、0、正值。

以下函数搜索字符串，查找字符及其他字符串。在搜索成功时，这些函数返回反映搜索结果的正数位置，在搜索失败时，它们返回 0。函数名包含_r 时，搜索从其参数字符串的右侧开始，其他函数搜索时从左侧开始。

⟨*exported functions* 174⟩ +≡
```c
extern int Str_chr  (const char *s, int i, int j, int c);
extern int Str_rchr (const char *s, int i, int j, int c);
extern int Str_upto (const char *s, int i, int j,
    const char *set);
extern int Str_rupto(const char *s, int i, int j,
    const char *set);
extern int Str_find (const char *s, int i, int j,
    const char *str);
extern int Str_rfind(const char *s, int i, int j,
    const char *str);
```

`Str_chr` 和 `Str_rchr` 分别从 s[i:j] 的最左侧和最右侧开始搜索字符 c，并返回 s 中该字符之前的位置，如果 s[i:j] 不包含 c 则返回 0。

`Str_upto` 和 `Str_rupto` 分别从 s[i:j] 的最左侧和最右侧开始搜索 set 中任意字符，并返回 s 中该字符之前的位置，如果 s[i:j] 不包含 set 中任意字符，那么将返回 0。向这些函数传递的 set 为 NULL，则造成已检查的运行时错误。

`Str_find` 和 `Str_rfind` 分别从 s[i:j] 的最左侧和最右侧开始搜索字符串 str，并返回 s 中该子串之前的位置，如果 s[i:j] 不包含 str 则返回 0。向这些函数传递的 str 为 NULL，则造成已检查的运行时错误。

以下函数

⟨*exported functions* 174⟩ +≡
```c
extern int Str_any(const char *s, int i,
    const char *set);
extern int Str_many(const char *s, int i, int j,
    const char *set);
extern int Str_rmany(const char *s, int i, int j,
    const char *set);
extern int Str_match(const char *s, int i, int j,
    const char *str);
extern int Str_rmatch(const char *s, int i, int j,
    const char *str);
```

将遍历子串，它们返回匹配的子串之后或之前的正数位置。

如果字符 s[i:i+1] 出现在 set 中，Str_any 返回 s 中该字符之后的正数位置，否则返回 0。

Str_many 从 s[i:j] 开头处查找由 set 中一个或多个字符构成的连续序列，并返回 s 中该序列之后的正数位置，如果 s[i:j] 并不从 set 中的某个字符开始，那么将返回 0。Str_rmany 从 s[i:j] 末端查找 set 中一个或多个字符构成的连续序列，并返回 s 中该序列之前的正数位置，如果 s[i:j] 并不结束于 set 中的某个字符，将返回 0。传递给 Str_any、Str_many 或 Str_rmany 的 set 为 NULL，是已检查的运行时错误。

Str_match 从 s[i:j] 开头开始查找 str，并返回 s 中该子串之后的正数位置，如果 s[i:j] 起始处不是 str，则返回 0。Str_rmatch 从 s[i:j] 末尾来查找 str，并返回 s 中该子串之前的正数位置，如果 s[i:j] 不结束于 str，则返回 0。向 Str_match 或 Str_rmatch 传递的 str 为 NULL，是已检查的运行时错误。

Str_rchr、Str_rupto 和 Str_rfind 从其参数字符串的右端开始搜索，但返回其搜索到的字符/字符串左侧的位置。例如，以下调用

```
Str_find ("The rain in Spain", 1, 0, "rain")
Str_rfind("The rain in Spain", 1, 0, "rain")
```

都返回 5，这是因为 rain 在其第一个参数中只出现一次。以下调用

```
Str_find ("The rain in Spain", 1, 0, "in")
Str_rfind("The rain in Spain", 1, 0, "in")
```

分别返回 7 和 16，因为 in 在第一个参数中出现了三次。

Str_many 和 Str_match 在字符串中从左到右遍历，并返回其查找到的字符之后的位置。Str_rmany 和 Str_rmatch 从右到左遍历，它们返回查找到的字符之前的位置。例如，

```
Str_sub(name, 1, Str_rmany(name, 1, 0, " \t"))
```

将返回 name 的一个副本，并去除尾部的空格和制表符（如果有的话）。函数 basename 给出对这种惯例的另一种典型用法。basename 接受一个 Unix 的路径名，返回去除目录信息和特定后缀的文件名，如下例所示。

```
basename("/usr/jenny/main.c", 1, 0, ".c")      main
basename("../src/main.c",     1, 0, "")        main.c
basename("main.c",            1, 0, "c")        main
basename("main.c",            1, 0, ".obj")     main.c
basename("examples/wfmain.c", 1, 0, ".main.c") wf
```

basename 使用 Str_rchr 来查找最右侧的斜线，使用 Str_rmatch 来定位后缀。

```
char *basename(char *path, int i, int j,
      const char *suffix) {
   i = Str_rchr(path, i, j, '/');
   j = Str_rmatch(path, i + 1, 0, suffix);
   return Str_dup(path, i + 1, j, 1);
```

```
    }
```

`Str_rchr` 的返回值赋值给 i，如果能找到斜线，这是最右侧斜线之前的位置，否则为 0。在这两种情况下，文件名都起始于位置 i + 1。`Str_match` 会检查文件名，并返回后缀之前或文件名之后的位置。同样，在这两种情况下，j 都设置为文件名之后的位置。`str_dup` 返回 path 中 i + 1 和 j 之间的子串。

以下函数

⟨*exported functions* 174⟩+≡
```
    extern void Str_fmt(int code, va_list *app,
        int put(int c, void *cl), void *cl,
        unsigned char flags[], int width, int precision);
```

是一个转换函数，可以与 `Fmt` 接口中的格式化函数协同使用，用于格式化子串。它消耗三个参数：一个字符串指针和两个位置，它按照 `Fmt` 中 %s 指定的风格来格式化子串。字符串指针、app 或 flags 是 NULL，则造成已检查的运行时错误。

例如，如果 `Str_fmt` 通过下列调用关联到格式码 S：

```
Fmt_register('S', Str_fmt)
```

那么

```
Fmt_print("%10S\n", "Interface", -4, 0)
```

将输出_____face，这里_表示空格。

15.2   例子：输出标识符

下面给出的例子程序可以输出其输入中的 C 语言关键字和标识符，该程序说明了 `Str_fmt` 的用法，以及检查字符串是否包含某些字符或子串的其他函数的用法。

⟨*ids.c*⟩≡
```
    #include <stdlib.h>
    #include <stdio.h>
    #include "fmt.h"
    #include "str.h"

    int main(int argc, char *argv[]) {
        char line[512];
        static char set[] = "0123456789_"
            "abcdefghijklmnopqrstuvwxyz"
            "ABCDEFGHIJKLMNOPQRSTUVWXYZ";

        Fmt_register('S', Str_fmt);
        while (fgets(line, sizeof line, stdin) != NULL) {
            int i = 1, j;
            while ((i = Str_upto(line, i, 0, &set[10])) > 0){
                j = Str_many(line, i, 0, set);
```

```
                Fmt_print("%S\n", line, i, j);
                i = j;
            }
        }
        return EXIT_SUCCESS;
    }
```

内层的 while 循环扫描 line[i:0]查找下一个标识符，i 从 1 开始。Str_upto 返回 line [i:0]下一个下划线或字母在 line 中的位置，该位置被赋值给 i。在下划线或字母之后，连续的数字、下划线和字母都属于同一标识符，而 Str_many 将返回该标识符之后的位置。因而，i 和 j 标识了扫描到的下一个标识符，Fmt_print 用 Str_fmt 输出该标识符，它关联到格式码 S。将 j 赋值给 i，使得 while 循环的下一次迭代查找下一个标识符。在 line 包含上面的 main 函数声明时，传递给 Fmt_print 的 i 和 j 如图 15-2 所示。

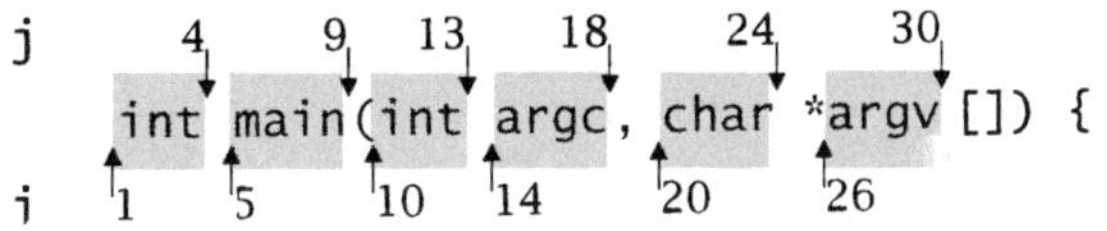

图 15-2 各字符的位置

该程序中没有内存分配。在此类应用程序中使用位置通常可以避免内存分配。

15.3 实现

⟨*str.c*⟩ ≡
```
    #include <string.h>
    #include <limits.h>
    #include "assert.h"
    #include "fmt.h"
    #include "str.h"
    #include "mem.h"
```

⟨*macros* 179⟩
⟨*functions* 180⟩

实现必须处理位置与索引之间的双向转换，因为函数使用索引来访问实际的字符。正数位置 i 右侧字符的索引是 i - 1。负数位置 i 右侧字符的索引是 i + len，len 是字符串中字符的数目。下列宏

⟨*macros* 179⟩ ≡
```
    #define idx(i, len) ((i) <= 0 ? (i) + (len) : (i) - 1)
```

封装了以上的定义；给出长度为 len 的字符串中的位置 i，idx(i, len)就是 i 右侧字符的索引。

Str 接口中的函数将其位置转换为索引，然后使用索引访问字符串。convert 宏封装了以下转换中的各个步骤：

⟨*macros* 179⟩ +≡
```
#define convert(s, i, j) do { int len; \
    assert(s); len = strlen(s); \
    i = idx(i, len); j = idx(j, len); \
    if (i > j) { int t = i; i = j; j = t; } \
    assert(i >= 0 && j <= len); } while (0)
```

位置 i 和 j 被转换为从 0 到 s 的长度之间的索引值，如有必要会交换 i 和 j，使得 i 的值不超过 j。结尾处的断言确认了 i 和 j 是 s 中有效的索引位置。在转换后，j - i 即为指定子串的长度。

Str_sub 说明了 convert 的典型用法。

⟨*functions* 180⟩ ≡
```
char *Str_sub(const char *s, int i, int j) {
    char *str, *p;

    convert(s, i, j);
    p = str = ALLOC(j - i + 1);
    while (i < j)
        *p++ = s[i++];
    *p = '\0';
    return str;
}
```

指定子串末端的位置被转换为子串之后下一个字符的索引值（可能是结尾 0 字符的索引值）。因而，j - i 即为目标子串的长度，加上 0 字符在内，需要 j - i + 1 个字节来存储该子串。

Str_sub 和其他一些 Str 函数都可以使用标准 C 库中的字符串例程来编写，如 strncpy，参见习题 15.2。

15.3.1   字符串操作

Str_dup 为 s[i:j] 的 n 个副本加上一个结尾 0 字符分配空间，然后将 s[i:j] 复制 n 次，当然前提是 s[i:j] 子串非空。

⟨*functions* 180⟩ +≡
```
char *Str_dup(const char *s, int i, int j, int n) {
    int k;
    char *str, *p;

    assert(n >= 0);
    convert(s, i, j);
    p = str = ALLOC(n*(j - i) + 1);
    if (j - i > 0)
        while (n-- > 0)
            for (k = i; k < j; k++)
                *p++ = s[k];
    *p = '\0';
    return str;
}
```

Str_reverse 类似 Str_sub，但它反向复制字符：

⟨*functions* 180⟩ +≡
```
char *Str_reverse(const char *s, int i, int j) {
    char *str, *p;

    convert(s, i, j);
    p = str = ALLOC(j - i + 1);
    while (j > i)
        *p++ = s[--j];
    *p = '\0';
    return str;
}
```

Str_cat 可以调用 Str_catv 实现，但它使用得比较多，值得给出一个定制的实现：

⟨*functions* 180⟩ +≡
```
char *Str_cat(const char *s1, int i1, int j1,
              const char *s2, int i2, int j2) {
    char *str, *p;

    convert(s1, i1, j1);
    convert(s2, i2, j2);
    p = str = ALLOC(j1 - i1 + j2 - i2 + 1);
    while (i1 < j1)
        *p++ = s1[i1++];
    while (i2 < j2)
        *p++ = s2[i2++];
    *p = '\0';
    return str;
}
```

Str_catv 稍复杂一点，因为它必须对可变数目的参数扫描两遍：

⟨*functions* 180⟩ +≡
```
char *Str_catv(const char *s, ...) {
    char *str, *p;
    const char *save = s;
    int i, j, len = 0;
    va_list ap;

    va_start(ap, s);
    ⟨len ← the length of the result 182⟩
    va_end(ap);
    p = str = ALLOC(len + 1);
    s = save;
    va_start(ap, s);
    ⟨copy each s[i:j] to p, increment p 182⟩
    va_end(ap);
    *p = '\0';
    return str;
}
```

第一遍将各个参数子串的长度求和，以算得结果的长度。在为结果字符串分配空间之后，第二遍扫描将各个三元组给出的子串附加到结果字符串上。第一遍将位置转换为索引来计算每个子串的长度，所有子串长度的总和即为结果字符串的长度：

```
⟨len ← the length of the result 182⟩ ≡
  while (s) {
      i = va_arg(ap, int);
      j = va_arg(ap, int);
      convert(s, i, j);
      len += j - i;
      s = va_arg(ap, const char *);
  }
```

第二遍的过程几乎相同：唯一的差别是，对 len 的赋值操作替换为复制子串的循环：

```
⟨copy each s[i:j] to p, increment p 182⟩ ≡
  while (s) {
      i = va_arg(ap, int);
      j = va_arg(ap, int);
      convert(s, i, j);
      while (i < j)
          *p++ = s[i++];
      s = va_arg(ap, const char *);
  }
```

Str_map 建立一个数组 map，按 from 和 to 指定的映射，字符 c 即映射到 map[c]。因而，将 s[i:j] 中的字符作为 map 的索引，即可得到映射结果，而后将其复制到一个新字符串中：

```
⟨map s[i:j] into a new string 182⟩ ≡
  char *str, *p;
  convert(s, i, j);
  p = str = ALLOC(j - i + 1);
  while (i < j)
      *p++ = map[(unsigned char)s[i++]];
  *p = '\0';
```

上述代码中的强制转换，复制值大于 127 的字符被"符号扩展"为负的索引值。

建立 map 时，首先将 map 初始化，使得 map[c] 等于 c，即每个字符都映射到本身。接下来，使用 from 和 to 来修改 map，将 from 中的字符作为 map 的索引值，而将 to 中的对应字符作为映射值：

```
⟨rebuild map 182⟩ ≡
  unsigned c;
  for (c = 0; c < sizeof map; c++)
      map[c] = c;
  while (*from && *to)
      map[(unsigned char)*from++] = *to++;
  assert(*from == 0 && *to == 0);
```

上述代码中的断言，实现了"from 和 to 长度必须相等"的已检查的运行时错误。

Str_map 在 from 和 to 都不是 NULL 时使用该代码块，在 s 不是 NULL 时使用<map

s[i:j] *into a new string* 182⟩：

⟨*functions* 182⟩ +≡
```
char *Str_map(const char *s, int i, int j,
    const char *from, const char *to) {
    static char map[256] = { 0 };

    if (from && to) {
        ⟨rebuild map 182⟩
    } else {
        assert(from == NULL && to == NULL && s);
        assert(map['a']);
    }
    if (s) {
        ⟨map s[i:j] into a new string 182⟩
        return str;
    } else
        return NULL;
}
```

最初，map 的所有元素都是 0。在 to 中没有办法指定一个 0 字符，因此断言 map['a'] 非零，即实现了"第一次调用 Str_map 时 from 和 to 指针不能为 NULL"的已检查的运行时错误。

索引 i 对应的字符左侧的正数位置是 i + 1。Str_pos 使用该性质，来返回对应于 s 中任意位置 i 的正数位置。它首先将 i 转换为索引，确认索引的有效性，而后将其转换回正数位置并返回。

⟨*functions* 180⟩ +≡
```
int Str_pos(const char *s, int i) {
    int len;

    assert(s);
    len = strlen(s);
    i = idx(i, len);
    assert(i >= 0 && i <= len);
    return i + 1;
}
```

Str_len 返回子串 s[i:j] 的长度，其做法是将 i 和 j 转换为索引，并返回两个索引之间字符的数目：

⟨*functions* 180⟩ +≡
```
int Str_len(const char *s, int i, int j) {
    convert(s, i, j);
    return j - i;
}
```

Str_cmp 的实现简明但乏味，因为它涉及某些簿记工作：

⟨*functions* 180⟩ +≡
```
int Str_cmp(const char *s1, int i1, int j1,
    const char *s2, int i2, int j2) {
```

⟨*string compare* 184⟩
```
    }
```

Str_cmp 首先将 i1 和 j1 转换为 s1 中的索引，i2 和 j2 转换为 s2 中的索引：

⟨*string compare* 184⟩ ≡
```
    convert(s1, i1, j1);
    convert(s2, i2, j2);
```

接下来，调整 s1 和 s2 使之分别指向相应子串的第一个字符。

⟨*string compare* 184⟩ +≡
```
    s1 += i1;
    s2 += i2;
```

两个子串 s1[i1:j1] 和 s2[i2:j2] 中的较短者，将决定需要比较多少个字符，实际的比较由 strncmp 完成。

⟨*string compare* 184⟩ +≡
```
    if (j1 - i1 < j2 - i2) {
        int cond = strncmp(s1, s2, j1 - i1);
        return cond == 0 ? -1 : cond;
    } else if (j1 - i1 > j2 - i2) {
        int cond = strncmp(s1, s2, j2 - i2);
        return cond == 0 ? +1 : cond;
    } else
        return strncmp(s1, s2, j1 - i1);
```

在 s1[i1:j1] 比 s2[i2:j2] 短且 strncmp 返回 0 时，s1[i1:j1] 相当于 s2[i2:j2] 的前缀，因而小于 s2[i2:j2]。第二个 if 语句处理相反的情况，else 子句处理两个子串长度相等的情况。

　　C 语言标准规定，strncmp（和 memcmp）必须将 s1 和 s2 中的字符作为无符号字符处理，这样，在 s1 或 s2 中出现大于 127 的字符值时，函数可以给出良定义的结果。例如，strncmp("\344", "\127", 1) 必须返回正值，但 strncmp 的某些实现不正确地比较了"普通"字符，普通字符可能是有符号的，有可能是无符号的。对于这些实现，strncmp("\344", "\127", 1) 可能返回负值。memcmp 的某些实现有同样的错误。

15.3.2　分析字符串

　　剩下的函数会从左到右（或从右到左）检查子串，查找字符或其他字符串。这些函数在搜索成功时返回正数位置，否则返回 0。Str_chr 很有代表性：

⟨*functions* 180⟩ +≡
```
    int Str_chr(const char *s, int i, int j, int c) {
        convert(s, i, j);
        for ( ; i < j; i++)
            if (s[i] == c)
                return i + 1;
```

```
    return 0;
    }
```

Str_rchr 是类似的，但它从 s[i:j] 的右侧开始搜索：

⟨*functions* 180⟩ +≡
```
    int Str_rchr(const char *s, int i, int j, int c) {
        convert(s, i, j);
        while (j > i)
            if (s[--j] == c)
                return j + 1;
        return 0;
    }
```

这两个函数都返回 s[i:j] 中字符 c 出现处左侧的正数位置。

Str_upto 和 Str_rupto 类似于 Str_chr 和 Str_rchr，只是它们会在 s[i:j] 中查找某个集合中的任意字符：

⟨*functions* 180⟩ +≡
```
    int Str_upto(const char *s, int i, int j, const char *set) {
        assert(set);
        convert(s, i, j);
        for ( ; i < j; i++)
            if (strchr(set, s[i]))
                return i + 1;
        return 0;
    }

    int Str_rupto(const char *s, int i, int j, const char *set) {
        assert(set);
        convert(s, i, j);
        while (j > i)
            if (strchr(set, s[--j]))
                return j + 1;
        return 0;
    }
```

Str_find 在 s[i:j] 中搜索字符串。其实现将搜索长度为 0 或 1 的字符串作为特例处理。

⟨*functions* 180⟩ +≡
```
    int Str_find(const char *s, int i, int j, const char *str) {
        int len;

        convert(s, i, j);
        assert(str);
        len = strlen(str);
        if (len == 0)
            return i + 1;
        else if (len == 1) {
            for ( ; i < j; i++)
                if (s[i] == *str)
                    return i + 1;
        } else
```

15

```
        for ( ; i + len <= j; i++)
                if ( ⟨s[i...] ≡ str[0..len-1] 186⟩)
                        return i + 1;
        return 0;
    }
```

如果 str 没有字符，搜索总是成功。如果 str 只有一个字符，Str_find 等效于 Str_chr。在一般情况中，Str_find 在 s[i:j]中查找 str，但要特别小心，不能接受超出子串末尾的匹配：

```
⟨s[i...] ≡ str[0..len-1] 186⟩≡
    (strncmp(&s[i], str, len) == 0)
```

Str_rfind 同样需要处理这三种情形，但必须反向比较字符串。

⟨*functions* 180⟩+≡
```
    int Str_rfind(const char *s, int i, int j,
        const char *str) {
        int len;

        convert(s, i, j);
        assert(str);
        len = strlen(str);
        if (len == 0)
            return j + 1;
        else if (len == 1) {
            while (j > i)
                if (s[--j] == *str)
                    return j + 1;
        } else
            for ( ; j - len >= i; j--)
                if (strncmp(&s[j-len], str, len) == 0)
                    return j - len + 1;
        return 0;
    }
```

Str_rfind 不能接受超出子串起点的匹配。

　　Str_any 和相关函数并不搜索字符或字符串，如果在所述子串的开头或结尾发现指定的模式，这些函数将跳过模式字符或字符串。如果 s[i:i+1]是 set 中的一个字符，Str_any 将返回 Str_pos(s, i) + 1：

⟨*functions* 180⟩+≡
```
    int Str_any(const char *s, int i, const char *set) {
        int len;

        assert(s);
        assert(set);
        len = strlen(s);
        i = idx(i, len);
        assert(i >= 0 && i <= len);
        if (i < len && strchr(set, s[i]))
            return i + 2;
        return 0;
    }
```

如果测试成功，索引 i + 1 将转换为正数位置（再加上1），这是 Str_any 返回 i + 2 的原因。

Str_many 跨过出现在 s[i:j]开头、完全由 set 中一个或多个字符构成的子串：

⟨*functions* 180⟩+≡
```
int Str_many(const char *s, int i, int j, const char *set) {
    assert(set);
    convert(s, i, j);
    if (i < j && strchr(set, s[i])) {
        do
            i++;
        while (i < j && strchr(set, s[i]));
        return i + 1;
    }
    return 0;
}
```

Str_rmany 向后跳过出现在 s[i:j]末尾、完全由 set 中一个或多个字符构成的子串：

⟨*functions* 180⟩+≡
```
int Str_rmany(const char *s, int i, int j, const char *set) {
    assert(set);
    convert(s, i, j);
    if (j > i && strchr(set, s[j-1])) {
        do

            --j;
        while (j >= i && strchr(set, s[j]));
        return j + 2;
    }
    return 0;
}
```

在 do-while 循环结束时，j 等于 i - 1 或是第一个不在 set 中的字符的索引。在前一种情况下，Set_rmany 必须返回 i + 1，在第二种情况下，它必须返回 s[j]右侧的位置。j + 2 在两种情况下都是正确的返回值。

如果 str 出现在 s[i:j]起始处，Str_match 返回 Str_pos(s, i) + strlen(str)。就像 Str_find，搜索长度为0或1的字符串需要特殊处理：

⟨*functions* 180⟩+≡
```
int Str_match(const char *s, int i, int j,
    const char *str) {
    int len;

    convert(s, i, j);
    assert(str);
    len = strlen(str);
    if (len == 0)
        return i + 1;
```

15

```
    else if (len == 1) {
        if (i < j && s[i] == *str)
            return i + 2;
    } else if (i + len <= j && ⟨s[i...] ≡ str[0..len-1] 186⟩)
            return i + len + 1;
    return 0;
}
```

处理一般情况时必须注意，使得匹配串不能超出 s[i:j] 的末尾。

类似的情形也出现在 Str_rmatch 中，其中必须避免超出 s[i:j] 起始处的匹配串，也需要将长度为 0 或 1 的搜索字符串作为特例处理。

⟨*functions* 180⟩ +≡
```
    int Str_rmatch(const char *s, int i, int j,
        const char *str) {
        int len;

        convert(s, i, j);
        assert(str);
        len = strlen(str);
        if (len == 0)
            return j + 1;
        else if (len == 1) {
            if (j > i && s[j-1] == *str)
                return j;
        } else if (j - len >= i
        && strncmp(&s[j-len], str, len) == 0)
            return j - len + 1;
        return 0;
    }
```

15.3.3 转换函数

最后一个函数是 Str_fmt，它属于 Fmt 接口中提到的转换函数。对转换函数的调用序列在 14.1.2 节描述。flags、width 和 precision 参数规定了如何格式化字符串。

Str_fmt 的重要特性是，对于传递到某个 Fmt 函数的参数列表的可变部分，Str_fmt 会消耗其中三个参数。这三个参数分别指定了字符串和其中的两个位置。这两个位置给出了子串长度，与 flags、width 和 precision 一起确定了如何输出子串。Str_fmt 用 Fmt_puts 来解释这些值并输出该字符串：

⟨*functions* 180⟩ +≡
```
    void Str_fmt(int code, va_list *app,
        int put(int c, void *cl), void *cl,
        unsigned char flags[], int width, int precision) {
        char *s;
        int i, j;
```

```
    assert(app && flags);
    s = va_arg(*app, char *);
    i = va_arg(*app, int);
    j = va_arg(*app, int);
    convert(s, i, j);
    Fmt_puts(s + i, j - i, put, cl, flags,
        width, precision);
}
```

15.4 扩展阅读

[Plauger，1992]简要地批评了 string.h 中定义的函数，并说明了如何实现它们。[Roberts，1995]描述了一个简单的字符串接口，与 Str 类似，基于 string.h 实现。

Str 接口的设计几乎是从 Icon 程序设计语言[Griswold and Griswold，1990]的字符串操作功能逐字照搬过来的。使用位置而不是索引，以及使用非正数位置指定相对于字符串末尾的位置，这些都始于 Icon。

Str 的函数仿照了 Icon 中名称类似的字符串函数。Icon 中的函数更为强大，因为它们使用了 Icon 的目标导向的求值机制（goal-directed evaluation mechanism）。例如，Icon 的 find 函数可以返回一个字符串在另一个字符串中出现的所有位置，而后一个字符串则是根据调用 find 的上下文来确定的。Icon 还有一种字符串扫描功能也利用了目标导向的求值机制，这是一种强大的模式匹配功能。

Str_map 可用于实现数量众多的字符串转换过程。例如，如果 s 是一个包含 7 个字符的字符串，

```
Str_map("abcdefg", 1, 0, "gfedcba", s)
```

将返回 s 反向后的串。[Griswold，1980]探讨了对映射机制的此类用法。

15.5 习题

15.1 扩展 ids.c，使之识别并忽略 C 语言注释、字符串常数和关键字。推广你的扩展版本，使之能够接受命令行参数，以指定需要忽略的额外的标识符。

15.2 Str 的实现可以使用标准 C 库中的字符串和内存函数来复制字符串，如 strncpy 和 memcpy。例如，Str_sub 可以如下实现。

```
char *Str_sub(const char *s, int i, int j) {
    char *str;

    convert(s, i, j);
    str = strncpy(ALLOC(j - i + 1), s + i, j - i);
    str[j - i] = '\0';
```

```
        return str;
}
```

一些 C 编译器可以识别对 string.h 函数的调用，并生成内联代码，这可能比 C 语言中对应的循环机制快得多。高度优化的汇编语言实现通常也更快速。重新实现 Str 接口，尽可能使用 string.h 函数，在特定机器上使用特定 C 编译器来测量结果，然后按照字符串参数的长度，分别度量各个函数的改进情况。

15.3 设计并实现一个函数，来搜索一个子串，以查找通过正则表达式指定的模式，就像是 AWK 支持的那样，如[Aho, Kernighan and Weinberger, 1988]所述。该函数需要返回两个值：匹配串的起始位置及其长度。

15.4 Icon 有很广泛的字符串扫描功能。其?运算符可以建立一个扫描环境，提供一个字符串及其中的一个位置。像 find 这样的字符串函数调用时可以只用一个参数，函数对字符串及当前扫描环境中的位置进行操作。研究[Griswold and Griswold, 1990]中描述的 Icon 的字符串扫描功能，设计并实现一个提供类似功能的接口。

15.5 string.h 定义了下述函数

```
char *strtok(char *s, const char *set);
```

该函数将 s 划分为若干标记，以 set 中的字符作为分隔符。通过重复地调用 strtok，即可将字符串 s 划分为若干标记。只有第一个调用会传递 s 作为参数，strtok 找到第一个不在 set 中的字符，这也是第一个标记的起始地址，然后 strtok 会查找下一个出现在 set 中的字符，并将其改写为 0 字符，并返回第一个标记的地址。后续对 strtok 的调用（形如 strtok(NULL, set)），NULL 参数使得 strtok 从上一次搜索完成的位置继续查找，其过程类似，最后将返回此次找到的标记的起始地址。每次调用的 set 可以是不同的。在搜索失败时，strtok 返回 NULL。扩展 Str 接口，增加一个函数提供类似的功能，但不能修改其参数的内容。你可以改进 strtok 的设计吗？

15.6 Str 接口中的函数总是为其结果分配空间，在一些应用程序中这些分配操作可能是不必要的。假定接口中的函数可以接受一个可选的目标，仅当目标为 NULL 指针时才分配空间。例如，

```
char *Str_dup(char *dst, int size,
    const char *s, int i, int j, int n);
```

如果 dst 不是 NULL，该函数将导致结果存储在 dst[0..size - 1]中并返回 dst，否则，它将为结果分配空间，与当前版本相同。基于这种方法设计一个接口。请注意，一定要规定 size 过小时函数的行为。将你的设计与 Str 接口比较。哪个更简单？哪个不容易出错？

15.7 这里是另一个避免在 Str 函数中分配内存的提议。假定以下函数

```
void Str_result(char *dst, int size);
```

将 dst 作为下一次调用 Str 函数时的结果字符串。如果结果字符串不是 NULL，Str 函数将其结果存储到 dst[0..size - 1]中，并将结果字符串指针设为 NULL。如果结果字符串为 NULL，它们将照常为结果分配空间。讨论这个提议的利弊。

15

第 16 章

高级字符串

16

前一章描述了 Str 接口导出的函数，这些函数增强了 C 语言处理字符串的约定。按照惯例，字符串是字符的数组，其中最后一个字符是 NULL。虽然这种表示适用于许多应用程序，它确实有两个重要的缺点。首先，获取字符串长度需要搜索字符串，查找标志字符串结束的 0 字符，因此计算长度花费的时间与字符串的长度成正比。其次，Str 接口中的函数和标准库中的一些函数假定字符串是可以修改的，因此函数或其调用者必须为结果字符串分配空间，在不修改字符串的应用程序中，许多这种分配是不必要的。

本章描述的 Text 接口对字符串使用了一种稍有不同的表示，解决了这两个缺点。长度可以在常数时间内计算得到，因为相关信息保存在字符串中，而仅在有必要时才分配内存。Text 提供的字符串是不可改变的，即它们无法直接修改，而且其中可能包含嵌入的 0 字符。Text 提供了函数，可以在 Text 字符串和 C 风格字符串之间进行转换，这些转换函数是 Text 接口的改进带来的代价。

16.1 接口

Text 接口通过一个两个元素的描述符来表示字符串，描述符的两个元素分别是字符串的长度和指向第一个字符的指针：

⟨*exported types* 192⟩ ≡
```
typedef struct T {
    int len;
    const char *str;
} T;
```

⟨*text.h*⟩ ≡
```
#ifndef TEXT_INCLUDED
#define TEXT_INCLUDED
#include <stdarg.h>

#define T Text_T
```

⟨*exported types* 192⟩
⟨*exported data* 195⟩

⟨*exported functions* 193⟩

```
#undef T
#endif
```

`str` 字段指向的字符串不是以 0 字符结尾的。`Text_T` 指向的字符串可能包含任意字符，包含 0 字符在内。`Text` 接口给出了描述符的表示，使得客户程序可以直接访问其中的字段。给定一个 `Text_T` 实例，`s.len` 给出了字符串的长度，而实际的字符通过 `s.str[0..s.len - 1]` 访问。

客户程序可以读取 `Text_T` 实例中的字段和其指向的字符串中的字符，但不允许改变字段或字符，除非通过本接口中的函数，或者 `Text_T` 实例是由客户程序初始化的，或者 `Text_T` 实例是由 `Text_box` 返回的。改变 `Text_T` 描述的字符串，是一个未检查的运行时错误。向本接口中任何函数传递的 `Text_T` 实例，如果 `len` 字段为负值或 `str` 字段为 NULL，都是已检查的运行时错误。

`Text` 导出的函数按值传递和返回描述符，即传递给函数、函数返回的都是描述符本身，而不是指向描述符的指针。因而，`Text` 函数都不分配描述符。

必要时，一些 `Text` 函数确实会为字符串本身分配空间。这种串空间[①]完全由 `Text` 管理，客户程序决不能释放字符串（除下文所述的例外情况）。通过外部手段（如调用 `free` 或 `Mem_free`）释放字符串，是一个未检查的运行时错误。

以下函数

⟨*exported functions* 193⟩ ≡
```
extern T      Text_put(const char *str);
extern char *Text_get(char *str, int size, T s);
extern T      Text_box(const char *str, int len);
```

在描述符和 C 风格字符串之间进行转换。`Text_put` 将 0 结尾字符串 `str` 复制到串空间中，并返回对应于新字符串的描述符。`Text_put` 可能引发 `Mem_Failed` 异常。`str` 是 NULL，则造成已检查的运行时错误。

`Text_get` 将 `s` 描述的字符串复制到 `str[0..size - 2]` 中，附加一个 0 字符，并返回 `str`。如果 `size` 小于 `s.len+1`，则造成已检查的运行时错误。如果 `str` 是 NULL，`Text_get` 将忽略 `size`，调用 `Mem_alloc` 来分配 `s.len+1` 个字节，将 `s.str` 复制到新分配的空间中，并返回指向分配空间起始处的指针。在 `str` 是 NULL 时，`Text_get` 可能引发 `Mem_Failed` 异常。

客户程序调用 `Text_box` 为常数字符串或客户程序自行分配的字符串建立描述符。它将 `str` 和 `len` "装箱"到一个描述符中并返回描述符。例如，

```
static char editmsg[] = "Last edited by: ";
...
Text_T msg = Text_box(editmsg, sizeof (editmsg) - 1);
```

16

[①] 指由 `Text` 接口的实现为字符串分配的内存空间，本章中多处引用，故重新命名一个名称。

将对应于"Last edited by :"的 Text_T 实例赋值给 msg。请注意，Text_box 的第二个参数忽略了 editmsg 末尾的 0 字符。如果不略去该字符，它将被当做 msg 描述的字符串的一部分。str 是 NULL 或 len 是负值，则造成已检查的运行时错误。

许多 Text 函数可以接受字符串位置，位置的定义可参见 Str 接口。位置标识了字符之间的位置，包含第一个字符之前和最后一个字符之后。正数位置标识了从字符串第一个字符左侧开始（向右）的各个位置，而非正数位置标识了从字符串最后一个字符右侧开始（向左）的各个位置。例如图 15-1，给出了字符串 Interface 中的各个位置。

下列函数

⟨*exported functions* 193⟩ +≡
```
    extern T Text_sub(T s, int i, int j);
```

返回一个描述符，对应于 s 中位置 i 和 j 之间的子串。位置 i 和 j 可以按任意顺序给出。例如，如果

```
    Text_T s = Text_put("Interface");
```

下述表达式

```
    Text_sub(s,  6, 10)
    Text_sub(s,  0, -4)
    Text_sub(s, 10, -4)
    Text_sub(s,  6,  0)
```

都返回对应于子串 face 的描述符。

因为客户程序并不修改字符串中的字符，字符串也不需要以 0 字符结束，Text_sub 只需要返回一个 Text_T 实例，其中的 str 字段指向 s 的子串的第一个字符，而 len 字段设置为该子串的长度即可。因而 s 和返回值共享实际字符串中的字符，Text_sub 没有为返回值分配空间。但客户程序不能依赖于 s 和返回值共享同一字符串的这一事实，因为 Text 可能对空串和单字符串给予特殊处理。Text 导出的大部分函数都类似于 Str 导出的函数，但其中很多函数不接受位置参数，因为 Text_sub 用很少的代价提供了同样的功能。

以下函数

⟨*exported functions* 193⟩ +≡
```
    extern int Text_pos(T s, int i);
```

返回 s 中对应于任意位置 i 的正数位置。例如，如果 s 如上所述被赋值为 Interface，

```
    Text_pos(s, -4)
```

将返回 6。

如果 Text_pos 的参数 i 或者 Text_sub 中的参数 i 或 j 指定了 s 中一个不存在的位置，会造成已检查的运行时错误。

以下函数

⟨*exported functions* 193⟩ +≡
```
extern T Text_cat (T s1, T s2);
extern T Text_dup (T s, int n);
extern T Text_reverse(T s);
```

分别连接、复制和反转字符串，所有这些函数都可能引发 Mem_Failed 异常。Text_cat 返回一个描述符，对应于连接 s1 和 s2 得到的结果字符串，如果 s1 或 s2 是空串，则返回另一个参数。另外，Text_cat 仅在必要时构造 s1 和 s2 的一个新副本。

Text_dup 返回一个描述符，对应于连接 s 的 n 个副本得到的结果字符串，传递负的 n 值，是一个已检查的运行时错误。Text_reverse 返回一个字符串，其中包含了 s 中所有的字符，但字符出现的顺序与 s 正好相反。

⟨*exported functions* 193⟩ +≡
```
extern T Text_map(T s, const T *from, const T *to);
```

返回根据 from 和 to 指向的字符串映射 s 的结果，映射规则如下：对 s 中每个出现在 from 中的字符，使用 to 中的对应字符替换后输出到结果字符串，对于 s 中没有出现在 from 中的字符，字符本身直接输出到结果字符串。例如，

```
Text_map(s, &Text_ucase, &Text_lcase)
```

返回 s 的一个副本，其中的大写字母转换为对应的小写字母。Text_ucase 和 Text_lcase 是 Text 接口导出的预定义描述符中的两个例子。完整的预定义描述符列表如下：

⟨*exported data* 195⟩ ≡
```
extern const T Text_cset;
extern const T Text_ascii;
extern const T Text_ucase;
extern const T Text_lcase;
extern const T Text_digits;
extern const T Text_null;
```

Text_cset 是一个字符串，由所有 256 个 8 比特的字符组成，Text_ascii 包含 128 个 ASCII 字符，Text_ucase 是字符串 ABCDEFGHIJKLMNOPQRSTUVWXYZ，Text_lcase 是字符串 abcdefghijklmnopqrstuvwxyz，Text_digits 是 0123456789，Text_null 是空串。客户程序通过获取这些字符串的子串，可以形成其他常见的字符串。

Text_map 可以记录最新且不是 NULL 的 from 和 to 值，在 from 和 to 都是 NULL 时将使用记录的值。如果 from 和 to 中仅有一个为 NULL，或二者均非 NULL 时 from->len 不等于 to->len，则造成已检查的运行时错误。Text_map 可能引发 Mem_Failed 异常。

字符串通过以下函数比较

⟨*exported functions* 193⟩ +≡
```
extern int Text_cmp(T s1, T s2);
```

16

当 s1 小于、等于、大于 s2 时，该函数分别返回负值、0、正值。

Text 接口导出了一组字符串分析函数，与 Str 接口导出的相关函数几乎是相同的。如下所述的这些函数，可以接受被检查字符串中的位置作为参数，因为这些位置中通常编码了分析的当前状态信息。在接下来的描述中，s[i:j] 表示 s 中在位置 i 和 j 之间的子串，s[i] 表示 s 中位置 i 右侧的字符。

下列函数在字符串中查找单个字符或一组字符，在所有情况下，如果 i 或 j 指定不存在的位置，均属已检查的运行时错误。

⟨*exported functions* 193⟩ +≡
```
    extern int Text_chr(T s, int i, int j, int c);
    extern int Text_rchr(T s, int i, int j, int c);
    extern int Text_upto(T s, int i, int j, T set);
    extern int Text_rupto(T s, int i, int j, T set);
    extern int Text_any(T s, int i, T set);
    extern int Text_many(T s, int i, int j, T set);
    extern int Text_rmany(T s, int i, int j, T set);
```

Text_chr 和 Text_rchr 分别在 s[i:j] 查找最左侧和最右侧的字符 c，并返回 s 中该字符左侧的正数位置。如果 c 没有在 s[i:j] 中，两个函数都返回 0。Text_upto 在 s[i:j] 中从左向右搜索 set 中的任意字符，Text_rupto 在 s[i:j] 中从右向左搜索 set 中的任意字符，二者均返回找到的第一个字符左侧的正数位置。如果 set 中的所有字符都没有出现在 s[i:j] 中，两个函数都返回 0。

如果 s[i] 等于 c，Text_any 返回 Text_pos(s, i) + 1，否则返回 0。如果 s[i:j] 以 set 中的某个字符开始，Text_many 返回完全由 set 中字符组成的（最长）子串之后的正数位置；否则，该函数返回 0。如果 s[i:j] 以 set 中的某个字符结束，Text_rmany 返回完全由 set 中字符组成的（最长）子串之前的正数位置，否则 Text_rmany 返回 0。

剩余的分析函数查找字符串。

⟨*exported functions* 193⟩ +≡
```
    extern int Text_find(T s, int i, int j, T str);
    extern int Text_rfind(T s, int i, int j, T str);
    extern int Text_match(T s, int i, int j, T str);
    extern int Text_rmatch(T s, int i, int j, T str);
```

Text_find 和 Text_rfind 分别在 s[i:j] 查找最左侧和最右侧的子串 str，并返回 s 中该子串左侧的正数位置。如果 str 没有出现在 s[i:j] 中，两个函数都返回 0。

如果 s[i:j] 以子串 str 开始，那么 Text_match 返回 Text_pos(s, i) + str.len，否则返回 0。如果 s[i:j] 以子串 str 结束，那么 Text_rmatch 返回 Text_pos(s, j) - str.len，否则返回 0。

以下函数

⟨*exported functions* 193⟩ +≡

```
extern void Text_fmt(int code, va_list *app,
    int put(int c, void *cl), void *cl,
    unsigned char flags[], int width, int precision);
```

可以用于 Fmt 接口，作为转换函数。它消耗一个指向 Text_T 实例的指针，并按照可选的 flags、width 和 precision 参数来格式化字符串，格式化的方式与 printf 格式码%s 相同。之所以使用指向 Text_T 实例的指针，是因为在标准 C 语言中，在可变长度参数列表的可变部分传递小的结构，这种做法可能是不可移植的。指向 Text_T 实例的指针为 NULL、app 或 flags 为 NULL，均为已检查的运行时错误。

　　Text 接口使得客户程序可以有限地控制对串空间的分配，即，对于上文描述的返回描述符的函数，可以控制结果字符串实际存储的位置。具体来说，可通过下列函数以栈的形式来管理相应的内存空间。

⟨*exported types* 192⟩ +≡
```
    typedef struct Text_save_T *Text_save_T;
```

⟨*exported functions* 193⟩ +≡
```
    extern Text_save_T Text_save(void);
    extern void        Text_restore(Text_save_T *save);
```

Text_save 返回一个类型 Text_save_T 的不透明指针值，其中编码了串空间的"顶部"位置。该值在以后传递给 Text_restore，以释放 Text_save_T 值创建以来分配的那部分串空间。如果 h 是一个 Text_save_T 类型的值，调用 Text_restore(h) 将使在 h 之后创建的所有描述符和所有 Text_save_T 值变为无效。传递给 Text_restore 的 Text_save_T 值为 NULL，是一个已检查的运行时错误。调用 Text_restore 之后，使用变为无效的描述符和 Text_savt_T 值，是未检查的运行时错误。Text_save 可能引发 Mem_Failed 异常。

16.2 实现

　　Text 接口的实现与 Str 接口的实现非常类似，但 Text 函数可以利用几个重要的特例，详述如下。

⟨*text.c*⟩ ≡
```
    #include <string.h>
    #include <limits.h>
    #include "assert.h"
    #include "fmt.h"
    #include "text.h"
    #include "mem.h"

    #define T Text_T
```

⟨*macros* 198⟩
⟨*types* 205⟩
⟨*data* 198⟩

16

⟨*static functions* 204⟩
⟨*functions* 198⟩

所有常数描述符都指向一个由所有 256 个字符组成的字符串：

⟨*data* 198⟩ ≡
```
static char cset[] =
    "\000\001\002\003\004\005\006\007\010\011\012\013\014\015\016\017"
    "\020\021\022\023\024\025\026\027\030\031\032\033\034\035\036\037"
    "\040\041\042\043\044\045\046\047\050\051\052\053\054\055\056\057"
    "\060\061\062\063\064\065\066\067\070\071\072\073\074\075\076\077"
    "\100\101\102\103\104\105\106\107\110\111\112\113\114\115\116\117"
    "\120\121\122\123\124\125\126\127\130\131\132\133\134\135\136\137"
    "\140\141\142\143\144\145\146\147\150\151\152\153\154\155\156\157"
    "\160\161\162\163\164\165\166\167\170\171\172\173\174\175\176\177"
    "\200\201\202\203\204\205\206\207\210\211\212\213\214\215\216\217"
    "\220\221\222\223\224\225\226\227\230\231\232\233\234\235\236\237"
    "\240\241\242\243\244\245\246\247\250\251\252\253\254\255\256\257"
    "\260\261\262\263\264\265\266\267\270\271\272\273\274\275\276\277"
    "\300\301\302\303\304\305\306\307\310\311\312\313\314\315\316\317"
    "\320\321\322\323\324\325\326\327\330\331\332\333\334\335\336\337"
    "\340\341\342\343\344\345\346\347\350\351\352\353\354\355\356\357"
    "\360\361\362\363\364\365\366\367\370\371\372\373\374\375\376\377"
    ;
const T Text_cset   = { 256, cset };
const T Text_ascii  = { 128, cset };
const T Text_ucase  = {  26, cset + 'A' };
const T Text_lcase  = {  26, cset + 'a' };
const T Text_digits = {  10, cset + '0' };
const T Text_null   = {   0, cset };
```

Text 函数都接受位置参数，但会将位置转换为位置右侧字符的索引，以便访问字符串中的字符。正数位置减去 1 即可转换为索引值，非正数位置需要加上字符串的长度才能转换为索引值：

⟨*macros* 198⟩ ≡
```
#define idx(i, len) ((i) <= 0 ? (i) + (len) : (i) - 1)
```

索引值加 1 即可转换为正数位置，如 Text_pos 的实现所示，该函数将其位置参数转换为索引值，而后又将索引值转换为一个正数位置。

⟨*functions* 198⟩ ≡
```
int Text_pos(T s, int i) {
    assert(s.len >= 0 && s.str);
    i = idx(i, s.len);
    assert(i >= 0 && i <= s.len);
    return i + 1;
}
```

Text_pos 中的第一个断言实现了下述已检查的运行时错误：所有 Text_T 实例的 len 字段必须为非负值、str 字段不能为 NULL。第二个断言实现的已检查的运行时错误是：位置 i（已转换为索引）应该对应于 s 中一个有效位置。如果 s 有 N 个字符，有效索引值从 0 到 $N-1$，而有效正数位置从 1 到 $N+1$，这也是第二个断言可以接受 i 为 N 的原因。

Text_box 和 Text_sub 都建立并返回新的描述符。

⟨*functions* 198⟩ +≡
```
T Text_box(const char *str, int len) {
    T text;

    assert(str);
    assert(len >= 0);
    text.str = str;
    text.len = len;
    return text;
}
```

Text_sub 类似，但它必须将位置参数转换为索引，以便计算结果字符串的长度：

⟨*functions* 198⟩ +≡
```
T Text_sub(T s, int i, int j) {
    T text;

    ⟨convert i and j to indices in 0..s.len 199⟩
    text.len = j - i;
    text.str = s.str + i;
    return text;
}
```

如代码所示，在 i 和 j 由位置转换为索引之后，在 i 和 j 之间有 j - i 个字符。转换代码还会在适当情况下交换 i 和 j 的值，使得 i 总是指定了最左侧字符的索引。

⟨*convert* i *and* j *to indices in* 0..s.len 199⟩ ≡
```
assert(s.len >= 0 && s.str);
i = idx(i, s.len);
j = idx(j, s.len);
if (i > j) { int t = i; i = j; j = t; }
assert(i >= 0 && j <= s.len);
```

最后一个字符右侧的位置转换为一个不存在字符的索引，断言可以接受这种位置。仅当转换得到的索引值不用于获取或存储字符时，才使用⟨*convert i and j to indices in 0..s.len 279*⟩代码块。例如，Text_sub 仅使用该代码块计算子串的起始位置和长度。其他的 Text 函数仅在检查过 i 和 j 为有效索引后才使用 i 和 j 的结果值。

Text_put 将字符串复制到串空间中，Text_get 从串空间中获取字符串。因为几个原因，Text 实现了自身的分配函数*alloc(int len)，它可以在串空间中分配 len 个字节。首先，alloc 避免了通用分配器中使用的内存块首部（block header），这样它可以将字符串在内存中安排到相邻的位置。这使得可以对 Text_dup 和 Text_cat 进行几个重要的优化。其次，alloc 可以忽略对齐约束，字符实际上是不需要对齐约束的。最后，alloc 必须与 Text_save 和 Text_restore 协作。alloc 在 16.2.2 节开始描述，此外还有 Text_save 和 Text_restore。

在需要分配串空间的少数 Text 函数中，Text_put 是比较典型的。它调用 alloc 分配所需的内存空间，将其参数字符串复制到该空间中，并返回适当的描述符：

16

⟨*functions* 198⟩ +≡
```
T Text_put(const char *str) {
    T text;

    assert(str);
    text.len = strlen(str);
    text.str = memcpy(alloc(text.len), str, text.len);
    return text;
}
```

Text_put 调用 memcpy 而不是 strcpy 来复制字符串，因为它不能向 text.str 附加 0 字符。

Text_get 所做的刚好相反：它将字符串从串空间复制到一个 C 风格的字符串。如果指向 C 风格字符串的指针为 NULL，Text_get 调用 Mem 的通用分配器来为字符串及其结束 0 字符分配内存空间：

⟨*functions* 198⟩ +≡
```
char *Text_get(char *str, int size, T s) {
    assert(s.len >= 0 && s.str);
    if (str == NULL)
        str = ALLOC(s.len + 1);
    else
        assert(size >= s.len + 1);
    memcpy(str, s.str, s.len);
    str[s.len] = '\0';
    return str;
}
```

Text_get 调用 memcpy 而不是 strncpy 来复制字符串，因为它必须复制 s 中可能出现的 0 字符。

16.2.1 字符串操作

Text_dup 生成其 Text_T 参数 s 的 n 个副本，并将其连接起来。

⟨*functions* 198⟩ +≡
```
T Text_dup(T s, int n) {
    assert(s.len >= 0 && s.str);
    assert(n >= 0);
    ⟨Text_dup 200⟩
}
```

其中有几个重要的特例，可以避免分配 s 的 n 个副本。例如，如果 s 为空串或 n 为 0，则 Text_dup 返回空串，如果 n 为 1，Text_dup 只返回 s 即可：

⟨*Text_dup* 200⟩ ≡
```
if (n == 0 || s.len == 0)
    return Text_null;
if (n == 1)
    return s;
```

如果 s 是最近创建的，那么 s.str 可能刚好位于串空间的末端，即，s.str + s.len 可能等于下一个空闲字节的地址。倘若如此，只需要分配 s 的 n - 1 个副本，因为原来的 s 可以充当第一个副本。16.2.2 节定义的宏 isatend(s, n)，可以检查 s.str 是否位于串空间的末端，以及串空间中是否还有空闲空间可容纳至少 n 个字符。

⟨*Text_dup* 200⟩ +≡
```
{
    T text;
    char *p;
    text.len = n*s.len;
    if (isatend(s, text.len - s.len)) {
        text.str = s.str;
        p = alloc(text.len - s.len);
        n--;
    } else
        text.str = p = alloc(text.len);
    for ( ; n-- > 0; p += s.len)
        memcpy(p, s.str, s.len);
    return text;
}
```

Text_cat 返回两个字符串 s1 和 s2 连接的结果。

⟨*functions* 180⟩ +≡
```
T Text_cat(T s1, T s2) {
    assert(s1.len >= 0 && s1.str);
    assert(s2.len >= 0 && s2.str);
    ⟨Text_cat 201⟩
}
```

类似于 Text_dup，其中有几个重要的特例，可以避免分配内存。首先，如果 s1 或 s2 中有一个为空串，Text_cat 可以只返回另一个描述符：

⟨*Text_cat* 201⟩ ≡
```
if (s1.len == 0)
    return s2;
if (s2.len == 0)
    return s1;
```

s1 和 s2 可能已经是相邻的，在这种情况下 Text_cat 可以返回 s1 作为合并后的结果：

⟨*Text_cat* 201⟩ +≡
```
if (s1.str + s1.len == s2.str) {
    s1.len += s2.len;
    return s1;
}
```

如果 s1 位于串空间的末端，那么只需要复制 s2，否则，两个字符串都必须复制：

⟨*Text_cat* 201⟩ +≡
```
{
    T text;
```

16

```
        text.len = s1.len + s2.len;
        if (isatend(s1, s2.len)) {
            text.str = s1.str;
            memcpy(alloc(s2.len), s2.str, s2.len);
        } else {
            char *p;
            text.str = p = alloc(s1.len + s2.len);
            memcpy(p,            s1.str, s1.len);
            memcpy(p + s1.len,   s2.str, s2.len);
        }
        return text;
    }
```

Text_reverse 返回其参数 s 的一个副本，但其中字符的顺序与 s 相反，该函数只有两个重要特例：即 s 为空串和 s 只有一个字符时：

⟨*functions* 198⟩ +≡
```
    T Text_reverse(T s) {
        assert(s.len >= 0 && s.str);
        if (s.len == 0)
            return Text_null;
        else if (s.len == 1)
            return s;
        else {
            T text;
            char *p;
            int i = s.len;
            text.len = s.len;
            text.str = p = alloc(s.len);
            while (--i >= 0)
                *p++ = s.str[i];
            return text;
        }
    }
```

Text_map 的实现类似于 Str_map 的实现。首先，它使用 from 和 to 字符串建立一个数组来映射字符，给出一个输入字符 c，map[c] 即为输出字符串中对应于 c 的字符。map 初始化时，对所有 k 都将 map[k] 设置为 k，然后以 from 中的字符为索引，将 map 中的元素设置为 to 中对应的字符：

⟨*rebuild* map 202⟩ ≡
```
    int k;
    for (k = 0; k < (int)sizeof map; k++)
        map[k] = k;
    assert(from->len == to->len);
    for (k = 0; k < from->len; k++)
        map[(unsigned char)from->str[k]] = to->str[k];
    inited = 1;
```

在 map 初始化之后，inited 标志设置为 1，inited 用于实现下述已检查的运行时错误：第一次调用 Text_map 时，指定的 from 和 to 字符串必须不是 NULL：

⟨*functions* 198⟩ +≡
```
T Text_map(T s, const T *from, const T *to) {
    static char map[256];
    static int inited = 0;

    assert(s.len >= 0 && s.str);
    if (from && to) {
        ⟨rebuild map 202⟩
    } else {
        assert(from == NULL && to == NULL);
        assert(inited);
    }
    if (s.len == 0)
        return Text_null;
    else {
        T text;
        int i;
        char *p;
        text.len = s.len;
        text.str = p = alloc(s.len);
        for (i = 0; i < s.len; i++)
            *p++ = map[(unsigned char)s.str[i]];
        return text;
    }
}
```

Str_map 并不需要 inited 标志，因为 Str_map 不可能将一个字符映射到 0 字符，通过断言检查 map['a'] 非零，即足以实现已检查的运行时错误（参见 15.3.1 节）。但 Text_map 允许所有可能的映射，因而不能使用 map 中的一个值来实现该检查。

Text_cmp 比较两个字符串 s1 和 s2，并根据 s1 小于、等于或大于 s2，分别返回一个小于零、等于零或大于零的值。重要的特例是 s1 和 s2 指向同一字符串时，在这种情况下短的字符串小于长的。同样地，当一个字符串是另一个字符串的前缀时，较短的较小。

⟨*functions* 198⟩ +≡
```
int Text_cmp(T s1, T s2) {
    assert(s1.len >= 0 && s1.str);
    assert(s2.len >= 0 && s2.str);
    if (s1.str == s2.str)
        return s1.len - s2.len;
    else if (s1.len < s2.len) {
        int cond = memcmp(s1.str, s2.str, s1.len);
        return cond == 0 ? -1 : cond;
    } else if (s1.len > s2.len) {
        int cond = memcmp(s1.str, s2.str, s2.len);
        return cond == 0 ? +1 : cond;
    } else
        return memcmp(s1.str, s2.str, s1.len);
}
```

16

16.2.2 内存管理

Text 实现其自身的内存分配器，这样在 Text_dup 和 Text_cat 中它可以利用相邻的字符串。由于串空间只包含字符，Text 的分配器还可以避免内存块首部结构和对齐问题，能够节省空间。该分配器是第 6 章描述的内存池分配器的一种简单变体。串空间就如同一个内存池，其中已分配的大内存块位于从 head 发出的链表上：

⟨*data* 198⟩+≡
```
static struct chunk {
    struct chunk *link;
    char *avail;
    char *limit;
} head = { NULL, NULL, NULL }, *current = &head;
```

limit 字段指向内存块末端的下一个字节，avail 指向第一个空闲字节，link 指向下一个内存块，该内存块是全部空闲的。current 指向"当前"内存块，内存分配操作在该内存块中进行。上述的定义将 current 初始化为指向一个零长度内存块，第一次分配会向 head 附加一个新内存块。

alloc 从当前内存块分配 len 个字节，或分配一个至少为 10KB 的新内存块：

⟨*static functions* 204⟩ ≡
```
static char *alloc(int len) {
    assert(len >= 0);
    if (current->avail + len > current->limit) {
        current = current->link =
            ALLOC(sizeof (*current) + 10*1024 + len);
        current->avail = (char *)(current + 1);
        current->limit = current->avail + 10*1024 + len;
        current->link = NULL;
    }
    current->avail += len;
    return current->avail - len;
}
```

current->avail 是串空间末端第一个空闲字节的地址。对于一个 Text_T 实例 s 来说，如果 s.str + s.len 等于 current->avail，那么 s 就位于串空间的末端。因而宏 isatend 定义如下：

⟨*macros* 198⟩+≡
```
#define isatend(s, n) ((s).str+(s).len == current->avail\
    && current->avail + (n) <= current->limit)
```

Text_dup 和 Text_cat 可以利用出现在串空间末端的字符串，只要当前内存块中还包含足够的空闲空间可满足要求即可，这解释了 isatend 第二个参数的用途。

Text_save 和 Text_restore 向客户程序提供了一种方法，可以保存和恢复串空间末端的位置，该位置由 current 和 current->avail 的值给出。Text_save 返回一个不透明指针，指向下述结构的实例。

```
⟨types 205⟩ ≡
    struct Text_save_T {
        struct chunk *current;
        char *avail;
    };
```

该结构可以给出 current 和 current->avail 的值。

```
⟨functions 198⟩ +≡
    Text_save_T Text_save(void) {
        Text_save_T save;

        NEW(save);
        save->current = current;
        save->avail = current->avail;
        alloc(1);
        return save;
    }
```

Text_save 调用 alloc(1)在串空间中创建一个"洞"，使得对于在洞之前分配的任何字符串，调用 isatend 都会失败。因而，如果将返回给客户程序的串空间末端地址值作为边界，是不可能有某个字符串跨越这一边界的。

Text_restore 恢复 current 和 current->avail 的值，释放 Text_save_T 结构并将 *save 清零，并释放当前内存块之后所有的其他内存块。

```
⟨functions 198⟩ +≡
    void Text_restore(Text_save_T *save) {
        struct chunk *p, *q;

        assert(save && *save);
        current = (*save)->current;
        current->avail = (*save)->avail;
        FREE(*save);
        for (p = current->link; p; p = q) {
            q = p->link;
            FREE(p);
        }
        current->link = NULL;
    }
```

16.2.3 分析字符串

Text 导出的其余函数都用于检查字符串，这些函数都不会分配新的字符串。

Text_chr 在 s[i:j]中查找最左侧的某个指定字符：

```
⟨functions 198⟩ +≡
    int Text_chr(T s, int i, int j, int c) {
        ⟨convert i and j to indices in 0..s.len 199⟩
```

```
        for ( ; i < j; i++)
            if (s.str[i] == c)
                return i + 1;
        return 0;
    }
```

如果 s.str[i]等于 c，i+1 即为 s 中该字符左侧的位置。Text_rchr 的处理过程类似，但它查找子串中最右侧出现的字符 c：

⟨*functions* 198⟩ +≡
```
    int Text_rchr(T s, int i, int j, int c) {
        ⟨convert i and j to indices in 0..s.len 199⟩
        while (j > i)
            if (s.str[--j] == c)
                return j + 1;
        return 0;
    }
```

Text_upto 和 Text_rupto 类似 Text_chr 和 Text_rchr，但它们会在字符串中查找某个字符集合（通过一个 Text_T 实例指定）中的任意字符。

⟨*functions* 198⟩ +≡
```
    int Text_upto(T s, int i, int j, T set) {
        assert(set.len >= 0 && set.str);
        ⟨convert i and j to indices in 0..s.len 199⟩
        for ( ; i < j; i++)
            if (memchr(set.str, s.str[i], set.len))
                return i + 1;
        return 0;
    }
    int Text_rupto(T s, int i, int j, T set) {
        assert(set.len >= 0 && set.str);
        ⟨convert i and j to indices in 0..s.len 199⟩
        while (j > i)
            if (memchr(set.str, s.str[--j], set.len))
                return j + 1;
        return 0;
    }
```

Str_upto 和 Str_rupto 使用了 C 库函数 strchr 来检查 s 中的某个字符是否出现在 set 中。Text 中的对应函数不能使用 strchr，因为 s 和 set 都可能包含 0 字符，因此它们使用了 memchr 函数，该函数并不将 0 字符解释为字符串结束符。

Text_find 和 Text_rfind 在 s[i:j]中查找字符串，这两个函数也有类似的问题：这些函数在 Str 接口中对应的变体函数使用了 strncmp 来比较子串，但 Text 接口中的函数必须使用 memcmp，以便处理 0 字符。Text_find 在 s[i:j]中搜索最左侧出现的子串 str 时，将使用 memcmp 函数。当 str 为空串或只有一个字符时，这两种特例值得特别注意。

⟨*functions* 198⟩ +≡
```
    int Text_find(T s, int i, int j, T str) {
        assert(str.len >= 0 && str.str);
```

```
⟨convert i and j to indices in 0..s.len 199⟩
if (str.len == 0)
    return i + 1;
else if (str.len == 1) {
    for ( ; i < j; i++)
        if (s.str[i] == *str.str)
            return i + 1;
} else
    for ( ; i + str.len <= j; i++)
        if (equal(s, i, str))
            return i + 1;
return 0;
}
```

⟨*macros* 198⟩ +≡
```
#define equal(s, i, t) \
    (memcmp(&(s).str[i], (t).str, (t).len) == 0)
```

在一般情况下，Text_find 不可以检查超出子串 s[i:j]边界的字符，这也解释了 for 循环中的结束条件。

Text_rfind 类似 Text_find，但它搜索最右侧出现的 str，它会避免检查 s[i:j]之前的字符。

⟨*functions* 198⟩ +≡
```
int Text_rfind(T s, int i, int j, T str) {
    assert(str.len >= 0 && str.str);
    ⟨convert i and j to indices in 0..s.len 199⟩
    if (str.len == 0)
        return j + 1;
    else if (str.len == 1) {
        while (j > i)
            if (s.str[--j] == *str.str)
                return j + 1;
    } else
        for ( ; j - str.len >= i; j--)
            if (equal(s, j - str.len, str))
                return j - str.len + 1;
    return 0;
}
```

Text_any 查看 s 中位置 i 右侧的字符，如果该字符出现在 set 中，则返回 Text_pos(s, i) + 1。

⟨*functions* 198⟩ +≡
```
int Text_any(T s, int i, T set) {
    assert(s.len >= 0 && s.str);
    assert(set.len >= 0 && set.str);
    i = idx(i, s.len);
    assert(i >= 0 && i <= s.len);
    if (i < s.len && memchr(set.str, s.str[i], set.len))
        return i + 2;
    return 0;
```

```
        }
```

当 s[i] 在 set 中时，Text_any 返回 i + 2，因为 i + 1 是 s[i] 左侧的位置[①]，因此 i + 2 是
s[i] 右侧的位置。

Text_many 和 Text_rmany 通常在 Text_upto 和 Text_rupto 之后调用。它们会跨过一
连串属于某个给定集合的字符，并返回第一个不属于该集合的字符左侧的位置。Text_many 在
s[i:j] 中从左向右进行处理：

```
⟨functions 198⟩ +≡
    int Text_many(T s, int i, int j, T set) {
        assert(set.len >= 0 && set.str);
        ⟨convert i and j to indices in 0..s.len 199⟩
        if (i < j && memchr(set.str, s.str[i], set.len)) {
            do
                i++;
            while (i < j
            && memchr(set.str, s.str[i], set.len));
            return i + 1;
        }
        return 0;
    }
```

Text_rmany 从 s[i:j] 末端开始工作，从右向左处理，跨越一连串属于 set 的字符：

```
⟨functions 198⟩ +≡
    int Text_rmany(T s, int i, int j, T set) {
        assert(set.len >= 0 && set.str);
        ⟨convert i and j to indices in 0..s.len 199⟩
        if (j > i && memchr(set.str, s.str[j-1], set.len)) {
            do
                --j;
            while (j >= i
            && memchr(set.str, s.str[j], set.len));
            return j + 2;
        }
        return 0;
    }
```

当索引 j 对应的字符不属于 set，或 j 等于 i - 1 时，do-while 循环将结束。在前一种情况
下，j + 2 是"违例"字符右侧的位置，因而刚好在一连串属于 set 字符的左侧。在第二种情
况下，s[i:j] 完全由 set 中的字符构成，j + 2 位于 s[i:j] 的左侧。

如果 s[i:j] 开始于字符串 str，Text_match 会跳过 str。类似 Text_find，Text_match
的两个重要特例是，str 为空串和 str 只有一个字符的情形。Text_match 不能查看 s[i:j] 以
外的字符，下述第三个 if 语句中的条件，确保了只检查 s[i:j] 中的字符。

---

①原文中所谓的位置，是指字符之间的位置，不是指字符的位置，字符实际上没有位置的。——译者注

```
⟨functions 198⟩ +≡
    int Text_match(T s, int i, int j, T str) {
        assert(str.len >= 0 && str.str);
        ⟨convert i and j to indices in 0..s.len 199⟩
        if (str.len == 0)
            return i + 1;
        else if (str.len == 1) {
            if (i < j && s.str[i] == *str.str)
                return i + 2;
        } else if (i + str.len <= j && equal(s, i, str))
            return i + str.len + 1;
        return 0;
    }
```

Text_rmatch 类似 Text_match，如果 s[i:j] 以字符串 str 结束，那么该函数会返回 str 之前的位置，该函数不会检查 s[i:j] 之前的字符。

```
⟨functions 198⟩ +≡
    int Text_rmatch(T s, int i, int j, T str) {
        assert(str.len >= 0 && str.str);
        ⟨convert i and j to indices in 0..s.len 199⟩
        if (str.len == 0)
            return j + 1;
        else if (str.len == 1) {
            if (j > i && s.str[j-1] == *str.str)
                return j;
        } else if (j - str.len >= i
        && equal(s, j - str.len, str))
            return j - str.len + 1;
        return 0;
    }
```

16.2.4 转换函数

最后一个函数是 Text_fmt，这是一个格式转换函数，供 Fmt 接口导出的函数使用。Text_fmt 用于输出 Text_T，其风格与 printf 的 %s 格式符相同。它只是调用 Fmt_puts，像 printf 处理 C 字符串那样，来为 Text_T 解释 flags、width 和 precision。

```
⟨functions 198⟩ +≡
    void Text_fmt(int code, va_list *app,
            int put(int c, void *cl), void *cl,
            unsigned char flags[], int width, int precision) {
        T *s;

        assert(app && flags);
        s = va_arg(*app, T*);
        assert(s && s->len >= 0 && s->str);
        Fmt_puts(s->str, s->len, put, cl, flags,
            width, precision);
    }
```

16

不同于 Text 接口中的所有其他函数，Text_fmt 会消耗指向 Text_T 实例的一个指针，而不是 Text_T 的一个实例。Text_T 实例很小，通常是一个双字，但缺乏某种可移植的方法，使得我们能够在可变长度参数列表中将双字长度的结构实例与 double 区分开。因此，一些 C 语言实现无法在可变长度参数列表中按值可靠地传递双字结构实例。传递一个指向 Text_T 实例的指针，在所有的实现中都避免了这些问题。

16.3　扩展阅读

Text_T 的语义和实现都类似于 SNOBOL4[Griswold，1972]和 Icon[Griswold and Griswold，1990]中的字符串。这两种语言都是通用字符串处理语言，其内建特性与 Text 接口导出的函数很相似。

类似的表示和操作字符串的技术，已经在编译器和其他分析字符串的应用程序中长期使用，XPL 编译器生成器[Mckeeman, Horning and Wortman，1970]是一个早期的例子。在所有 Text_T 都已知的系统中，可使用垃圾收集技术来管理串空间。Icon 使用 XPL 的垃圾收集算法，来回收不被任何已知的 Text_T 实例引用的串空间[Hanson，1980]。它将已知的 Text_T 实例包含的字符串复制到串空间的起始处，来使字符串的存储更为紧凑。

[Hansen，1992]描述了字符串的一种完全不同的表示方法，其中的子串描述符承载了足够的信息，可以检索到子串所处的较大字符串。其中需要说明的一点是，这种表示使得字符串可以向左右扩展。

Rope 是另一种字符串表示方法，其中字符串由子串构成的树来表示[Boehm, Atkinson and Plass，1995]rope 中的字符可以在线性时间内遍历，这几乎与 Text_T 或 C 字符串相同，但子串操作需要花费对数时间。但字符串连接要快得多：连接两个 rope 只需花费常数时间。rope 的另一种有用特性是，rope 可以通过一个生成第 i 个字符的函数来描述。

16.4　习题

16.1　重写 15.2 节中描述的 ids.c，使用 Text 函数。

16.2　Text_save 和 Text_restore 不是很健壮。例如，下列操作序列是错误的，但该错误未被发现。

```
Text_save_T x, y;
x = Text_save();
...
y = Text_save();
...
Text_restore(&x);
...
Text_restore(&y);
```

在调用 Text_restore(&x) 之后，y 是无效的，因为它描述了 x 之后的一个串空间位置。

修改 Text 的实现，使得该错误成为一个已检查的运行时错误。

16.3 Text_save 和 Text_restore 只允许栈式分配。垃圾收集可能更好些，但要求所有可访问的 Text_T 实例都是已知的。设计 Text 接口的一个扩展版本，其中包含一个用来"注册" Text_T 实例的函数，另一个函数 Text_compact 使用[Hanson，1980]中描述的方案，将所有已注册的 Text_T 实例引用的字符串"紧缩"到串空间的起始处，以回收被未注册的 Text_T 实例占据的空间。

16.4 扩展搜索字符串的函数，如 Text_find 和 Text_match，使之能够接受 Text_T 参数来指定正则表达式，而不是只搜索普通的字符串。[Kernighan and Plauger，1976]描述了正则表达式，以及用于匹配正则表达式的自动机的实现。

16.5 基于[Hansen，1992]描述的子串模型，设计一个接口并实现。

16

第 17 章

扩展精度算术

在整数位宽为 32 位的计算机上,能够表示从 −2 147 483 648~+2 147 483 647 的有符号整数(使用二进制补码表示),以及从 0~4 294 967 295 的无符号整数。对很多(可能是大多数)应用程序来说,上述范围已经足够大了,但有一些应用程序需要更大的表示范围。整数的表示范围相对较小,但可以表示其中每一个整数值。浮点数的表示范围很巨大,但只能表示其中相对较少的值。如果对精确值取近似是可接受的,那么可以使用浮点数,例如许多科学应用,但在需要使用一个很大的范围中所有的整数值时,就不能使用浮点数了。

本章描述了一个很底层的接口 XP,它导出了一些函数,可用于固定精度扩展整数的算术操作。可以表示的值只受限于可用的内存。该接口用来服务于较高级的接口,如下两章描述的接口。这些高级接口的设计,使之可用于需要巨大范围整数值的应用程序中。

17.1 接口

一个 n 个数位的无符号整数 x 可以表示为下述多项式:

$$x = x_{n-1}b^{n-1} + x_{n-2}b^{n-2} + \cdots + x_1b^1 + x_0$$

其中 b 为基数,$0 \leq x_i < b$。在无符号整数位宽 32 位的计算机上,n 为 32,b 为 2,每个系数 x_i 表示为(32 个比特位中)对应的比特位。这种表示可以推广,用于以任意基数来表示无符号整数。例如,如果 b 为 10,那么每个 x_i 是 0~9(含)的一个整数,x 可以表示为一个数组。数字 2 147 483 647 可以表示为下列数组

```
unsigned char x[] = { 7, 4, 6, 3, 8, 4, 7, 4, 1, 2 };
```

其中 x_i 保存在 x[i] 中。数位 x_i 在 x 中出现的顺序,是最低位优先,这是实现算术操作最方便的顺序。

选择较大的基数可以节省内存,因为基数越大,数位的范围越大。例如,如果 b 为 $2^{16} = 65\,536$,每个数位是一个 0~65 535(含)的数,只需要两个数位(4 个字节)即可表示 2 147 483 647:

```
unsigned short x[] = { 65535, 32767 };
```

而以下包含 64 个数位的十进制数

  349052951084765949147849619903898133417764638493387843990820577

可以表示为一个 14 个元素（28 个字节）的数组：

```
{ 38625,  9033, 28867,  3500, 30620, 54807, 4503,
  60627, 34909, 43799, 33017, 28372, 31785,  8 }.
```

如果 b 为 2^k 而 k 是 C 语言中某种预定义无符号整数类型的位宽，那么可以使用较小的基数而不会浪费空间。可能更重要的一点是，较大的基数会使某些算术操作的实现复杂化。如下文详述，如果 unsigned long 类型可以容纳 $b^3 - 1$，那么即可避免这种复杂化。XP 使用的 b 值为 2^8，将每个数位存储在一个无符号字符中，因为标准 C 语言保证 unsigned long 位宽至少为 32，其中至少包含 3 个字节，因此 unsigned long 可以容纳 $b^3 - 1 = 2^{24} - 1$。使用 $b = 2^8$，需要花费 4 个字节表示 2 147 483 647：

```
unsigned char x[] = { 255, 255, 255, 127 };
```

需要 27 个字节表示上述的 64 个数位的十进制数：

```
{ 225, 150, 73, 35, 195, 112, 172,  13, 156, 119, 23, 214, 151, 17,
  211, 236, 93, 136, 23, 171, 249, 128, 212, 110, 41, 124,  8 }.
```

XP 接口揭示了这些表示细节：

```
⟨xp.h⟩ ≡
  #ifndef XP_INCLUDED
  #define XP_INCLUDED

  #define T XP_T
  typedef unsigned char *T;

  ⟨exported functions 214⟩

  #undef T
  #endif
```

即 XP_T 是一个由无符号字符构成的数组，包含了一个 n 位数的的各个数位，基数为 2^8，最低位优先。

如下所述，XP 接口中的函数以 n 为输入参数，XP_T 实例为输入/输出参数，这些数组必须足够大以便容纳 n 个数位。向该接口中任何函数传递的 XP_T 实例为 NULL、XP_T 实例容量太小、或长度 n 不是正值，都是未检查的运行时错误。XP 是一个危险的接口，因为省略大部分已检查的运行时错误。这种设计有两个原因。XP 的目标客户程序是较高级的接口，这些接口很可能已经规定并实现了必要的已检查的运行时错误。其次，XP 接口要尽可能简单，以便将其中一些函数以汇编语言实现（如果有性能方面的要求）。后一种考虑，是 XP 函数不进行内存分配的原因。

17

以下函数

⟨*exported functions* 214⟩ ≡
```
extern int XP_add(int n, T z, T x, T y, int carry);
extern int XP_sub(int n, T z, T x, T y, int borrow);
```

实现了 $z = x + y + \text{carry}$ 和 $z = x - y - \text{borrow}$。在此处以及下文，$x$、$y$ 和 z 指代由数组 x、y 和 z 表示的整数值，假定这些整数值包含 n 个数位。carry 和 borrow 必须为 0 或 1。XP_add 将 z[0..n - 1] 设置为 $x + y + \text{carry}$ 的值（和值最多包含 n 个数位），并返回最高有效位的进位输出。XP_sub 将 z[0..n - 1] 设置为 $x - y - \text{borrow}$ 的值（差值最多 n 个数位），并返回最高有效位的借位输出。因而，如果 XP_add 返回 1，则 n 个数位无法容纳 $x + y + \text{carry}$ 的值，而如果 XP_sub 返回 1，那么 $y > x$。如果只考虑这两个函数，x、y 或 z 中任意多个参数，均可为同一 XP_T 实例。

⟨*exported functions* 214⟩ + ≡
```
extern int XP_mul(T z, int n, T x, int m, T y);
```

上述函数实现了 $z = z + x * y$，其中 x 有 n 个数位，y 有 m 个数位。z 必须足以容纳 n+m 个数位：XP_mul 将 n+m 个数位的乘积 $x * y$，加到 z 上。当 z 初始化为 0 时，XP_mul 将 z[0..n+m - 1] 设置为 $x * y$。XP_mul 的返回值，是 x 和 y 的乘积最高有效位的进位输出。如果 z 与 x 或 y 为同一 XP_T 实例，则造成未检查的运行时错误。

XP_mul 说明了 const 限定符可以发挥作用的情形，const 有助于标识输入/输出参数，还可以作为文档，以防止此类运行时错误。下述声明

```
extern int XP_mul(T z, int n, const unsigned char *x,
                  int m, const unsigned char *y);
```

明确地规定了 XP_mul 从 x 和 y 读取并写入到 z，因而隐含地指出了 z 不应该与 x 或 y 相同。对 x 和 y 不能使用 const T 的语法，因为这将意味着"指向 unsigned char 的常数指针"，而不是我们预期的"指向 unsigned char 常数的指针"（参见 2.4 节）。习题 19.5 探讨了能够与 const 限定符正常协作的一些其他形式的 T 定义。

但 const 限定符并不能防止同一 XP_T 实例分别作为 x 和 z(或 y 和 z)传递，因为 unsigned char * 类型的值可以传递给 const unsigned char * 类型的参数。但 const 的这种用法，确实允许将一个 const unsigned char * 类型的值作为 x 和 y 传递，在 XP 接口声明的上述 XP_mul 函数中，必须使用类型转换来传递这些值。在 XP 接口中，const 的少量好处，很难平衡其冗长啰嗦的缺点。

以下函数

⟨*exported functions* 214⟩ + ≡
```
extern int XP_div(int n, T q, T x, int m, T y, T r,T tmp);
```

实现了除法：它计算了 $q = x/y$ 和 $r = x \bmod y$，q 和 x 有 n 个数位，r 和 y 有 m 个数位。如果 y

为 0，XP_div 返回 0，不改变 q 和 r，否则，它将返回 1。tmp 必须能够容纳至少 n+m+2 个数位。q 或 r 与 x 和 y 中之一相同、q 和 r 是同一 XP_T 实例、tmp 能够容纳的数位太少，都是未检查的运行时错误。

以下函数

⟨*exported functions* 214⟩ +≡
```
extern int XP_sum     (int n, T z, T x, int y);
extern int XP_diff    (int n, T z, T x, int y);
extern int XP_product (int n, T z, T x, int y);
extern int XP_quotient(int n, T z, T x, int y);
```

实现了 n 个数位的 XP_T 实例 x 和单个数位的整数值 y（基数 2^8）之间的加法、减法、乘法和除法。XP_sum 将 z[0..n - 1] 设置为 $x + y$ 的值，并返回最高有效位的进位输出。XP_diff 将 z[0..n - 1] 设置为 $x - y$ 的值，并返回最高有效位的借位输出。对于 XP_sum 和 XP_diff，y 必须为正数且不能大于基数 2^8。

XP_product 将 z[0..n - 1] 设置为 $x * y$ 的值，并返回最高有效位的进位输出，进位最大为 $2^8 - 1$。XP_quotient 将 z[0..n - 1] 设置为 x/y 的值并返回余数 $x \bmod y$，余数最大为 $y - 1$。对于 XP_product 和 XP_quotient，y 不能大于 $2^8 - 1$。

⟨*exported functions* 214⟩ +≡
```
extern int XP_neg(int n, T z, T x, int carry);
```

该函数将 z[0..n - 1] 设置为 ~x + carry 的值，并返回最高有效位的进位输出。在 carry 为 0 时，XP_neg 实现了取反（one's complement negation），在 carry 为 1 时，XP_neg 实现了求补（two's complement negation）。

XP_T 实例通过下列函数比较

⟨*exported functions*⟩ +≡
```
extern int XP_cmp(int n, T x, T y);
```

对于 $x < y$、$x = y$ 或 $x > y$ 三种情形，该函数分别返回负值、0、正值。

可以用下列函数对 XP_T 进行移位操作：

⟨*exported functions* 214⟩ +≡
```
extern void XP_lshift(int n, T z, int m, T x,
    int s, int fill);
extern void XP_rshift(int n, T z, int m, T x,
    int s, int fill);
```

17

上述两个函数分别将 x 左移/右移 s 个比特位得到的值赋值给 z，其中 z 有 n 个数位，x 有 m 个数位。当 n 大于 m 时，x 高位缺失的那些数位，如果进行左移，则其中的比特位当做 0 处理，如果进行右移，其中的比特位当做 fill 处理。空出的比特位用 fill 填充，fill 必须为 0 或 1。fill 为 0 时，XP_rshift 实现了逻辑右移（logical right shift），fill 为 1 时，XP_rshift 可用于实现算术右移（arithmetic right shift）。

⟨*exported functions* 214⟩ +≡
```
extern int            XP_length (int n, T x);
extern unsigned long XP_fromint(int n, T z,
    unsigned long u);
extern unsigned long XP_toint   (int n, T x);
```

XP_length 返回 x 中数位的数目，即，它返回 x[0..n - 1] 中最高非零数位的索引加 1。XP_fromint 将 z [0..n - 1] 设置为 u mod 2^{8n} 并返回 u / 2^{8n}，即返回 u 中 z 无法容纳的那些比特位。XP_toint 返回 x mod (ULONG_MAX+1)，即 x 中最低 8 * sizeof(unsigned long) 个比特位。

剩余的 XP 函数负责在字符串和 XP_T 之间进行双向转换。

⟨*exported functions* 214⟩ +≡
```
extern int XP_fromstr(int n, T z, const char *str,
    int base, char **end);
extern char *XP_tostr  (char *str, int size, int base,
    int n, T x);
```

XP_fromstr 类似 C 库中的 strtoul，它将 str 中的字符串解释为以 base 为基数的无符号整数。该函数忽略字符串开头的空白字符，并处理其后以 base 为基数的一个或多个数位。对于 11~36 的基数来说，XP_fromstr 将小写或大写字母解释为大于九的数位。base 小于 2 或大于 36，则为已检查的运行时错误。

在计算 str 指定的整数时，将使用通常的乘法算法，逐位累积计算，保存至 n 数位的 XP_T 实例 z：

```
for (p = str; *p is a digit; p++)
    z ← base*z + *p's value
```

函数的实现中，不会将 z 初始化为 0，客户程序必须正确地初始化 z 值。在一系列的 base * z 乘法运算中，当第一次出现非零进位输出时，该进位输出值将用作 XP_fromstr 的返回值，如果始终都没有非零进位输出，则返回 0。因而，如果 z 无法容纳 str 指定的数字，则 XP_fromstr 将返回非零值。

如果 end 不是 NULL，函数会将 *end 指向 XP_fromstr 的解释过程结束的那个字符，此时可能发生了乘法上溢或扫描到非数字字符。如果 str 中的各个字符不是基数 base 下的整数，那么 XP_fromstr 将返回 0，并将 *end 设置为 str（如果 end 不是 NULL）。str 是 NULL，则造成已检查的运行时错误。

XP_tostr 将 x 在基数 base 下的字符表示填充到 str 中（以 0 结尾），并返回 str。x 将设置为零。在 base 大于 10 时，大写字母用于表示大于 9 的数位。base 小于 2 或大于 36，则为已检查的运行时错误。str 为 NULL 或 size 太小，也是已检查的运行时错误，size 太小，是指 x 的字符表示加上一个 0 字符，超出 size 个字符的情形。

17.2 实现

```
⟨xp.c⟩ ≡
    #include <ctype.h>
    #include <string.h>
    #include "assert.h"
    #include "xp.h"

    #define T XP_T
    #define BASE (1<<8)

    ⟨data 229⟩
    ⟨functions 217⟩
```

XP_fromint 和 XP_toint 说明了 XP 函数必须执行的各种算术操作。XP_fromint 初始化一个 XP_T，使之等于某个指定的 unsigned long 值：

```
⟨functions 217⟩ ≡
    unsigned long XP_fromint(int n, T z, unsigned long u) {
        int i = 0;

        do
            z[i++] = u%BASE;
        while ((u /= BASE) > 0 && i < n);
        for ( ; i < n; i++)
            z[i] = 0;
        return u;
    }
```

严格来说，u%BASE 不是必需的，因为对 z[i]的赋值隐含地进行了模操作。所有实现算术操作的 XP 函数都执行了此类显式操作，以便协助说明函数使用的算法。由于基数是 2 的常数次幂，大多数编译器会将基数相关的乘法、除法、取模转换为等效的左移、右移、逻辑与。

XP_toint 是 XP_fromint 的逆：它将 XP_T 的最低 $8 * sizeof(unsigned long)$ 个比特位当做 unsigned long 返回。

```
⟨functions 217⟩ +≡
    unsigned long XP_toint(int n, T x) {
        unsigned long u = 0;
        int i = (int)sizeof u;

        if (i > n)
            i = n;
        while (--i >= 0)
            u = BASE*u + x[i];
        return u;
    }
```

一个非零的 n 数位 XP_T，如果其最高位部分是一个或多个连续的 0，那么其有效数位的数目要少于 n。XP_length 返回有效数位的数目，不计算最高有效位之前的 0 数位：

17

⟨*functions* 217⟩ +≡
```
int XP_length(int n, T x) {
    while (n > 1 && x[n-1] == 0)
        n--;
    return n;
}
```

17.2.1 加减法

实现加减法的算法，实际上是小学里笔算技巧的系统化再现。假定基数为 10，下述例子很好地说明了加法 $z = x + y$：

$$
\begin{array}{ccccc}
 & 1 & 0 & 1 & 0 \\
 & 9 & 4 & 2 & 8 \\
+ & & 7 & 3 & 2 \\
\hline
1 & 0 & 11 & 06 & 10
\end{array}
$$

加法的过程从最低有效位到最高有效位进行，在本例中，进位值的初始值为 0。每一步都建立和值 $S = carry + x_i + y_i$，z_i 的值为 $S \bmod b$，新的进位值为 S / b，其中 b 为基数，本例中为 10。顶行中以小号字体显示的数字是进位值，底部一行中以两个数位显示的数字是 S 的值。在本例中，进位输出为 1，因为 4 个数位无法容纳和值。XP_add 精确地实现了本算法，并返回最终的进位值：

⟨*functions* 217⟩ +≡
```
int XP_add(int n, T z, T x, T y, int carry) {
    int i;

    for (i = 0; i < n; i++) {
        carry += x[i] + y[i];
        z[i] = carry%BASE;
        carry /= BASE;
    }
    return carry;
}
```

循环的每一次迭代中，carry 暂时保存了对应于当前数位的和值 S，而后的除法，使得 carry 只包含进位值。各个数位都是 0 和 $b-1$ 之间的一个数字，进位值可以为 0 或 1，因此对单个数位来说，和值 S 的最大值为 $(b-1) + (b-1) + 1 = 2b - 1 = 511$，很容易放入一个 int 值中。

减法 $z = x - y$，类似于加法：

$$
\begin{array}{ccccc}
 & 0 & 1 & 1 & 0 & 0 \\
 & 9 & 4 & 2 & 8 \\
- & & 7 & 3 & 2 \\
\hline
18 & 06 & 09 & 16
\end{array}
$$

减法的过程从最低有效位到最高有效位进行，在本例中，借位值的初始值为 0。每一步都形成差值 $D = x_i + b - borrow - y_i$，$z_i$ 的值为 $D \bmod b$，新的借位值为 $1 - D/b$。顶行中以小号字体显示的数字是借位值，底部一行中以两个数位显示的数字是 D 的值。

⟨*functions* 217⟩ +≡
```
int XP_sub(int n, T z, T x, T y, int borrow) {
    int i;

    for (i = 0; i < n; i++) {
        int d = (x[i] + BASE) - borrow - y[i];
        z[i] = d%BASE;
        borrow = 1 - d/BASE;
    }
    return borrow;
}
```

D 至多为 $(b-1)+b-0-0=2b-1=511$，很容易放入一个 int 值中。如果最终的借位值非零，那么 x 小于 y。

单数位加减法[①]比通用的函数简单些，它们使用第二个操作数作为进位或借位：

⟨*functions* 217⟩ +≡
```
int XP_sum(int n, T z, T x, int y) {
    int i;

    for (i = 0; i < n; i++) {
        y += x[i];
        z[i] = y%BASE;
        y /= BASE;
    }
    return y;
}
int XP_diff(int n, T z, T x, int y) {
    int i;

    for (i = 0; i < n; i++) {
        int d = (x[i] + BASE) - y;
        z[i] = d%BASE;
        y = 1 - d/BASE;
    }
    return y;
}
```

XP_neg 类似单数位加法，但 x 的各个数位在加法之前会取反：

⟨*functions* 217⟩ +≡
```
int XP_neg(int n, T z, T x, int carry) {
    int i;

    for (i = 0; i < n; i++) {
        carry += (unsigned char)~x[i];
        z[i] = carry%BASE;
        carry /= BASE;
    }
```

17

---

① 有一个操作数只有单个数位。——译者注

```
        return carry;
    }
```

到 unsigned char 的类型转换确保了 ~x[i] 的值小于 b。

17.2.2 乘法

如果 x 有 n 个数位而 y 有 m 个数位，$z = x * y$ 会形成 m 个部分积，每个部分积都有 n 个数位，这 m 个部分积的和有 $n+m$ 个数位。以下例子说明了当 z 的初始值为 0、n 为 4、m 为 3 的情形下，乘法执行的过程：

$$
\begin{array}{r}
7\ 3\ 2 \\
\times\ 9\ 4\ 2\ 8 \\
\hline
5\ 8\ 5\ 6 \\
1\ 4\ 6\ 4 \\
2\ 9\ 2\ 8 \\
+\ 6\ 5\ 8\ 8 \\
\hline
6\ 9\ 0\ 1\ 2\ 9\ 6
\end{array}
$$

部分积不必明确地计算出来，在计算乘积中的的各个数位时，每个部分积都会加到 z 上。例如，第一个部分积 8 * 732 中的各个数位，会从最低有效位到最高有效位进行计算。该部分积的第 i 个数位将加到 z 的第 i 个数位，同时还会应用加法中的进位计算。第二个部分积 2 * 732 的第 i 个数位，加到 z 的第 $i+1$ 个数位。一般来说，当计算涉及 x_i 的部分积时，该部分积的各个数位将从 z 的第 i 个数位开始，加到 z 上。

⟨*functions* 217⟩ +≡
```
    int XP_mul(T z, int n, T x, int m, T y) {
        int i, j, carryout = 0;

        for (i = 0; i < n; i++) {
            unsigned carry = 0;
            for (j = 0; j < m; j++) {
                carry += x[i]*y[j] + z[i+j];
                z[i+j] = carry%BASE;
                carry /= BASE;
            }
            for ( ; j < n + m - i; j++) {
                carry += z[i+j];
                z[i+j] = carry%BASE;
                carry /= BASE;
            }
            carryout |= carry;
        }
        return carryout;
    }
```

因为在第一个嵌套循环中，来自部分积的各个数位加到 z 上，进位值最大可以达到 $b-1$，因此保存在 carry 中的和值，最大可以达到 $(b-1)(b-1) + (b-1) = b^2 - b = 65\,280$，unsigned 类型完全可以容纳该值。在将一个部分积加到 z 之后，第二个嵌套循环将进位值加到 z 中余下的数位上，并记录"这次"加法中 z 的最高位的进位。如果该进位值为 1，则 $z + x * y$ 的进位输出为 1。

单数位乘法相当于 XP_mul 的特例，即 m 等于 1、z 初始化为 0 的情形：

⟨*functions* 217⟩ +≡
```
int XP_product(int n, T z, T x, int y) {
    int i;
    unsigned carry = 0;

    for (i = 0; i < n; i++) {
        carry += x[i]*y;
        z[i] = carry%BASE;
        carry /= BASE;
    }
    return carry;
}
```

17.2.3 除法和比较

除法是最复杂的算术函数。有几种算法可以使用，其各有优缺点。可能其中最容易理解的算法，来自于计算 $q = x/y$ 和 $r = x \bmod y$ 的下述数学规则。

if $x < y$ then $q \leftarrow 0$, $r \leftarrow x$
else
  $q' \leftarrow x/2y$, $r' \leftarrow x \bmod 2y$
  if $r' < y$ then $q \leftarrow 2q'$, $r \leftarrow r'$ else $q \leftarrow 2q' + 1$, $r \leftarrow r' - y$

当然，涉及 q' 和 r' 的中间计算必须使用 XP_T 完成。

这个递归算法的问题在于对 q' 和 r' 的内存分配。这种分配可能多达 $\lg x$ 次（这里，$\lg$ 是以 2 为底的对数），因为 $\lg x$ 是递归深度的最大值。XP 接口禁止这种隐含的内存分配。

对于 $x \geqslant y$ 且 y 至少有两个有效数位的一般情形，XP_div 使用了一种高效的迭代算法，对 $x < y$ 的情形和 y 只有一个数位的情形，将使用更为简单的算法。

⟨*functions* 217⟩ +≡
```
int XP_div(int n, T q, T x, int m, T y, T r, T tmp) {
    int nx = n, my = m;

    n = XP_length(n, x);
    m = XP_length(m, y);
    if (m == 1) {
        ⟨single-digit division 222⟩
    } else if (m > n) {
        memset(q, '\0', nx);
        memcpy(r, x, n);
        memset(r + n, '\0', my - n);
    } else {
```

17

```
        ⟨long division 223⟩
    }
    return 1;
}
```

`XP_div` 首先检查是否为单数位除法，该情形隐含了对除以零的处理。

　　单数位除法很容易，因为商的各个数位可以使用 C 语言中普通的无符号整数除法计算。除法从最高位到最低位进行，进位值的初始值为零。十进制下的 9428 除以 7，即说明了除法涉及的各个步骤：

$$
7 \overline{\left)\; \begin{matrix} \mathbf{1} & \mathbf{3} & \mathbf{4} & \mathbf{6} & \\ 09 & 24 & 32 & 48 & 6 \end{matrix}\right.}
$$

在每一步，部分被除数 $R = \text{carry} * b + x_i$，商的数位 $q_i = R/y_0$，新的进位值为 $R \bmod y_0$。进位值是上图中以小号字体显示的数位。进位值的最终值即为余数。这正是 `XP_quotient` 所实现的操作，该函数返回余数：

```
⟨functions 217⟩ +≡
    int XP_quotient(int n, T z, T x, int y) {
        int i;
        unsigned carry = 0;

        for (i = n - 1; i >= 0; i--) {
            carry = carry*BASE + x[i];
            z[i] = carry/y;
            carry %= y;
        }
        return carry;
    }
```

R 在 `XP_quotient` 中赋值给 carry，其最大值为 $(b-1)b + (b-1) = b^2 - 1 = 65535$，unsigned 类型值可以容纳该值。

　　在 `XP_div` 中，调用 `XP_quotient` 返回的是 r 的最低有效位，因此其余数位必须明确设置为 0：

```
⟨single-digit division 222⟩ ≡
    if (y[0] == 0)
        return 0;
    r[0] = XP_quotient(nx, q, x, y[0]);
    memset(r + 1, '\0', my - 1);
```

　　在一般情况下，n 个数位的被除数除以 m 个数位的除数，其中 $n \geqslant m$ 且 $m > 1$。在基数 10 下，将 615 367 除以 296，就说明了除法的计算过程。被除数最高位之前会补一个 0 数位，使得 n 大于 m：

```
                          2  0  7  8
    2  9  6 │ 0  6  1  5  3  6  7
              0  5  9  2
              0  2  3  3
              0  0  0  0
                 2  3  3  6
                 2  0  7  2
                    2  6  4  7
                    2  3  6  8
                       2  7  9
```

高效地计算商的每个数位 q_k，是比较长的除法问题的关键，因为其中的计算涉及 m 个数位的操作数。

暂且假定我们知道如何计算商的各个数位，那么以下伪代码勾勒出了长除法的一个实现。

```
rem ← x 最高位前补 0
for (k = n - m; k >= 0; k--) {
  compute qk
  dq ← y*qk
  q->digits[k] = qk;
  rem ← rem - dq*b^k
  }
r ← rem
```

rem 的初始值等于 x，最高位前补 0。循环中计算了商的 $n-m+1$ 个数位，首先将 rem 的前 $m+1$ 个数位作为被除数，除以 m 个数位的除数，计算得到商的最高有效位。在每次迭代结束时，从 rem 减去 qk 和 y 的乘积，这会将 rem 减少一个数位。对上例来说，$n=6$，$m=3$，循环体执行了四次，k 值分别为 $6-3=3$、2、1、0。下表列出了每个迭代中 k、rem、qk 和 dq 的值。第二列中的下划线标识出了 rem 中除以 y 的前缀部分，即 296。

k	rem	qk	dq
3	<u>061</u>5367	2	0592
2	<u>023</u>367	0	0000
1	<u>233</u>67	7	2072
0	<u>264</u>7	8	2368
	279		

XP_div 需要空间来容纳两个临时变量 rem 和 dq 的各个数位，它需要为 rem 分配 $n+1$ 个字节、需要为 dq 分配 $m+1$ 个字节，这是 tmp 必须至少为 $n+m+2$ 个字节长的原因。在上述的伪代码框架中填入实际内容，用于长除法的代码块即演变为如下的形式：

⟨*long division* 223⟩ ≡
```
int k;
```

17

```
    unsigned char *rem = tmp, *dq = tmp + n + 1;
    assert(2 <= m && m <= n);
    memcpy(rem, x, n);
    rem[n] = 0;
    for (k = n - m; k >= 0; k--) {
        int qk;
        ⟨compute qk, dq ← y*qk 224⟩
        q[k] = qk;
        ⟨rem ← rem - dq*bᵏ 225⟩
    }
    memcpy(r, rem, m);
    ⟨fill out q and r with 0s 224⟩
```

tmp[0..n] 容纳了 rem 的 $n+1$ 个数位，而 tmp[n+1..n+1+m] 容纳了 dq 的 $m+1$ 个数位。在 tmp[0..k+m] 中，总是包含 rem 的 $k+m+1$ 个数位。下列代码计算了一个 $n - m + 1$ 个数位的商，和一个 m 个数位的余数，q 和 r 中其余的数位必须都设置为 0：

```
⟨fill out q and r with 0s 224⟩ ≡
    {
        int i;
        for (i = n-m+1; i < nx; i++)
            q[i] = 0;
        for (i = m; i < my; i++)
            r[i] = 0;
    }
```

到这里，只缺少计算商的各个数位所需的逻辑。一个简单但不当的方法是：将 qk 的初值设置为 $b - 1$，然后在一个循环中，只要 y * qk 大于 rem 的前 $m + 1$ 个数位，就将 qk 减 1：

```
qk = BASE-1;
dq ← y*qk;
while (rem[k..k+m] < dq) {
    qk--;
    dq ← y*qk;
}
```

这种方法太慢：该循环可能需要 $b - 1$ 次迭代，每个迭代需要 m 个数位的乘法和 $m+1$ 个数位的比较。更好的方法是使用通常的整数运算更精确地估计 qk 的值，并在估计错误时进行校正。实际上，用 rem 的前三个数位除以 y 的前两个数位，即可得到对 qk 的估计值，该值可能是正确的，或者比正确值大 1。因而，上述的循环可以替换为一个简单的测试：

```
⟨compute qk, dq ← y*qk 224⟩ ≡
    {
        int i;
        assert(2 <= m && m <= k+m && k+m <= n);
        ⟨qk ← y[m-2..m-1]/rem[k+m-2..k+m] 225⟩
        dq[m] = XP_product(m, dq, y, qk);
        for (i = m; i > 0; i--)
            if (rem[i+k] != dq[i])
                break;
        if (rem[i+k] < dq[i])
```

```
        dq[m] = XP_product(m, dq, y, --qk);
    }
```

上述代码块使用 XP_product 计算 y[0..m - 1] * qk，将结果赋值给 dq，返回最终的进位值，即 dq 的最高一个数位。for 循环逐数位比较 rem[k..k+m] 和 dq。如果 dq 大于 rem 的前 m+1 个数位，则 qk 比实际的正确值大 1，所以将 qk 减 1 并重新计算 dq。

可以利用普通的整数除法来估算 qk：

$\langle$qk $\leftarrow$ y[m-2..m-1]/rem[k+m-2..k+m] 225$\rangle \equiv$
```
    {
        int km = k + m;
        unsigned long y2 = y[m-1]*BASE + y[m-2];
        unsigned long r3 = rem[km]*(BASE*BASE) +
            rem[km-1]*BASE + rem[km-2];
        qk = r3/y2;
        if (qk >= BASE)
            qk = BASE - 1;
    }
```

r3 最大为 $(b-1)\,b^2+(b-1)b+(b-1)=b^3-1=16777215$，unsigned long 类型可以容纳 r3。这个计算，实际上限制了对 BASE 值的选择。unsigned long 可以容纳小于 2^{32} 的值，这要求 $b^3-1<2^{32}$，因此 BASE 必须小于 $2^{10.6666}$，即 BASE 不能大于 1625。在 2 的各个幂中，256 是不大于 1625 的最高次幂，而且刚好是另一个内建类型（unsigned char）所能容纳的最大值。

解决长除法问题，最后一步是从 rem 的前 m+1 个数位中减去 dq，这减小了 rem，并使其减少一个数位。在概念上，可以先算出 dq 左移 k 个数位后的值，并从 rem 减去该值，即可完成该减法。上文给出的 XP_sub，可用于完成这个减法运算，只需要将指向适当数位的指针传递给 XP_Sub 即可：

$\langle$rem $\leftarrow$ rem - dq*b^k 225$\rangle \equiv$
```
    {
        int borrow;
        assert(0 <= k && k <= k+m);
        borrow = XP_sub(m + 1, &rem[k], &rem[k], dq, 0);
        assert(borrow == 0);
    }
```

<*compute* qk, dq $\leftarrow$ y * qk 224> 中的代码说明，可以通过从最高有效位开始逐一比较各个数位，来比较两个多数位的数字。XP_cmp 刚好是用这个方法来比较两个 XP_T 参数的：

$\langle$*functions* 217$\rangle$ +=
```
    int XP_cmp(int n, T x, T y) {
        int i = n - 1;

        while (i > 0 && x[i] == y[i])
            i--;
        return x[i] - y[i];
    }
```

17

17.2.4   移位

XP 的实现中，有两个函数可以将 XP_T 左移/右移指定数目的比特位。移位 s 个比特位，通过两步完成：第一步移位 $8 * (s/8)$ 个比特位，每次移动一个字节，第二步移位剩余的 $s \bmod 8$ 个比特位，一次完成。fill 设置为全 1 或全 0 的字节值（即 0xff 或 0），以便使用该值一次填充一个字节，如下所示。

⟨*functions* 217⟩ +≡
```
void XP_lshift(int n, T z, int m, T x, int s, int fill) {
    fill = fill ? 0xFF : 0;
    ⟨shift left by s/8 bytes 226⟩
    s %= 8;
    if (s > 0)
        ⟨shift z left by s bits 227⟩
}
```

图 17-1 说明了这些步骤，图中原本是一个六个数位的 XP_T，包含 44 个值为 1 的比特位，在左移 13 个比特位后，形成了一个八个数位的 XP_T，在右侧的浅色阴影标识了移位后空出的比特位，这些将设置为 fill。

图 17-1   左移 13 个比特位

左移 s/8 个字节，可以通过下列赋值操作概述。

```
z[m+(s/8)..n-1] ← 0
z[s/8..m+(s/8)-1] ← x[0..m-1]
z[0..(s/8)-1] ← fill.
```

第一个赋值操作，将 z 中不出现（在 x 左移 s/8 字节后）的数位清零。在第二个赋值操作中，x_i 复制到 $z_{i+s/8}$，首先复制最高有效字节；第三个赋值操作，将 z 的 s/8 个最低有效字节设置为 fill。这些赋值操作都涉足到循环，初始化代码会处理 n 小于 m 的情形：

⟨*shift left by* s/8 *bytes* 226⟩ ≡
```
    {
        int i, j = n - 1;
        if (n > m)
            i = m - 1;
        else
```

```
               i = n - s/8 - 1;
           for ( ; j >= m + s/8; j--)
               z[j] = 0;
           for ( ; i >= 0; i--, j--)
               z[j] = x[i];
           for ( ; j >= 0; j--)
               z[j] = fill;
       }
```

在第二步中，s 已经简化为需要移位的比特位数目。

这种移位等效于将 z 乘以 2^s，然后将 z 的 s 个最低有效比特位设置为 fill。

⟨*shift z left by s bits* 227⟩ ≡
```
       {
           XP_product(n, z, z, 1<<s);
           z[0] |= fill>>(8-s);
       }
```

fill 是 0 或 0xFF，因此 fill >> (8 - s) 形成了 s 个填充比特位，可用于字节的最低 s 个比特位。

右移也使用了一个类似的两步过程：第一步右移 s/8 个字节，第二步右移余下的 s mod 8 个比特位。

⟨*functions* 217⟩ +≡
```
       void XP_rshift(int n, T z, int m, T x, int s, int fill) {
           fill = fill ? 0xFF : 0;
           ⟨shift right by s/8 bytes 228⟩
           s %= 8;
           if (s > 0)
               ⟨shift z right by s bits 228⟩
       }
```

将一个六个数位的 XP_T（包含 44 个值为 1 的比特位）右移 13 个比特位，到一个八数位的 XP_T 中，这一过程说明了右移的步骤，如图 17-2 所示，左侧的浅色阴影同样标识了空出和过多的比特位，这些比特位将设置为 fill。

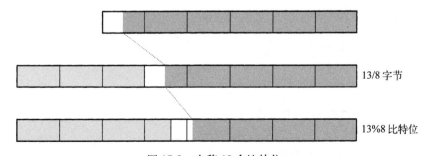

图 17-2　右移 13 个比特位

概述右移过程的三个赋值操作如下

```
z[0..m-(s/8)-1] ← x[s/8..m-1]
z[m-(s/8)..m-1] ← fill
z[m..n-1] ← fill.
```

第一个赋值操作将 x_i 复制到 $z_{i-s/8}$，首先复制最低有效字节，从字节 s/8 开始复制。第二个赋值操作将空出的字节设置为 fill，第三个赋值操作将 z 中未出现在 x 中的数位设置为 fill。当然，第二个和第三个赋值操作可以通过同一个循环完成：

⟨*shift right by* s/8 *bytes* 228⟩ ≡
```
    {
        int i, j = 0;
        for (i = s/8; i < m && j < n; i++, j++)
            z[j] = x[i];
        for ( ; j < n; j++)
            z[j] = fill;
    }
```

第二步将 z 右移 s 个比特位，等效于将 z 除以 2^s：

⟨*shift* z *right by* s *bits* 228⟩ ≡
```
    {
        XP_quotient(n, z, z, 1<<s);
        z[n-1] |= fill<<(8-s);
    }
```

表达式 fill << (8 - s) 形成了 s 个填充比特位，可用于字节的最高 s 个比特位，可以按位或到 z 的最高有效字节中。

17.2.5　字符串转换

XP 的最后二个函数用于 XP_T 与字符串的双向转换。XP_fromstr 将字符串转换为 XP_T，该函数可处理的字符串，首先是可选的空格，后接一个或多个数位（数位值受指定基数的限制，基数的范围在 2~36）。对于大于 10 的基数，用字母来表示大于 9 的数位。在遇到非法字符或 0 字符时，或乘法的进位输出非零时，XP_fromstr 停止扫描字符串参数。

⟨*functions* 217⟩ +≡
```
    int XP_fromstr(int n, T z, const char *str,
        int base, char **end) {
        const char *p = str;

        assert(p);
        assert(base >= 2 && base <= 36);
        ⟨skip white space 229⟩
        if ( ⟨*p is a digit in base 229⟩) {
            int carry;
            for ( ; ⟨*p is a digit in base 229⟩; p++) {
                carry = XP_product(n, z, z, base);
                if (carry)
                    break;
                XP_sum(n, z, z, map[*p-'0']);
```

```
            }
            if (end)
                *end = (char *)p;
            return carry;
        } else {
            if (end)
                *end = (char *)str;
            return 0;
        }
    }
```

⟨*skip white space* 229⟩ ≡
```
    while (*p && isspace(*p))
        p++;
```

如果 end 不是 NULL，XP_fromstr 将*end 设置为指向停止扫描时的字符。

如果 c 为数位字符，map[c - '0']是对应的数位值，例如，map['F' - '0']为 15。

⟨*data* 229⟩ ≡
```
    static char map[] = {
        0, 1, 2, 3, 4, 5, 6, 7, 8, 9,
        36, 36, 36, 36, 36, 36, 36,
        10, 11, 12, 13, 14, 15, 16, 17, 18, 19, 20, 21, 22,
        23, 24, 25, 26, 27, 28, 29, 30, 31, 32, 33, 34, 35,
        36, 36, 36, 36, 36, 36,
        10, 11, 12, 13, 14, 15, 16, 17, 18, 19, 20, 21, 22,
        23, 24, 25, 26, 27, 28, 29, 30, 31, 32, 33, 34, 35
    };
```

在 ASCII 字符'0'和'z'之间，对于少量无效的数位字符 c 来说，map[c - '0']为 36。这样，在以 base 为基数时，只要 map[c - '0']小于 base，那么 c 就是一个合法的数位字符。因而，XP_fromstr 可以用下述方式来测试*p 是否为数位字符：

⟨*p *is a digit in base* 229⟩ ≡
```
    (*p && isalnum(*p) && map[*p-'0'] < base)
```

XP_tostr 使用通常的算法来计算 x 的字符串表示，首先剥离最后一个数位，当然，XP_tostr 使用了 XP 接口中现有的函数来执行计算。

⟨*functions* 217⟩ +≡
```
    char *XP_tostr(char *str, int size, int base,
        int n, T x) {
        int i = 0;

        assert(str);
        assert(base >= 2 && base <= 36);
        do {
            int r = XP_quotient(n, x, x, base);
            assert(i < size);
            str[i++] =
                "0123456789ABCDEFGHIJKLMNOPQRSTUVWXYZ"[r];
            while (n > 1 && x[n-1] == 0)
```

17

```
            n--;
    } while (n > 1 || x[0] != 0);
    assert(i < size);
    str[i] = '\0';
    〈reverse str 230〉
    return str;
}
```

str 中的各个字符是前后反向的，因此 XP_tostr 在结束前需要将这些字符逆转过来。

```
〈reverse str 230〉≡
    {
        int j;
        for (j = 0; j < --i; j++) {
            char c = str[j];
            str[j] = str[i];
            str[i] = c;
        }
    }
```

17.3 扩展阅读

XP 中大部分算术函数都直接了当地实现了小学生水平的四则运算算法。[Hennessy and Patterson，1994]中的第 4 章和[Knuth，1981]中的 4.3 节都描述了实现算术操作的经典算法。[Knuth，1981]很好地综述了这些算法的悠久历史。

除法的实现比较困难，因为在计算商的各个数位时，有一些强加的约束。XP_div 中使用的算法取自[Brinch-Hansen，1994]，该论文包含了对"商数位估计值最多只大 1"结论的证明。Brinch-Hansen 还说明了，可以通过按比例放大操作数，在大多数情况下都可以避免校正 qk。按比例放大，只需要一次额外的单数位乘法和除法，但在大多数情况下可以避免（因 qk 必须减 1 而导致的）第二次乘法运算。

17.4 习题

17.1 实现递归式除法算法，并对照 XP_div 中使用的 Brinch-Hansen 算法，比较算法执行的时间和空间性能。是否在某些情况下，递归算法更可取？

17.2 实现[Hennessy and Patterson，1994]的第 4 章中描述的"移位相减"式除法算法，并对照 XP_div 中使用的 Brinch-Hansen 算法，比较其性能。

17.3 XP 接口中的大部分函数，执行时间都与操作数中数位的数目成正比。因而，以 2^{16} 为基数来表示 XP_T，将使这些函数运行速度提高到原来的两倍。但除法有个问题，因为

$$(2^{16})^3 - 1 = 28\ 147\ 497\ 610\ 655.$$

在大多数 32 位计算机上该值都大于 ULONG_MAX，无法使用普通的 C 语言整数运算（以一种可移植的方式）来估算商的数位。设计一种方法绕过这个问题，使用 2^{16} 为基数实现 XP

接口，并测量这种做法带来的好处。这种做法带来了好处，但是否值得为此而增加除法实现的复杂性？

17.4 针对基数 2^{32}，重新完成习题 17.3。

17.5 使用更大基数如 2^{32} 的扩展精度算术，通常更容易用汇编语言实现，因为许多机器提供了双精度指令，通常也很容易获得进位和借位值。而且，汇编语言实现也总是更快。请读者在喜爱的计算机上用汇编语言重新实现 XP 接口，并测定其在速度方面的改进。

17.6 实现一个 XP 函数，可以在指定范围内生成均匀分布的随机数。

17

第 18 章

任意精度算术 *18*

本章描述了 AP 接口，该接口提供了任意精度的有符号整数，以及相关的算术操作。不同于 XP_T，AP 提供的整数可以是负数或正数，它们可以包含任意数目的数位。可以表示的值只受限于可用的内存。这种整数可以用于需要在极大的范围内使用整数值的应用程序。例如，一些共同基金公司以百分之一美分（一美元的 1/10 000）为单位来跟踪股票价格，因而可能需要以百分之一美分为单位来完成所有的计算。这样，32 位无符号整数最大只能表示$429 496.729 5，对于一些资金量以十亿计的基金来说，这仅仅是九牛一毛。

当然，AP 的实现使用了 XP 接口，但 AP 是一个高级接口：它只暴露了一个不透明类型，用以表示任意精度的有符号整数。AP 导出了相应的函数，来分配并释放这种整数，以及对这种整数执行通常的算术操作。它还实现了 XP 忽略的那些已检查的运行时错误。大多数应用程序都应该使用 AP 接口或下一章描述的 MP 接口。

18.1 接口

AP 接口通过不透明指针类型，隐藏了任意精度有符号整数的表示细节：

⟨*ap.h*⟩ ≡
```
#ifndef AP_INCLUDED
#define AP_INCLUDED
#include <stdarg.h>

#define T AP_T
typedef struct T *T;
```

⟨*exported functions* 233⟩

```
#undef T
#endif
```

除明确注明的情况之外，向该接口中任一函数传递值为 NULL 的 AP_T，都造成已检查的运行时错误。

AP_T 实例由以下函数创建

⟨*exported functions* 233⟩ ≡
```
extern T AP_new(long int n);
extern T AP_fromstr(const char *str, int base,
    char **end);
```

AP_new 创建一个新的 AP_T，将其值初始化为 n，并返回该实例。AP_fromstr 也创建一个新的 AP_T 实例，将其初始化为通过 str 和 base 指定的值，并返回该实例。AP_new 和 AP_fromstr 都可能引发 Mem_Failed 异常。

AP_fromstr 类似 C 库中的 strtol，它将 str 中的字符串解释为以 base 为基数的整数。它在处理过程中，会忽略 str 前部的空格，可以接受一个可选的符号，后接一个或多个以 base 为基数的数位。对于 11 和 36 之间的基数来说，AP_fromstr 将小写或大写字母解释为大于九的数位。base 小于 2 或大于 36，则为已检查的运行时错误。

如果 end 不是 NULL，*end 被设置为指向 AP_fromstr 结束解释过程的字符处。如果 str 中的各个字符不是基数 base 下的整数，那么 AP_fromstr 将返回 NULL，并将*end 设置为 str（如果 end 不是 NULL）。str 是 NULL，则造成已检查的运行时错误。

以下函数

⟨*exported functions* 233⟩ +≡
```
extern long int AP_toint(T x);
extern char    * AP_tostr(char *str, int size,
    int base, T x);
extern void     AP_fmt(int code, va_list *app,
    int put(int c, void *cl), void *cl,
    unsigned char flags[], int width, int precision);
```

提取并输出 AP_T 实例表示的整数。AP_toint 返回一个 long int，其符号与 x 相同，绝对值等于 |x| mod (LONG_MAX+1)，其中 LONG_MAX 是 long int 可以表示的最大值。如果 x 是 LONG_MIN(在使用二进制补码的机器上，等于-LONG_MAX - 1)，AP_toint 返回-((LONG_MAX+1) mod (LONG_MAX+1))，即为 0。

AP_tostr 将 x 在基数 base 下的字符表示填充到 str 中(以 0 结尾)，并返回 str。在 base 大于 10 时，大写字母用于表示大于 9 的数位。base 小于 2 或大于 36，则为已检查的运行时错误。

如果 str 不是 NULL，AP_tostr 将向 str 中填充最多 size 个字符。如果 size 太小，则造成已检查的运行时错误：即 x 的字符表示加上一个 0 字符，需要的空间多于 size 个字符。如果 str 是 NULL，则忽略 size，AP_tostr 会分配一个足够大的字符串来保存 x 的表示，并返回该字符串。客户程序负责释放该字符串。在 str 是 NULL 时，AP_tostr 可能引发 Mem_Failed 异常。

AP_fmt 可以用作一个转换函数，与 Fmt 接口中的函数协作，来格式化 AP_T。它消耗一个 AP_T 实例，并根据可选的 flags、width 和 precision 来格式化该实例，其工作方式与 printf 限定符%d 格式化整数参数的方式相同。AP_fmt 可能引发 Mem_Failed 异常。app 或 flags 是 NULL，则为已检查的运行时错误。

18

AP_T 实例通过下列函数释放：

⟨*exported functions* 233⟩ +≡
```
extern void AP_free(T *z);
```

AP_free 释放*z 并将*z 设置为 NULL。如果 z 或*z 为 NULL，将造成已检查的运行时错误。

下列函数对 AP_T 实例执行算术操作。每个函数都返回一个 AP_T 实例作为结果，这些函数都可能引发 Mem_Failed 异常。

⟨*exported functions* 233⟩ +≡
```
extern T AP_neg(T x);
extern T AP_add(T x, T y);
extern T AP_sub(T x, T y);
extern T AP_mul(T x, T y);
extern T AP_div(T x, T y);
extern T AP_mod(T x, T y);
extern T AP_pow(T x, T y, T p);
```

AP_neg 返回$-x$，AP_add 返回$x+y$，AP_sub 返回$x-y$，AP_mul 返回$x*y$。在这里和下文中，x 和 y 代表变量 x 和 y 表示的整数值。AP_div 返回 x/y，而 AP_mod 返回 x mod y。除法向左舍入：当 x 或 y 之一为负数时，向负无穷大舍入，否则向 0 舍入，因此余数总是正数。更确切地说，对使得 $w*y=x$ 的实数 w 来说，x/y 的商 q 是不大于 w 的最大整数，而余数则定义为 $x-y*q$。该定义与第 2 章中所述 Arith 接口的实现是相同的。对于 AP_div 和 AP_mod，如果 y 为 0，则造成已检查的运行时错误。

当 p 为 NULL 时，AP_pow 返回 x^y。当 p 不是 NULL 时，AP_pow 返回 (x^y) mod p。y 为负数，或 p 不是 NULL 且小于 2，则造成已检查的运行时错误。

下述便捷函数

⟨*exported functions* 233⟩ +≡
```
extern T     AP_addi(T x, long int y);
extern T     AP_subi(T x, long int y);
extern T     AP_muli(T x, long int y);
extern T     AP_divi(T x, long int y);
extern long  AP_modi(T x, long int y);
```

类似于上面描述的函数，但使用 long int 类型来表示 y。例如，AP_addi(x, y) 等效于 AP_add (x, AP_new(y))。除法和取模运算的规则，与 AP_div 和 AP_mod 相同。这些函数都可能引发 Mem_Failed 异常。

AP_T 可以用下述函数进行移位操作：

⟨*exported functions* 233⟩ +≡
```
extern T AP_lshift(T x, int s);
extern T AP_rshift(T x, int s);
```

AP_lshift 返回 x 左移 s 个比特位后得到的 AP_T 实例，该值等于 x 乘以 2^s。AP_rshift 返回 x 右移 s 个比特位后得到的 AP_T 实例，该值等于 x 除以 2^s。这两个函数的返回值与 x 符号相同。

s 为负数，则造成已检查的运行时错误，移位操作可能引发 `Mem_Failed` 异常。

AP_T 通过下列函数比较

⟨*exported functions* 233⟩ +≡
```
extern int AP_cmp (T x, T y);
extern int AP_cmpi(T x, long int y);
```

对于 $x<y$、$x=y$、$x>y$ 的情形，这两个函数都会分别返回一个小于 0、等于 0、大于 0 的整数。

18.2 例子：计算器

一个可完成任意精度计算的计算器，说明了 AP 接口的用法。下一节描述了 AP 接口的实现，其中说明了 XP 接口的使用。

计算器 `calc`，使用了波兰后缀表示法（Polish suffix notation）：值被推入栈上，运算符将其操作数从栈中弹出，并将运算结果再次推入栈上。一个值由一个或多个连续的十进制数位组成，支持的运算符如下。

~	取反
+	加法
−	减法
*	乘法
/	除法
%	取模
^	取幂
d	复制栈顶部的值
p	输出栈顶部的值
f	自顶向下，输出栈上所有的值
q	退出

空格字符用于分隔值，其他情况下忽略空格，其他字符被作为无法识别的运算符处理。栈的大小只受可用内存的限制，但发生栈下溢时会输出诊断消息。

`calc` 是一个简单程序，有三个主要任务：解释输入、计算值、管理栈。

⟨*calc.c*⟩ ≡
```
#include <ctype.h>
#include <stdio.h>
#include <string.h>
#include <stdlib.h>
#include "stack.h"
#include "ap.h"
#include "fmt.h"
```

⟨*calc data* 236⟩
⟨*calc functions* 236⟩

18

包含 stack.h 头文件表明，calc 使用第 2 章描述的 Stack 接口来实现栈。

⟨*calc data* 236⟩ ≡
```
Stack_T sp;
```

⟨*initialization* 236⟩ ≡
```
sp = Stack_new();
```

在 sp 为空时 calc 不能调用 Stack_pop，因此它将所有的栈弹出操作封装到一个函数中，在其中检查栈下溢：

⟨*calc functions* 236⟩ ≡
```
AP_T pop(void) {
    if (!Stack_empty(sp))
        return Stack_pop(sp);
    else {
        Fmt_fprint(stderr, "?stack underflow\n");
        return AP_new(0);
    }
}
```

该函数总是返回一个 AP_T 实例（即使栈为空），这简化了 calc 中其他处的错误检测。

calc 中的主循环读取下一个"标记"——值或运算符，并据此执行对应的操作：

⟨*calc functions* 236⟩ +≡
```
int main(int argc, char *argv[]) {
    int c;

    ⟨initialization 236⟩
    while ((c = getchar()) != EOF)
        switch (c) {
        ⟨cases 237⟩
        default:
            if (isprint(c))
                Fmt_fprint(stderr, "?'%c'", c);
            else
                Fmt_fprint(stderr, "?'\\%03o'", c);
            Fmt_fprint(stderr, " is unimplemented\n");
            break;
        }
    ⟨clean up and exit 236⟩
}
```

⟨*clean up and exit* 236⟩ ≡
```
⟨clear the stack 239⟩
Stack_free(&sp);
return EXIT_SUCCESS;
```

输入字符或者是空格、或者是值的第一个数字、或者是运算符，其他的输入字符视为错误，由 switch 语句中的 default 子句处理。空格忽略即可：

⟨*cases* 237⟩ ≡
```
case ' ': case '\t': case '\n': case '\f': case '\r':
    break;
```

数字字符是值的开始，从第一个数字字符开始，calc 将其后的各个数字字符都收集到一个缓冲区中，使用 AP_fromstr 将这一连串数字字符转换为 AP_T 实例：

⟨*cases* 237⟩ +≡
```
case '0': case '1': case '2': case '3': case '4':
case '5': case '6': case '7': case '8': case '9': {
    char buf[512];
    ⟨gather up digits into buf 239⟩
    Stack_push(sp, AP_fromstr(buf, 10, NULL));
    break;
}
```

每个运算符都从栈上弹出零或多个操作数，压入零或多个结果。其中，加法颇具代表性：

⟨*cases* 237⟩ +≡
```
case '+': {
    ⟨pop x and y off the stack 237⟩
    Stack_push(sp, AP_add(x, y));
    ⟨free x and y 237⟩
    break;
}
```

⟨*pop* x *and* y *off the stack* 237⟩ ≡
```
AP_T y = pop(), x = pop();
```

⟨*free* x *and* y 237⟩ ≡
```
AP_free(&x);
AP_free(&y);
```

很容易犯下将同一 AP_T 实例多次压栈的错误，这种情况下，基本上不可能知道该释放哪个 AP_T。上述代码给出了一个简单的协议，以避免该问题：只有入栈的 AP_T 实例才是"持久"的，其他的都会通过调用 AP_free 释放。

减法和乘法在形式上类似于加法：

⟨*cases* 237⟩ +≡
```
case '-': {
    ⟨pop x and y off the stack 237⟩
    Stack_push(sp, AP_sub(x, y));
    ⟨free x and y 237⟩
    break;
}
case '*': {
    ⟨pop x and y off the stack 237⟩
    Stack_push(sp, AP_mul(x, y));
    ⟨free x and y 237⟩
    break;
}
```

18

除法和取模也比较简单，但必须防止除数为 0 的情形。

```
⟨cases 237⟩ +≡
  case '/': {
      ⟨pop x and y off the stack 237⟩
      if (AP_cmpi(y, 0) == 0) {
          Fmt_fprint(stderr, "?/ by 0\n");
          Stack_push(sp, AP_new(0));
      } else
          Stack_push(sp, AP_div(x, y));
      ⟨free x and y 237⟩
      break;
  }
  case '%': {
      ⟨pop x and y off the stack 237⟩
      if (AP_cmpi(y, 0) == 0) {
          Fmt_fprint(stderr, "?%% by 0\n");
          Stack_push(sp, AP_new(0));
      } else
          Stack_push(sp, AP_mod(x, y));
      ⟨free x and y 237⟩
      break;
  }
```

取幂操作必须防止非正数的幂指数：

```
⟨cases 237⟩ +≡
  case '^': {
      ⟨pop x and y off the stack 237⟩
      if (AP_cmpi(y, 0) <= 0) {
          Fmt_fprint(stderr, "?nonpositive power\n");
          Stack_push(sp, AP_new(0));
      } else
          Stack_push(sp, AP_pow(x, y, NULL));
      ⟨free x and y 237⟩
      break;
  }
```

复制栈顶部的值，需要首先将其从栈中弹出（以便检测下溢），然后将该值及其副本压栈。复制 AP_T 实例的唯一途径是将其与 0 做加法。

```
⟨cases 237⟩ +≡
  case 'd': {
      AP_T x = pop();
      Stack_push(sp, x);
      Stack_push(sp, AP_addi(x, 0));
      break;
  }
```

输出一个 AP_T 实例，需要将 AP_cvt 关联到一个格式码，并在传递给 Fmt_fmt 的格式串中使用该格式码，calc 使用 D 作为格式码。

```
⟨initialization 236⟩ +≡
```

```
    Fmt_register('D', AP_fmt);
```

⟨*cases* 237⟩ +=
```
    case 'p': {
        AP_T x = pop();
        Fmt_print("%D\n", x);
        Stack_push(sp, x);
        break;
    }
```

输出栈上所有值的过程，揭示了 Stack 接口的一个弱点：无法访问栈顶以下的值，或获取栈上值的总数。一个更好的栈接口，可能还需要包括诸如 Table_length 和 Table_map 之类的函数，没有这些函数，calc 必须创建一个临时栈，将主栈的内容换入临时栈中，在此过程中分别输出各个值，而后再将临时栈的内容换入主栈。

⟨*cases* 237⟩ +=
```
    case 'f':
        if (!Stack_empty(sp)) {
            Stack_T tmp = Stack_new();
            while (!Stack_empty(sp)) {
            AP_T x = pop();
            Fmt_print("%D\n", x);
            Stack_push(tmp, x);
            }
            while (!Stack_empty(tmp))
                Stack_push(sp, Stack_pop(tmp));
            Stack_free(&tmp);
        }
        break;
```

switch 语句中余下的 case 子句，分别处理取反、清空栈、退出等操作：

⟨*cases* 237⟩ +=
```
    case '~': {
        AP_T x = pop();
        Stack_push(sp, AP_neg(x));
        AP_free(&x);
        break;
    }
    case 'c': ⟨clear the stack 239⟩ break;
    case 'q': ⟨clean up and exit 236⟩
```

⟨*clear the stack* 239⟩ ≡
```
    while (!Stack_empty(sp)) {
        AP_T x = Stack_pop(sp);
        AP_free(&x);
    }
```

18

calc 在清空栈时，会释放栈中的 AP_T 实例，以避免出现无法访问、存储空间永不释放的对象。

calc 的最后一个代码块将一连串数字字符读取到 buf 中：

⟨*gather up digits into* buf 239⟩ ≡

```
{
    int i = 0;
    for ( ; c != EOF && isdigit(c); c = getchar(), i++)
        if (i < (int)sizeof (buf) - 1)
            buf[i] = c;
    if (i > (int)sizeof (buf) - 1) {
        i = (int)sizeof (buf) - 1;
        Fmt_fprint(stderr,
            "?integer constant exceeds %d digits\n", i);
    }
    buf[i] = 0;
    if (c != EOF)
        ungetc(c, stdin);
}
```

如该代码所示，calc 遇到超长的数字时会输出错误信息并截断。

18.3   实现

AP 接口的实现，说明了 XP 接口的典型用法。对于有符号数，AP 接口使用了一种符号-绝对值的表示：一个 AP_T 实例指向一个结构，其中包括该数的符号及其绝对值（一个 XP_T 实例）：

⟨*ap.c*⟩ ≡
```
#include <ctype.h>
#include <limits.h>
#include <stdlib.h>
#include <string.h>
#include "assert.h"
#include "ap.h"
#include "fmt.h"
#include "xp.h"
#include "mem.h"

#define T AP_T

struct T {
    int sign;
    int ndigits;
    int size;
    XP_T digits;
};
```
⟨*macros* 242⟩
⟨*prototypes* 242⟩
⟨*static functions* 241⟩
⟨*functions* 241⟩

sign 为 1 或者–1。size 是分配的数位的数目，digits 指向这些数位，它可能大于 ndigits，即当前使用数位的数目。即，一个 AP_T 实例表示一个数值，具体的数值由 digits

[0..ndigits - 1]中的 XP_T 实例给出。AP_T 总是规格化的：其最高有效数位总是非零值，除非这个 AP_T 实例本身表示 0。因而，ndigits 通常小于 size。图 18-1 给出了一个 11 数位的 AP_T 实例，在小端序计算机（字宽 32 位，字符位宽 8 位）上表示的数值为 751 702 468 129。digits 数组中不使用的元素以阴影表示。

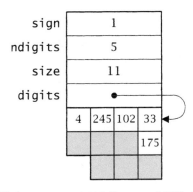

图 18-1　值为 751 702 468 129 的 AP_T 实例的小端序布局

AP_T 实例通过下列函数分配：

⟨*functions* 241⟩ ≡
```
  T AP_new(long int n) {
      return set(mk(sizeof (long int)), n);
  }
```

该函数调用了静态函数 mk 完成实际分配操作，mk 分配了一个可容纳 size 个数位的 AP_T 实例，并将其初始化为 0。

⟨*static functions* 241⟩ ≡
```
  static T mk(int size) {
      T z = CALLOC(1, sizeof (*z) + size);
      assert(size > 0);
      z->sign = 1;
      z->size = size;
      z->ndigits = 1;
      z->digits = (XP_T)(z + 1);
      return z;
  }
```

在符号-绝对值的表示法中，0 有两种表示，按照惯例，AP 接口只使用正数表示，如 mk 中的代码所示。

AP_new 调用静态函数 set 将 AP_T 实例初始化为 long int 类型参数的值，set 照例将 long int 类型的最小值作为特例处理：

⟨*static functions* 241⟩ +≡
```
  static T set(T z, long int n) {
      if (n == LONG_MIN)
```

```
            XP_fromint(z->size, z->digits, LONG_MAX + 1UL);
        else if (n < 0)
            XP_fromint(z->size, z->digits, -n);
        else
            XP_fromint(z->size, z->digits, n);
        z->sign = n < 0 ? -1 : 1;
        return normalize(z, z->size);
    }
```

对 z->sign 的赋值是一个惯用法，以确保 sign 的值是 1 或–1，0 的 sign 值为 1。XP_T 实例是非规格化的，因为其最高有效数位可能为 0。当一个 AP 函数生成的 XP_T 实例可能非规格化的时候，它可以调用 normalize 计算正确的 ndigits 字段，来修正这种情况：

⟨*static functions* 241⟩ +≡
```
    static T normalize(T z, int n) {
        z->ndigits = XP_length(n, z->digits);
        return z;
    }
```

⟨*prototypes* 242⟩ ≡
```
    static T normalize(T z, int n);
```

AP_T 实例通过下列函数释放：

⟨*functions* 241⟩ +≡
```
    void AP_free(T *z) {
        assert(z && *z);
        FREE(*z);
    }
```

AP_new 是分配 AP_T 实例的唯一途径，因此，让 AP_free "知道" 结构本身和 digit 数组的空间是只调用一次分配操作得到的，事实上是安全的。

18.3.1　取反和乘法

取反是最容易实现的算术操作，它说明了在符号–绝对值表示法下会重复出现的一个问题：

⟨*functions* 241⟩ +≡
```
    T AP_neg(T x) {
        T z;

        assert(x);
        z = mk(x->ndigits);
        memcpy(z->digits, x->digits, x->ndigits);
        z->ndigits = x->ndigits;
        z->sign = iszero(z) ? 1 : -x->sign;
        return z;
    }
```

⟨*macros* 242⟩ ≡
```
    #define iszero(x) ((x)->ndigits==1 && (x)->digits[0]==0)
```

对 x 取反只需复制值并翻转符号即可，值为 0 的情况下例外。iszero 宏利用了 AP_T 实例均为规格化的约束：表示 0 的 AP_T 实例只会有一个数位。

　　$x \cdot y$ 的绝对值是 $|x| \cdot |y|$，乘积包含的数位的数目，是 x 和 y 中的数位数之和。在 x 和 y 符号相同时，或当 x 和 y 中至少有一个为 0 时，乘积结果是正数，否则为负数。符号值为 -1 或 1，因此下述比较

⟨x *and* y *have the same sign* 243⟩ ≡
```
((x->sign^y->sign) == 0)
```

在 x 和 y 符号相同时为 true，否则为 false。AP_mul 调用 XP_mul 计算 $|x| \cdot |y|$，并计算符号本身：

⟨*functions* 241⟩ +≡
```
T AP_mul(T x, T y) {
    T z;

    assert(x);
    assert(y);
    z = mk(x->ndigits + y->ndigits);
    XP_mul(z->digits, x->ndigits, x->digits, y->ndigits,
        y->digits);
    normalize(z, z->size);
    z->sign = iszero(z)
        ||  ⟨x and y  have the same sign 243⟩ ? 1 : -1;
    return z;
}
```

回忆前文可知，XP_mul 计算了 $z = z + x \cdot y$，而 mk 将 z 初始化为规格化的 0。

18.3.2　加减法

　　加法更为复杂，因为其中可能需要减法，这取决于 x 和 y 的符号和值。下面综述了各种情况。

	$y < 0$	$y \geqslant 0$
$x < 0$	$-(|x| + |y|)$	$y - |x|$　if $y \geqslant |x|$ $-(|x| - y)$　if $y < |x|$
$x \geqslant 0$	$x - |y|$　if $x > |y|$ $-(|y| - x)$　if $x \leqslant |y|$	$x + y$

　　当 x 和 y 均为非负值时，$|x| + |y|$ 等于 $x + y$，因此对角线上的两种情形，可以通过计算 $|x| + |y|$ 并将结果的符号设置为 x 的符号来完成。与 x 和 y 中的较长者相比，结果可能多出一个数位。

⟨*functions* 241⟩ +≡
```
T AP_add(T x, T y) {
    T z;
```

18

```
          assert(x);
          assert(y);
          if ( ⟨x and y have the same sign 243⟩) {
              z = add(mk(maxdigits(x,y) + 1), x, y);
              z->sign = iszero(z) ? 1 : x->sign;
          } else
              ⟨set z to x+y when x and y have different signs 244⟩
          return z;
      }
```

⟨*macros* 242⟩+≡
```
      #define maxdigits(x,y) ((x)->ndigits > (y)->ndigits ? \
          (x)->ndigits : (y)->ndigits)
```

add 调用 XP_add 完成实际的加法操作：

⟨*static functions* 241⟩+≡
```
      static T add(T z, T x, T y) {
          int n = y->ndigits;

          if (x->ndigits < n)
              return add(z, y, x);
          else if (x->ndigits > n) {
              int carry = XP_add(n, z->digits, x->digits,
                  y->digits, 0);
              z->digits[z->size-1] = XP_sum(x->ndigits - n,
                  &z->digits[n], &x->digits[n], carry);
          } else
              z->digits[n] = XP_add(n, z->digits, x->digits,
                  y->digits, 0);
          return normalize(z, z->size);
      }
```

add 中的第一个测试确保 x 是较长的操作数。如果 x 比 y 长，XP_add 计算 n 数位的和保存到 z->digits[0..n - 1] 中，并返回进位值。该进位值与 x->digits[n..x->ndigits - 1] 的和，又在计算后保存到 z->digits [n..z->size - 1]。如果 x 和 y 数位的数目相同，如前例 XP_add 计算 n 数位的和，进位值即为 z 的最高有效数位。

加法的其他情形也可以简化。在 $x < 0$，$y \geqslant 0$，且 $|x| > |y|$ 时，$x+y$ 的绝对值是 $|x| - |y|$，和的符号为负。在 $x \geqslant 0$，$y < 0$，且 $|x| > |y|$ 时，$x+y$ 的绝对值也是 $|x| - |y|$，但其符号为正。在这两种情况下，结果的符号都与 x 的符号相同。如下所述，sub 和 cmp 分别执行减法和比较操作。结果的数位数目与 x 相同。

⟨*set z to x+y when x and y have different signs* 244⟩≡
```
      if (cmp(x, y) > 0) {
          z = sub(mk(x->ndigits), x, y);
          z->sign = iszero(z) ? 1 : x->sign;
      }
```

在 $x < 0$，$y \geqslant 0$，且 $|x| \leqslant |y|$ 时，$x+y$ 的绝对值是 $|y| - |x|$，和的符号为正。在 $x \geqslant 0$，$y < 0$，且 $|x| \leqslant |y|$

时，$x+y$ 的绝对值也是 $|y|-|x|$，但其符号为负。在这两种情况下，结果的符号都与 x 的符号相反，其数位数目与 y 相同。

⟨*set* z *to* x+y *when* x *and* y *have different signs* 244⟩+≡
```
else {
    z = sub(mk(y->ndigits), y, x);
    z->sign = iszero(z) ? 1 : -x->sign;
}
```

减法同样得益于类似的分析。下表给出了减法操作的各种情况。

	$y < 0$	$y \geqslant 0$
$x < 0$	$-(\|x\| - \|y\|)$ if $\|x\| > \|y\|$ $\|y\| - \|x\|$ if $\|x\| \leqslant \|y\|$	$-(\|x\| + y)$
$x \geqslant 0$	$x + \|y\|$	$x - y$ if $x > y$ $-(y - x)$ if $x \leqslant y$

这里，非对角线情形都比较容易，只需要计算 $|x| + |y|$，并将结果的符号设置为 x 的符号，即可处理：

⟨*functions* 241⟩+≡
```
T AP_sub(T x, T y) {
    T z;

    assert(x);
    assert(y);
    if (! ⟨x and y have the same sign 243⟩) {
        z = add(mk(maxdigits(x,y) + 1), x, y);
        z->sign = iszero(z) ? 1 : x->sign;
    } else
        ⟨set z to x-y when x and y have the same sign 245⟩
    return z;
}
```

对角线情形取决于 x 和 y 相对大小。当 $|x| > |y|$ 时，$x-y$ 的绝对值是 $|x|-|y|$，其符号与 x 相同，当 $|x| \leqslant |y|$ 时，$x-y$ 的绝对值是 $|y|-|x|$，而其符号与 x 相反。

⟨*set* z *to* x-y *when* x *and* y *have the same sign* 245⟩≡
```
if (cmp(x, y) > 0) {
    z = sub(mk(x->ndigits), x, y);
    z->sign = iszero(z) ? 1 : x->sign;
} else {
    z = sub(mk(y->ndigits), y, x);
    z->sign = iszero(z) ? 1 : -x->sign;
}
```

类似于 add，sub 也调用 XP 函数来实现减法，其中 y 不大于 x。

⟨*static functions* 241⟩+≡

```
static T sub(T z, T x, T y) {
    int borrow, n = y->ndigits;

    borrow = XP_sub(n, z->digits, x->digits,
        y->digits, 0);
    if (x->ndigits > n)
    borrow = XP_diff(x->ndigits - n, &z->digits[n],
        &x->digits[n], borrow);
    assert(borrow == 0);
    return normalize(z, z->size);
}
```

当 x 比 y 长时，对 XP_sub 的调用计算了 n 数位的差值，并保存到 z->digits[0..n - 1]中，同时返回借位值。x->digits[n..x->ndigits - 1]与该借位值的差值，则通过 XP_diff 计算，保存到 z->digits[n..z->size - 1]中，最终的借位值为 0，因为调用 sub 时，$|x| \geqslant |y|$ 总是成立的。如果 x 和 y 数位数目相同，同样使用 XP_sub 计算 n 数位的差值，但借位值不会向高位传播。

18.3.3　除法

除法类似于乘法，但舍入规则使除法变得比较复杂。当 x 和 y 符号相同时，商为$|x|$ / $|y|$且是正数，余数为$|x|$ mod $|y|$[①]。当 x 和 y 符号不同时，商是负数，其绝对值为$|x|$ / $|y|$（当$|x|$ mod $|y|$为 0时）或$|x|$ / $|y|$ + 1（当$|x|$ mod $|y|$不为 0时）。当$|x|$ mod $|y|$为 0时，余数为$|x|$ mod $|y|$，否则余数为$|y| - (|x|$ mod $|y|)$。因而余数总是正数。商和余数的数位数目，（最多时）分别与 x 和 y 的数位数目相同。

$\langle functions\ 241 \rangle + \equiv$
```
T AP_div(T x, T y) {
    T q, r;

    ⟨q ← x/y, r ← x mod y 246⟩
    if (! ⟨x and y have the same sign 243⟩ && !iszero(r)) {
        int carry = XP_sum(q->size, q->digits,
            q->digits, 1);
        assert(carry == 0);
        normalize(q, q->size);
    }
    AP_free(&r);
    return q;
}
```

$\langle q \leftarrow x/y, r \leftarrow x\ mod\ y\ 246 \rangle \equiv$
```
assert(x);
assert(y);
assert(!iszero(y));
q = mk(x->ndigits);
```

[①] 请注意，按本书的定义，当 x 和 y 均为负数时，$x = y * q + r$的关系式并不成立。——译者注

```
        r = mk(y->ndigits);
        {
            XP_T tmp = ALLOC(x->ndigits + y->ndigits + 2);
            XP_div(x->ndigits, q->digits, x->digits,
                y->ndigits, y->digits, r->digits, tmp);
            FREE(tmp);
        }
        normalize(q, q->size);
        normalize(r, r->size);
        q->sign = iszero(q)
            || ⟨x and y have the same sign 243⟩ ? 1 : -1;
```

在 x 和 y 符号不同时，AP_div 并不校正余数，因为该函数会丢弃余数。AP_mod 的行为刚好相反：它只校正余数，而丢弃商。

⟨*functions* 241⟩ +≡
```
    T AP_mod(T x, T y) {
        T q, r;

        ⟨q ← x/y, r ← x mod y 246⟩
        if (! ⟨x and y have the same sign 243⟩ && !iszero(r)) {
            int borrow = XP_sub(r->size, r->digits,
                y->digits, r->digits, 0);
            assert(borrow == 0);
            normalize(r, r->size);
        }
        AP_free(&q);
        return r;
    }
```

18.3.4 取幂

当第三个参数 p 为 NULL 时，AP_pow 返回 x^y。当 p 不是 NULL 时，AP_pow 返回 $(x^y) \bmod p$。

⟨*functions* 241⟩ +≡
```
    T AP_pow(T x, T y, T p) {
        T z;

        assert(x);
        assert(y);
        assert(y->sign == 1);
        assert(!p || p->sign==1 && !iszero(p) && !isone(p));
        ⟨special cases 248⟩
        if (p)
            ⟨z ← x^y mod p 249⟩
        else
            ⟨z ← x^y 248⟩
        return z;
    }
```

⟨*macros* 242⟩ +≡
```
    #define isone(x) ((x)->ndigits==1 && (x)->digits[0]==1)
```

为计算 $z = x^y$，一种容易采用的做法是将 z 设置为 1，连续 y 次用 x 乘以 z。其问题在于，如果 y 很大，比方说 y 的十进制表示有 200 个数位，那么这种方法花费的时间，将远超过宇宙的年龄。数学规则有助于简化计算：

$$z = \begin{cases} (x^{y/2})^2 = (x^{y/2})(x^{y/2}) & \text{如果 } x \text{ 为偶数} \\ x \cdot x^{y-1} = (x^{y/2})(x^{y/2})x & \text{否则} \end{cases}$$

这些规则使得我们可以通过递归方式实现 AP_pow，并将中间结果乘方或乘积即可。递归的深度（以及由此得出的操作步数）与 $\lg y$ 成正比。当 x 或 y 为 0 或 1 时，递归过程到达最低点，因为 $0^y = 0$，$1^y = 1$，$x^0 = 1$，$x^1 = x$。前三种特例处理如下：

⟨*special cases* 248⟩ ≡
```
    if (iszero(x))
        return AP_new(0);
    if (iszero(y))
        return AP_new(1);
    if (isone(x))
        return AP_new( ⟨y is even 248⟩ ? 1 : x->sign);
```

⟨*y is even* 248⟩ ≡
```
    (((y)->digits[0]&1) == 0)
```

递归过程实现了对第四个特例以及上述方程式描述的两种情形的处理：

⟨*z* ← *x*^*y* 248⟩ ≡
```
    if (isone(y))
        z = AP_addi(x, 0);
    else {
        T y2 = AP_rshift(y, 1), t = AP_pow(x, y2, NULL);
        z = AP_mul(t, t);
        AP_free(&y2);
        AP_free(&t);
        if (! ⟨y is even 248⟩) {
            z = AP_mul(x, t = z);
            AP_free(&t);
        }
    }
```

y 是正数，因此将其右移 1 位，相当于计算了 $y/2$。中间结果 $y/2$、$x^{y/2}$ 和 $(x^{y/2})(x^{y/2})$ 都被释放，以避免出现无法访问的内存。

在 p 不是 NULL 时，AP_pow 计算了 $x^y \bmod p$。当 $p > 1$ 时，我们实际上不能计算 x^y，因为该值可能太大，例如，如果 x 的十进制表示有 10 个数位，而 y 为 200，结果 x^y 的数位数，可能比宇宙中的原子数还多，但 $x^y \bmod p$ 实际上是一个小得多的数。可使用下述关于模乘法的数学规则，来避免出现过大的数字：

$$(x \cdot y) \bmod p = ((x \bmod p) \cdot (y \bmod p)) \bmod p$$

AP_mod 和静态函数 mulmod 可协同实现该规则。mulmod 使用 AP_mod 和 AP_mul 来实现

$x \cdot y \bmod p$，请注意释放临时乘积 $x \cdot y$。

⟨*static functions* 241⟩+≡
```
static T mulmod(T x, T y, T p) {
    T z, xy = AP_mul(x, y);
    z = AP_mod(xy, p);
    AP_free(&xy);
    return z;
}
```

p 不是 NULL 时，AP_pow 的代码与 p 为 NULL 时的代码几乎相同，只是调用了 mulmod 来执行乘法，并将 p 传递给对 AP_pow 的递归调用，且在 y 为奇数时使用 mod p 来缩减 x。

⟨$z \leftarrow x^y \bmod p$ 249⟩≡
```
if (isone(y))
    z = AP_mod(x, p);
else {
    T y2 = AP_rshift(y, 1), t = AP_pow(x, y2, p);
    z = mulmod(t, t, p);
    AP_free(&y2);
    AP_free(&t);
    if (! ⟨y is even 248⟩) {
        z = mulmod(y2 = AP_mod(x, p), t = z, p);
        AP_free(&y2);
        AP_free(&t);
    }
}
```

18.3.5 比较

比较 x 和 y 的结果，取决于二者的符号和绝对值。当 $x < y$、$x = y$、$x > y$ 时，AP_cmp 分别返回小于零、等于零、大于零的值。当 x 和 y 符号不同时，AP_cmp 只需返回 x 的符号，否则，它必须比较二者的绝对值：

⟨*functions* 241⟩+≡
```
int AP_cmp(T x, T y) {
    assert(x);
    assert(y);
    if (! ⟨x and y have the same sign 243⟩)
        return x->sign;
    else if (x->sign == 1)
        return cmp(x, y);
    else
        return cmp(y, x);
}
```

当 x 和 y 都是正数时，如果 $|x| < |y|$，即有 $x < y$，依次类推。当 x 和 y 都是负数时，如果 $|x| > |y|$，则有 $x < y$，这是在第二次调用 cmp 时逆转参数顺序的原因。在 cmp 检查操作数长度不同的情形之后，由 XP_cmp 完成实际的比较：

⟨*static functions* 241⟩ +≡
```
static int cmp(T x, T y) {
    if (x->ndigits != y->ndigits)
        return x->ndigits - y->ndigits;
    else
        return XP_cmp(x->ndigits, x->digits, y->digits);
}
```

⟨*prototypes* 242⟩ +≡
```
static int cmp(T x, T y);
```

18.3.6　便捷函数

AP 接口的六个便捷函数，都以一个 AP_T 实例作为第一个参数，而使用有符号长整数作为第二个参数。每个函数都将长整数传递给 set，来初始化一个临时的 AP_T 实例，然后调用更通用的操作。AP_addi 说明了这种方法：

⟨*functions* 241⟩ +≡
```
T AP_addi(T x, long int y) {
    ⟨declare and initialize t 250⟩
    return AP_add(x, set(&t, y));
}
```

⟨*declare and initialize* t 250⟩ ≡
```
unsigned char d[sizeof (unsigned long)];
struct T t;
t.size = sizeof d;
t.digits = d;
```

上述的第二个代码块，通过声明适当的局部变量，在栈上分配了临时的 AP_T 实例以及相关的 digits 数组。这是可能的，因为 digits 数组的大小受限于 unsigned long 类型的字节数。

剩余的 4 个便捷函数也采用了相同的模式：

⟨*functions*⟩ +≡
```
T AP_subi(T x, long int y) {
    ⟨declare and initialize  t 250⟩
    return AP_sub(x, set(&t, y));
}

T AP_muli(T x, long int y) {
    ⟨declare and initialize  t 250⟩
    return AP_mul(x, set(&t, y));
}

T AP_divi(T x, long int y) {
    ⟨declare and initialize  t 250⟩
    return AP_div(x, set(&t, y));
}

int AP_cmpi(T x, long int y) {
```

⟨*declare and initialize* t 250⟩
```
        return AP_cmp(x, set(&t, y));
    }
```

AP_modi 比较古怪，它返回了 long 类型，而不是 AP_T 或 int，另外它必须丢弃 AP_mod 返回的 AP_T 实例。

⟨*functions* 241⟩ +≡
```
    long int AP_modi(T x, long int y) {
        long int rem;
        T r;
```

⟨*declare and initialize* t 250⟩
```
        r = AP_mod(x, set(&t, y));
        rem = XP_toint(r->ndigits, r->digits);
        AP_free(&r);
        return rem;
    }
```

18.3.7 移位

两个移位函数都调用了对应的 XP 函数，来对操作数进行移位操作。对于 AP_lshift，结果的符号与操作数相同，结果比操作数多 $\lceil s/8 \rceil$ 个数位。

⟨*functions* 241⟩ +≡
```
    T AP_lshift(T x, int s) {
        T z;

        assert(x);
        assert(s >= 0);
        z = mk(x->ndigits + ((s+7)&~7)/8);
        XP_lshift(z->size, z->digits, x->ndigits,
            x->digits, s, 0);
        z->sign = x->sign;
        return normalize(z, z->size);
    }
```

对于 AP_rshift，结果比操作数少 $\lfloor s/8 \rfloor$ 个字节，结果有可能为 0，这种情况下其符号必须为正。

```
    T AP_rshift(T x, int s) {
        assert(x);
        assert(s >= 0);
        if (s >= 8*x->ndigits)
            return AP_new(0);
        else {
            T z = mk(x->ndigits - s/8);
            XP_rshift(z->size, z->digits, x->ndigits,
                x->digits, s, 0);
            normalize(z, z->size);
            z->sign = iszero(z) ? 1 : x->sign;
            return z;
        }
    }
```

18

if 语句处理了一种特例，即 s 指定的移位数量大于等于 x 中现有比特位数目的情形。

18.3.8   与字符串和整数的转换

AP_toint(x) 返回一个 long int，其符号与 *x* 相同，其绝对值等于 $|x| \bmod (\text{LONG\_MAX}+1)$。

⟨*functions* 241⟩ +≡
```c
long int AP_toint(T x) {
    unsigned long u;

    assert(x);
    u = XP_toint(x->ndigits, x->digits)%(LONG_MAX + 1UL);
    if (x->sign == -1)
        return -(long)u;
    else
        return  (long)u;
}
```

其余的 AP 函数负责 AP_T 到字符串的双向转换。AP_fromstr 将一个字符串转换为一个 AP_T 实例，它接受一个表示有符号数的字符串，语法如下：

number = { *white* } [- | +] { *white* } *digit* { *digit* }

其中 *white* 表示一个空格字符，而 *digit* 表示指定基数下的一个数字字符，基数必须在 2~36（含）。对于大于 10 的基数，用字母来表示大于 9 的数位。AP_fromstr 调用了 XP_fromstr，当遇到非法字符或 0 字符时将停止扫描其字符串参数。

⟨*functions* 241⟩ +≡
```c
T AP_fromstr(const char *str, int base, char **end) {
    T z;
    const char *p = str;
    char *endp, sign = '\0';
    int carry;

    assert(p);
    assert(base >= 2 && base <= 36);
    while (*p && isspace(*p))
        p++;
    if (*p == '-' || *p == '+')
        sign = *p++;
    ⟨z ← 0 253⟩
    carry = XP_fromstr(z->size, z->digits, p,
        base, &endp);
    assert(carry == 0);
    normalize(z, z->size);
    if (endp == p) {
        endp = (char *)str;
        z = AP_new(0);
    } else
        z->sign = iszero(z) || sign != '-' ? 1 : -1;
    if (end)
```

```
            *end = (char *)endp;
        return z;
    }
```

`AP_fromstr` 将 endp 的地址传递给 `XP_fromstr`，因为它需要知道扫描过程结束于哪个字符，以便检查非法的输入。如果 end 不是 NULL，`AP_fromstr` 将*end 设置为 endp。

z 中比特位的数目是 $n \cdot \lg \text{base}$，其中 n 是字符串中数字字符的数目，因而 z 中的 XP_T 实例中的 digits 数组，至少要包含 $m = (n \cdot \lg \text{base})/8$ 个字节。假定 base 为 2^k，那么 $m = n \cdot \lg(2^k)/8 = k \cdot n/8$。因而，如果我们选择 k，使得 k 值最小，且 2^k 是大于等于 base，那么 z 需要 $\lceil k \cdot n/8 \rceil$ 个数位。对于基数 base 下每个数字表示的比特位数目，k 估算了其上界。例如，当 base 为 10 时，每个数位承载 $\lg 10 \approx 3.32$ 比特位，k 为 4。当 base 从 2 增长到 36 时，k 的变化范围为 1 到 6。

```
⟨z ← 0 253⟩ ≡
    {
        const char *start;
        int k, n = 0;
        for ( ; *p == '0' && p[1] == '0'; p++)
            ;
        start = p;
        for ( ; ⟨*p is a digit in base 253⟩; p++)
            n++;
        for (k = 1; (1<<k) < base; k++)
            ;
        z = mk(((k*n + 7)&~7)/8);
        p = start;
    }

⟨*p is a digit in base 253⟩ ≡
    ( '0' <= *p && *p <= '9' && *p < '0' + base
   || 'a' <= *p && *p <= 'z' && *p < 'a' + base - 10
   || 'A' <= *p && *p <= 'Z' && *p < 'A' + base - 10)
```

代码块<z ← 0 253>中第一个 for 循环，略过了前部连续的数字 0。

`AP_tostr` 可以使用类似的技巧，来估计 base 基数下用字符串表示 x 所需字符的数目 n。x 的 digits 数组中数位的数目是 $m = (n \cdot \lg \text{base})/8$。如果我们在 2^k 小于或等于 base 的条件下，选择最大的 k 值，那么 $m = n \cdot \lg(2^k)/8 = k \cdot n/8$，$n$ 为 $\lceil 8 \cdot m/k \rceil$，外加一个表示字符串结尾的 0 字符。这里，$k$ 估算的是在 base 基数下每个数位所表示比特位数的下界，因而 n 则估算了输出所需数位数目的上界。例如，当 base 为 10 时，x 中的每个数位都可以输出 $8/\lg 10 \approx 2.41$ 个十进制数位，k 为 3，因此为 x 中的每个数位分配 $\lceil 8/3 \rceil = 3$ 个十进制数位。当 base 从 36 变动到 2 时，k 值的变动范围为从 5 到 1。

```
⟨size ← number of characters in str 253⟩ ≡
    {
        int k;
        for (k = 5; (1<<k) > base; k--)
            ;
        size = (8*x->ndigits)/k + 1 + 1;
```

18

```
        if (x->sign == -1)
            size++;
    }
```

AP_tostr 用 XP_tostr 来计算 x 的字符串表示：

```
⟨functions 241⟩ +≡
    char *AP_tostr(char *str, int size, int base, T x) {
        XP_T q;

        assert(x);
        assert(base >= 2 && base <= 36);
        assert(str == NULL || size > 1);
        if (str == NULL) {
            ⟨size ← number of characters in str 253⟩
            str = ALLOC(size);
        }
        q = ALLOC(x->ndigits);
        memcpy(q, x->digits, x->ndigits);
        if (x->sign == -1) {
            str[0] = '-';
            XP_tostr(str + 1, size - 1, base, x->ndigits, q);
        } else
            XP_tostr(str, size, base, x->ndigits, q);
        FREE(q);
        return str;
    }
```

最后一个 AP 函数是 AP_fmt，这是一个 Fmt 风格的转换函数，用于输出 AP_T 实例。它使用 AP_tostr 把 AP_T 值格式化为十进制字符串表示，并调用 Fmt_putd 输出字符串。

```
⟨functions 241⟩ +≡
    void AP_fmt(int code, va_list *app,
        int put(int c, void *cl), void *cl,
        unsigned char flags[], int width, int precision) {
        T x;
        char *buf;

        assert(app && flags);
        x = va_arg(*app, T);
        assert(x);
        buf = AP_tostr(NULL, 0, 10, x);
        Fmt_putd(buf, strlen(buf), put, cl, flags,
            width, precision);
        FREE(buf);
    }
```

18.4　扩展阅读

AP_T 类似于某些编程语言中的大整数（bignum）。例如，Icon 比较新的版本只有一个整数类型，但根据需要可以使用任意精度算术来表示计算的值。程序员无需区分本机整数和任意精度整数。

用于任意精度算术的设施，通常以标准库或软件包的形式提供。例如，LISP 语言系统很久前就包含了 bignum 软件包，而 ML 也有类似的软件包。

大多数符号运算系统都会执行任意精度算术，因为这是其目的所在。例如，Mathematica [Wolfram，1988]提供了任意长度的整数，以及分子和分母都是任意长度整数的有理数。另一种符号计算系统 Maple V[Char 等人，1992]也提供了类似的功能。

18.5 习题

18.1 `AP_div` 和 `AP_mod` 每次调用时都分配并释放临时空间。修改二者的实现，使之能够共享 `tmp`，只需分配一次，而后可以跟踪其大小，并在必要时扩展其空间。

18.2 `AP_pow` 中使用的递归算法，等效于我们所熟悉的迭代算法（通过重复地乘方和乘积来计算 $z = xy$，参见[Knuth，1981]的 4.6.3 节）：

$z \leftarrow x,\ u \leftarrow 1$
while $y > 1$ do
  if y is odd then $u \leftarrow u \cdot z$
  $z \leftarrow z^2$
  $y \leftarrow y/2$
$z \leftarrow u \cdot z$

迭代通常比递归快速，但这种方法真正的好处在于，它只需要为中间值分配比较少的空间。使用这种算法重新实现 `AP_pow`，并测量其在时间和空间方面的改进。x 和 y 至少有多大，这个算法才能显著好于递归算法？

18.3 实现 `AP_ceil(AP_T x, AP_T y)` 和 `AP_floor(AP_T x, AP_T y)`，二者返回 x/y 的向上舍入取整和向下舍入取整。其务必规定在 x 和 y 符号不同时函数的行为。

18.4 AP 接口颇有些"嘈杂"，有些函数有很多参数，很容易混淆输入和输出参数。设计并实现一个新的接口，其中使用 `Seq_T` 作为栈，函数从栈中获取操作数。请专注于使接口尽可能干净，但不要省略重要的功能。

18.5 实现一个 AP 函数，可以在指定范围内生成均匀分布的随机数。

18.6 设计一个接口，其函数用于完成对任意 n 值的模 n 算术操作，因此这些函数的参数和返回值来自于从 0 到 $n-1$ 的整数集。请注意除法：仅当该集合为有限域时（n 为质数），除法才有定义。

18.7 两个 n 数位的数，计算其乘积的时间与 n^2 成正比（参见 17.2.2 节）。A. Karatsuba 在 1962 年说明了如何使乘积运算的时间与 $n^{1.58}$ 成正比（参见[Geddes, Czapor and Labahn，1992]的 4.3 节和[Knuth，1981]的 4.3.3 节）。一个 n 数位的数 x，可以拆分为高低各 $n/2$ 数位的和，即，$x = aB^{n/2} + b$。乘积 xy 可以改写为：

18

$$xy = (aB^{n/2} + b)(cB^{n/2} + d) = acB^n + (ad + bc)B^{n/2} + bd,$$

计算改写后的表达式需要 4 次乘法和 1 次加法。该中间形式的系数还可以改写为：

$$ad + bc = ac + bd + (a - b)(d - c).$$

因而，乘积 xy 只需要 3 次乘法（ac、bd 和 $(a - b)(d - c)$），两次减法，和两次加法。在 n 比较大时，减少一次 $n/2$ 数位的乘法，可以减少乘法的执行时间，但代价是增加了表示中间值所需的空间。使用 Karatsuba 的算法实现 AP_mul 一个递归版本，确定对什么样的 n 值，该算法能够比显著快于"朴素"算法。使用 XP_mul 进行中间步骤的计算。

第 19 章

多精度算术 *19*

三个与算术有关的接口，最后一个是 MP，该接口导出的函数实现了无符号整数和（二进制补码）有符号整数的多精度算术。类似于 XP，MP 公开了对 *n*-bit 整数的表示，MP 函数可以对给定长度的整数进行操作。与 XP 不同的是，MP 整数长度的单位是比特位，而 MP 接口函数同时实现了有符号和无符号算术。类似于 AP 接口函数，MP 接口函数会强制实施常见的已检查的运行时错误。

MP 同样面向需要扩展精度算术的应用程序，但此类应用程序可能有一些附加的要求，例如，可能需要对内存分配进行更细粒度控制，同时需要无符号和有符号操作，或必须模拟二进制补码下的 *n*-bit 算术运算。这种应用程序的例子，包括编译器和使用加密功能的应用程序。一些现代加密算法需要操作包含数百个数位的固定精度整数。

而一些编译器必须使用多精度整数。交叉编译器可能运行在 *X* 平台上，却在为 *Y* 平台生成代码。如果 *Y* 平台上的整数长度比 *X* 平台大，编译器可以使用 *MP* 来操作 *Y* 平台上的整数。另外，编译器还必须使用多精度算术将浮点常数转换为与其最接近的浮点值。

19.1 接口

MP 接口比较庞大，包括 49 个函数和两个异常，因为它导出了针对 *n*-bit 有符号/无符号整数的一整套算术函数。

```
⟨mp.h⟩ ≡
  #ifndef MP_INCLUDED
  #define MP_INCLUDED
  #include <stdarg.h>
  #include <stddef.h>
  #include "except.h"

  #define T MP_T
  typedef unsigned char *T;

  ⟨exported exceptions 258⟩
  ⟨exported functions 258⟩
```

```
#undef T
#endif
```

类似于 XP 接口，MP 公开了 *n*-bit 整数的表示，即 $\lceil n/8 \rceil$ 个字节，字节序为最低有效字节首先存储。对于有符号整数，MP 使用二进制补码表示，比特位 $n-1$ 为符号位。

不同于 XP 接口函数，MP 中的函数实现了常见的已检查的运行时错误，例如，向该接口中任意函数传递的 MP_T 为 NULL，都是已检查的运行时错误。但是，如果传递的 MP_T 参数太小，以至于无法保存 *n*-bit 整数，则是未检查的运行时错误。

MP 自动初始化来对 32 位整数执行算术操作。可以调用

⟨*exported functions* 258⟩ ≡
```
    extern int MP_set(int n);
```

修改 MP 的设置，使得后续调用执行 *n*-bit 算术。MP_set 返回此前设定的整数长度。如果 n 小于 2，则造成已检查的运行时错误。在初始化后，大多数应用程序只使用同一长度的扩展整数。例如，交叉编译器可能使用 128 位算术来操作常数。这种设计迎合了此类应用程序的需求，这简化了其他 MP 函数的用法，同样简化了其参数列表。省略 n 是显而易见的简化，但更重要的简化是对源和目标参数不再有限制：同一 MP_T 实例总是可以作为源和目标同时出现。消除这些约束是可能的，因为其中一些函数所需的临时空间只依赖于 n，因而可以通过 MP_set 只分配一次。

这种设计也避免了内存分配。MP_set 可能引发 Mem_Failed 异常，但在其他 48 个 MP 函数中，仅有 4 个会进行内存分配。其中之一是

⟨*exported functions* 258⟩ +≡
```
    extern T MP_new(unsigned long u);
```

该函数会分配一个适当大小的 MP_T 实例，将其初始化为 u，并返回该实例。

⟨*exported functions* 258⟩ +≡
```
    extern T MP_fromint (T z, long v);
    extern T MP_fromintu(T z, unsigned long u);
```

这两个函数将 z 设置为 v 或 u，并返回 z。MP_new、MP_fromint 和 MP_fromintu 可能引发下述异常：

⟨*exported exceptions* 258⟩ ≡
```
    extern const Except_T MP_Overflow;
```

引发该异常的条件是 n 个比特位无法容纳 u 或 v。MP_new 和 MP_fromintu 在 u 大于 $2^n - 1$ 时引发 MP_Overflow 异常，而 MP_fromint 在 v 小于 -2^{n-1} 或大于 $2^{n-1}-1$ 时引发 MP_Overflow 异常。

所有的 MP 接口函数都在引发异常之前计算结果。多余的比特位只是被丢弃掉。例如，

```
MP_T z;
MP_set(8);
z = MP_new(0);
```

```
MP_fromintu(z, 0xFFF);
```

将 z 设置为 0xFF 并引发 MP_Overflow 异常。如果这种操作是适当的，客户程序可以使用 TRY-EXCEPT 语句忽略该异常。例如，

```
MP_T z;
MP_set(8);
z = MP_new(0);
TRY
    MP_fromintu(z, 0xFFF);
EXCEPT(MP_Overflow) ;
END_TRY;
```

将 z 设置为 0xFF 并忽略溢出异常。

这种惯例不适用于下述两个函数

⟨*exported functions* 258⟩ +≡
```
    extern unsigned long MP_tointu(T x);
    extern          long MP_toint (T x);
```

这两个函数将 x 的值转换为有符号或无符号 long 型返回。当返回类型无法容纳 x 的值时，这两个函数都会引发 MP_Overflow 异常，而且当异常发生时，无法获得转换的部分结果。客户程序可以使用

⟨*exported functions* 258⟩ +≡
```
    extern T MP_cvt (int m, T z, T x);
    extern T MP_cvtu(int m, T z, T x);
```

将 x 转换为适当大小的 MP_T 实例。MP_cvt 和 MP_cvtu 将 x 转换为 m-bit 的 z 中有符号或无符号 MP_T 实例，并返回 z。当 m 个比特位无法容纳 x 时，这两个函数会引发 MP_Overflow 异常，但在引发异常前，这两个函数会将部分结果设置到 z。这样，

```
unsigned char z[sizeof (unsigned)];
TRY
    MP_cvtu(8*sizeof (unsigned), z, x);
EXCEPT(MP_Overflow) ;
END_TRY;
```

会将 z 设置为 x 中最低 8 * sizeof(unsigned) 个比特位，而不管 x 本身长度如何。

在 m 超出 x 中比特位的数目时，MP_cvtu 用 0 填充结果的高位，而 MP_cvt 用 x 的符号位填充结果的高位。如果 m 小于 2，则造成已检查的运行时错误，如果 z 太小而无法容纳 m 个比特位的整数，则造成未检查的运行时错误。

算术函数如下

⟨*exported functions* 258⟩ +≡
```
    extern T MP_add (T z, T x, T y);
    extern T MP_sub (T z, T x, T y);
    extern T MP_mul (T z, T x, T y);
    extern T MP_div (T z, T x, T y);
```

19

```
    extern T MP_mod (T z, T x, T y);
    extern T MP_neg (T z, T x);

    extern T MP_addu(T z, T x, T y);
    extern T MP_subu(T z, T x, T y);
    extern T MP_mulu(T z, T x, T y);
    extern T MP_divu(T z, T x, T y);
    extern T MP_modu(T z, T x, T y);
```

函数名以 u 结尾者实现了无符号算术，而其他函数则实现了二进制补码符号算术。无符号和有符号运算之间唯一的差别是二者的溢出语义，将在下文详述。MP_add、MP_sub、MP_mul、MP_div 和 MP_mod 以及处理无符号整数的对应函数，分别计算 $z = x + y$、$z = x - y$、$z = x \cdot y$、$z = x/y$ 和 $z = x \bmod y$，并返回 z。斜体表示 x、y 和 z 的值。MP_neg 将 z 设置为 x 的反，并返回 z。如果 x 和 y 符号不同，MP_div 和 MP_mod 向负无穷大方向舍入，因而 $x \bmod y$ 的结果总是正数。

除了 MP_divu 和 MP_modu 之外，所有这些函数在 z 无法容纳计算结果时，都会引发 MP_Overflow 异常。当 $x < y$ 时，MP_subu 引发 MP_Overflow 异常，当 x 和 y 符号不同且结果的符号不同于 x 的符号时，MP_sub 引发 MP_Overflow 异常。当 y 为 0 时，MP_div、MP_divu、MP_mod 和 MP_modu 将引发下列异常。

⟨*exported exceptions* 258⟩ +≡
```
    extern const Except_T MP_Dividebyzero;
```

当 $y = 0$ 时，

⟨*exported functions* 258⟩ +≡
```
    extern T MP_mul2u(T z, T x, T y);
    extern T MP_mul2 (T z, T x, T y);
```

这两个函数返回的乘积都是乘数的两倍长：二者都计算 $z = x \cdot y$，其中 z 有 $2n$ 个比特位，并返回 z。因而，结果不会溢出。如果 z 长度太小，而无法容纳 $2n$ 个比特位，将造成未检查的运行时错误。请注意，由于 z 必须能够容纳 $2n$ 个比特位，它不能通过 MP_new 分配。

下述便捷函数可以接受一个 unsigned long 或 long 作为第二个操作数：

⟨*exported functions* 258⟩ +≡
```
    extern T MP_addi (T z, T x, long y);
    extern T MP_subi (T z, T x, long y);
    extern T MP_muli (T z, T x, long y);
    extern T MP_divi (T z, T x, long y);

    extern T MP_addui(T z, T x, unsigned long y);
    extern T MP_subui(T z, T x, unsigned long y);
    extern T MP_mului(T z, T x, unsigned long y);
    extern T MP_divui(T z, T x, unsigned long y);

    extern          long MP_modi (T x,               long y);
    extern unsigned long MP_modui(T x, unsigned long y);
```

这些函数实际上等价于对应的更通用的函数（只要将后者的第二个操作数初始化为 y），也会引

发类似的异常。例如，

```
MP_T z, x;
long y;
MP_muli(z, x, y);
```

等效于

```
MP_T z, x;
long y;
{
    MP_T t = MP_new(0);
    int overflow = 0;
    TRY
        MP_fromint(t, y);
    EXCEPT(MP_Overflow)
        overflow = 1;
    END_TRY;
    MP_mul(z, x, t);
    if (overflow)
            RAISE(MP_Overflow);
}
```

但便捷函数并不进行内存分配操作。请注意，如果 y 太大，这些便捷函数都会引发 MP_Overflow 异常，包含 MP_divui 和 MP_modui 在内，但这些函数都是在计算 z 之后才引发异常。

⟨*exported functions* 258⟩ +≡
```
extern int MP_cmp  (T x, T y);
extern int MP_cmpi (T x, long y);

extern int MP_cmpu (T x, T y);
extern int MP_cmpui(T x, unsigned long y);
```

上述几个比较 x 和 y，针对 $x<y$、$x=y$ 或 $x>y$ 的情形，分别返回小于零、等于零或大于零的值。MP_cmpi 和 MP_cmpui 并不要求 MP_T 实例一定能容纳 y 值，它们只是比较 x 和 y。

下列函数将其输入的 MP_T 参数当做 n 比特位的字符串处理：

⟨*exported functions* 258⟩ +≡
```
extern T MP_and (T z, T x, T y);
extern T MP_or  (T z, T x, T y);
extern T MP_xor (T z, T x, T y);
extern T MP_not (T z, T x);

extern T MP_andi(T z, T x, unsigned long y);
extern T MP_ori (T z, T x, unsigned long y);
extern T MP_xori(T z, T x, unsigned long y);
```

MP_and、MP_or、MP_xor，以及对应的用"立即数"（指直接传递 unsigned long 参数）作为参数的函数，分别将 z 设置为 x 和 y 的按位与、按位或、异或，并返回 z。MP_not 将 z 设置为等于 x 按位取反，并返回 z。这些函数从不引发异常，在 y 过大时，对应的便捷函数将忽略可能发生的溢出。例如，

```
MP_T z, x;
unsigned long y;
MP_andi(z, x, y);
```

等效于

```
MP_T z, x;
unsigned long y;
{
    MP_T t = MP_new(0);
    TRY
        MP_fromintu(t, y);
    EXCEPT(MP_Overflow) ;
    END_TRY;
    MP_and(z, x, t);
}
```

但这些便捷函数也都不进行内存分配操作。以下是三个移位操作函数

⟨*exported functions* 258⟩+≡
```
extern T MP_lshift(T z, T x, int s);
extern T MP_rshift(T z, T x, int s);
extern T MP_ashift(T z, T x, int s);
```

这三个函数实现了逻辑移位和算术移位。MP_lshift 将 z 设置为 x 左移 s 个比特位，MP_rshift 将 z 设置为 x 右移 s 个比特位。这两个函数都用 0 填充空出的比特位，并返回 z。MP_ashift 类似于 MP_rshift，但用 x 的符号位填充空出的比特位。传递负的 s 值，是一个已检查的运行时错误。

下列函数负责 MP_T 与字符串的转换。

⟨*exported functions* 258⟩+≡
```
extern T         MP_fromstr(T z, const char *str,
    int base, char **end);
extern char *MP_tostr  (char *str, int size,
    int base, T x);
extern void  MP_fmt    (int code, va_list *app,
    int put(int c, void *cl), void *cl,
    unsigned char flags[], int width, int precision);
extern void  MP_fmtu   (int code, va_list *app,
    int put(int c, void *cl), void *cl,
    unsigned char flags[], int width, int precision);
```

MP_fromstr 将 str 中的字符串解释为 base 基数下的一个无符号整数，将 z 设置为该整数，并返回 z。该函数忽略字符串开头的空白，并处理其后以 base 为基数的一个或多个数位。对大于 10 的基数来说，小写和大写字母用于指定超过 9 的数位。MP_fromstr 类似于 strtoul：如果 end 不是 NULL，MP_fromstr 将*end 设置为扫描结束处字符的地址。如果 str 没有指定一个有效的整数，且 end 不是 NULL，MP_fromstr 将*end 设置为 str，并返回 NULL。如果 str 中的字符串指定了一个过大的整数，MP_fromstr 将引发 MP_Overflow 异常。str 为 NULL，或

者 base 小于 2 或大于 36，都是已检查的运行时错误。

MP_tostr 用一个 0 结尾字符串填充 str[0..size - 1]，该字符串表示在基数 base 下的 x，最后返回 str。如果 str 为 NULL，MP_tostr 忽略 size 并分配必要的字符串，客户程序负责释放该字符串。如果 base 小于 2 或大于 36，或 str 不是 NULL，而 size 太小导致 str 无法容纳生成的 0 结尾字符串，则造成已检查的运行时错误。在 str 是 NULL 时，MP_tostr 可能引发 Mem_Failed 异常。

MP_fmt 和 MP_fmtu 是 Fmt 风格的转换函数，用于输出 MP_T 实例。二者都消耗一个 MP_T 和一个基数，MP_fmt 将有符号 MP_T 转换为字符串，MP_fmtu 将无符号 MP_T 转换为字符串，前者使用类似于 printf 的 %d 限定符，后者使用类似于 printf 的 %u 限定符。这两个函数都可能引发 Mem_Failed 异常。app 或 flags 是 NULL，则为已检查的运行时错误。

19.2　例子：另一个计算器

mpcalc 类似于 calc，只是对 *n*-bit 整数执行有符号和无符号计算而已。它示范了 MP 接口的用法。类似于 calc，mpcalc 使用了波兰后缀表示法（Polish suffix notation）：值被推入栈上，运算符将其操作数从栈中弹出，并将运算结果再次推入栈上。值是当前输入基数下的一个或多个连续的数位，而支持的运算符如下。

~	取反	&	与
+	加法	|	或
-	减法	^	异或
*	乘法	<	左移
/	除法	>	右移
%	取模	!	否
i	设置输入基数	o	设置输出基数
k	设置精度	c	清空栈
d	复制栈顶部的值	p	输出栈顶部的值
f	自顶向下，输出栈上所有的值	q	退出

空格字符用于分隔值，其他情况下忽略空格，其他字符被作为无法识别的运算符处理。栈的大小只受可用内存的限制，但发生栈下溢会出现诊断消息。

命令 *n*k 指定了 mpcalc 操作的整数的长度，其中 *n* 至少为 2，默认值为 32。当执行 k 运算符时，栈必须为空。i 和 o 运算符指定了输入输出基数，二者的默认值都是 10。当输入基数超出 10 时，一个值的第一个数位必须在 0 到 9 之间（含）。

如果输出基数为 2、8 或 16，+ - * /和%运算符执行无符号算术，而 p 和 f 运算符输出无符号值。对所有其他基数，+ - * /和%执行有符号算术，p 和 f 输出有符号值。~运算符总是执行有符号算术，而&|^!<和>运算符总是将其操作数解释为无符号数。

mpcalc 在出现溢出和除以零时，会通知用户。溢出情况下的结果，是值的最低 n 个比特位。对于除以零，结果为零。

mpcalc 的整体结构与 calc 非常相似：它解释输入、计算值、并管理一个栈。

⟨*mpcalc.c*⟩ ≡
```
#include <ctype.h>
#include <stdio.h>
#include <string.h>
#include <stdlib.h>
#include <limits.h>
#include "mem.h"
#include "seq.h"
#include "fmt.h"
#include "mp.h"
```
⟨*mpcalc data* 264⟩
⟨*mpcalc functions* 264⟩

包含 seq.h 表明，mpcalc 使用序列来实现栈：

⟨*mpcalc data* 264⟩ ≡
```
Seq_T sp;
```

⟨*initialization* 264⟩ ≡
```
sp = Seq_new(0);
```

值通过调用 Seq_addhi 压栈，通过调用 Seq_remhi 从栈中弹出。在序列为空时，mpcalc 不能调用 Seq_remhi，因此它将所有的弹栈操作都封装在一个函数中，其中检查了栈下溢的情形。

⟨*mpcalc functions* 264⟩ ≡
```
MP_T pop(void) {
    if (Seq_length(sp) > 0)
        return Seq_remhi(sp);
    else {
        Fmt_fprint(stderr, "?stack underflow\n");
        return MP_new(0);
    }
}
```

类似于 calc 的 pop 函数，mpcalc 的 pop 函数总是返回一个 MP_T 实例，即使栈为空也是如此，因为这样做简化了错误检查。

mpcalc 的主循环需要处理 MP 接口的异常，因此比 calc 的主循环复杂一点。类似于 calc 的主循环，mpcalc 的主循环读取下一个值或运算符，如果读取到运算符，则执行对应的操作。它也准备了一些 MP_T 实例，用于保存操作数和结果，它使用 TRY-EXCEPT 语句来捕获异常。

⟨*mpcalc functions* 264⟩ +≡
```
int main(int argc, char *argv[]) {
    int c;

    <initialization 264>
    while ((c = getchar()) != EOF) {
```

```
        volatile MP_T x = NULL, y = NULL, z = NULL;
        TRY
            switch (c) {
            〈cases 265〉
            }
        EXCEPT(MP_Overflow)
            Fmt_fprint(stderr, "?overflow\n");
        EXCEPT(MP_Dividebyzero)
            Fmt_fprint(stderr, "?divide by 0\n");
        END_TRY;
        if (z)
            Seq_addhi(sp, z);
        FREE(x);
        FREE(y);
    }
    〈clean up and exit 265〉
}

〈clean up and exit 265〉≡
    〈clear the stack 265〉
    Seq_free(&sp);
    return EXIT_SUCCESS;
```

x 和 y 用于表示操作数，z 用于表示结果。如果在处理一个运算符之后 x 和 y 不是 NULL，那么二者保存了由栈中弹出的操作数，因而必须释放。如果 z 不是 NULL，则其中保存了结果，必须压栈。这种方法允许 TRY-EXCEPT 语句只出现一次，而无需对处理每个运算符的代码都使用。

一个输入字符或者为空格，或者是值的第一个数位，或者是运算符，或是其他（将导致错误）。这里是易于处理的情形：

```
〈cases 265〉≡
  default:
      if (isprint(c))
          Fmt_fprint(stderr, "?'%c'", c);
      else
          Fmt_fprint(stderr, "?'\\%03o'", c);
      Fmt_fprint(stderr, " is unimplemented\n");
      break;
  case ' ': case '\t': case '\n': case '\f': case '\r':
      break;
  case 'c': 〈clear the stack 265〉 break;
  case 'q': 〈clean up and exit 265〉

〈clear the stack 265〉≡
  while (Seq_length(sp) > 0) {
      MP_T x = Seq_remhi(sp);
      FREE(x);
  }
```

数字字符标识值的开始，mpcalc 收集各个数位，并调用 MP_fromstr 将其转换为 MP_T 实例。

ibase 是当前输入基数。

⟨*cases* 265⟩ ≡
```
    case '0': case '1': case '2': case '3': case '4':
    case '5': case '6': case '7': case '8': case '9': {
        char buf[512];
        z = MP_new(0);
        ⟨gather up digits into buf 266⟩
        MP_fromstr(z, buf, ibase, NULL);
        break;
    }
```

⟨*gather up digits into* buf 266⟩ ≡
```
    {
        int i = 0;
        for ( ;  ⟨c is a digit in ibase 266⟩; c = getchar(), i++)
            if (i < (int)sizeof (buf) - 1)
                buf[i] = c;
        if (i > (int)sizeof (buf) - 1) {
            i = (int)sizeof (buf) - 1;
            Fmt_fprint(stderr,
                "?integer constant exceeds %d digits\n", i);
        }
        buf[i] = '\0';
        if (c != EOF)
            ungetc(c, stdin);
    }
```

发现超长值时，会通知用户，并截断该值。对字符 c 来说，如果下述调用的结果不是 NULL，c
即为 ibase 基数下的一个数位：

⟨*c is a digit in* ibase 266⟩ ≡
```
    strchr(&"zyxwvutsrqponmlkjihgfedcba9876543210"[36-ibase],
        tolower(c))
```

处理大部分算术运算符的 case 语句都具有同样的形式：

⟨*cases* 265⟩ +≡
```
    case '+':  ⟨pop x & y, set z 266⟩  (*f->add)(z, x, y); break;
    case '-':  ⟨pop x & y, set z 266⟩  (*f->sub)(z, x, y); break;
    case '*':  ⟨pop x & y, set z 266⟩  (*f->mul)(z, x, y); break;
    case '/':  ⟨pop x & y, set z 266⟩  (*f->div)(z, x, y); break;
    case '%':  ⟨pop x & y, set z 266⟩  (*f->mod)(z, x, y); break;
    case '&':  ⟨pop x & y, set z 266⟩      MP_and(z, x, y); break;
    case '|':  ⟨pop x & y, set z 266⟩      MP_or (z, x, y); break;
    case '^':  ⟨pop x & y, set z 266⟩      MP_xor(z, x, y); break;

    case '!': z = pop(); MP_not(z, z); break;
    case '~': z = pop(); MP_neg(z, z); break;
```

⟨*pop* x & y, *set* z 266⟩ ≡
```
    y = pop(); x = pop();
    z = MP_new(0);
```

f 指向一个结构实例，其中保存了一些函数指针，具体指向哪些函数取决于 mpcalc 是执行有符号算术还是无符号算术。

⟨*mpcalc data* 264⟩ +≡
```
int ibase = 10;
int obase = 10;
struct {
    const char *fmt;
    MP_T (*add)(MP_T, MP_T, MP_T);
    MP_T (*sub)(MP_T, MP_T, MP_T);
    MP_T (*mul)(MP_T, MP_T, MP_T);
    MP_T (*div)(MP_T, MP_T, MP_T);
    MP_T (*mod)(MP_T, MP_T, MP_T);
} s = { "%D\n",
    MP_add,  MP_sub,  MP_mul,  MP_div,  MP_mod  },
  u = { "%U\n",
    MP_addu, MP_subu, MP_mulu, MP_divu, MP_modu },
 *f = &s;
```

obase 是输出基数。最初，输入输出两个基数都是 10，f 指向 s，其中的函数指针指向执行有符号算术的 MP 函数。i 运算符可以改变 ibase，o 运算符可以改变 obase，这两个运算符都可能修改 f，使之指向 u 或 s：

⟨*cases* 265⟩ +≡
```
case 'i': case 'o': {
    long n;
    x = pop();
    n = MP_toint(x);
    if (n < 2 || n > 36)
        Fmt_fprint(stderr, "?%d is an illegal base\n",n);
    else if (c == 'i')
        ibase = n;
    else
        obase = n;
    if (obase == 2 || obase == 8 || obase == 16)
        f = &u;
    else
        f = &s;
    break;
    }
```

如果 x 不能转换为为 long（即 MP_toint 引发 MP_Overflow 异常），或 MP_toint 返回的结果整数不是一个合法的基数，那么基数不会改变。

s 和 u 两个结构实例中也包含了一个 Fmt 风格的格式串，用于输出 MP_T 实例。mpcalc 将 MP_fmt 注册到 %D 格式限定符，而将 MP_fmtu 注册到 %U 限定符：

⟨*initialization* 264⟩ +≡
```
Fmt_register('D', MP_fmt);
Fmt_register('U', MP_fmtu);
```

19

因而 f->fmt 可以访问到适当的格式串, 运算符 p 和 f 使用这些格式串输出 MP_T 实例。请注意, p 将其操作数从栈中弹出到 z 中, 而主循环中的代码又将该值压回栈中。

```
⟨cases 265⟩ +≡
    case 'p':
        Fmt_print(f->fmt, z = pop(), obase);
        break;
    case 'f': {
        int n = Seq_length(sp);
        while (--n >= 0)
            Fmt_print(f->fmt, Seq_get(sp, n), obase);
        break;
    }
```

对照 calc 的代码 (参见 18.2 节), 比较二者对运算符 f 的处理, 当用 Seq_T 表示栈时, 很容易输出栈中全部的值。

移位运算符会检查非法的移位数量, 并就地移位其操作数:

```
⟨cases 265⟩ +≡
    case '<': { ⟨get s & z 268⟩; MP_lshift(z, z, s); break; }
    case '>': { ⟨get s & z 268⟩; MP_rshift(z, z, s); break; }

⟨get s & z 268⟩ ≡
    long s;
    y = pop();
    z = pop();
    s = MP_toint(y);
    if (s < 0 || s > INT_MAX) {
        Fmt_fprint(stderr,
            "?%d is an illegal shift amount\n", s);
        break;
    }
```

如果 MP_toint 引发 MP_Overflow 异常, 或 s 是负数或超出最大的 int 值, 操作数 z 只是被压回栈上。

余下的 case 语句, 用于处理运算符 k 和 d:

```
⟨cases 265⟩ +≡
    case 'k': {
        long n;
        x = pop();
        n = MP_toint(x);
        if (n < 2 || n > INT_MAX)
            Fmt_fprint(stderr,
                "?%d is an illegal precision\n", n);
        else if (Seq_length(sp) > 0)
            Fmt_fprint(stderr, "?nonempty stack\n");
        else
            MP_set(n);
        break;
```

```
        }
case 'd': {
    MP_T x = pop();
    z = MP_new(0);
    Seq_addhi(sp, x);
    MP_addui(z, x, 0);
    break;
    }
```

同样，对 z 赋值后，该值会被主循环中的代码压栈。

19.3 实现

⟨*mp.c*⟩ ≡
```
#include <ctype.h>
#include <string.h>
#include <stdio.h>
#include <stdlib.h>
#include <limits.h>
#include "assert.h"
#include "fmt.h"
#include "mem.h"
#include "xp.h"
#include "mp.h"

#define T MP_T
```
⟨*macros* 270⟩
⟨*data* 269⟩
⟨*static functions* 281⟩
⟨*functions* 270⟩

⟨*data* 269⟩ ≡
```
const Except_T MP_Dividebyzero = { "Division by zero" };
const Except_T MP_Overflow     = { "Overflow" };
```

XP 接口将一个（二进制下）n-bit 数表示为 $\lceil n/8 \rceil = (n-1)/8+1$ 个字节，最低有效字节在先（n 总是正数）。下图说明了 MP 接口如何解释这些字节。图中最右侧为最低有效字节，由此向左，地址逐渐增大。

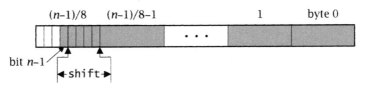

符号位为比特位 $n-1$，即字节 $(n-1)/8$ 中的比特位 $(n-1) \bmod 8$。给定 n，MP 除了将 n 保存为 nbits 之外，还计算三个其关注的值：nbytes，容纳 n 个比特位所需的字节数；shift，计

19

算符号位时，最高有效字节必须右移的比特位数；和 msb，一个掩码，其中有 shift+1 个比特位置位，用于检测溢出。当 n 为 32 时，这些值分别是：

⟨*data* 269⟩ +≡
```
static int nbits = 32;
static int nbytes = (32-1)/8 + 1;
static int shift  = (32-1)%8;
static unsigned char msb = 0xFF;
```

根据上述的建议，MP 使用 nbytes 和 shift 访问符号位：

⟨*macros* 270⟩ ≡
```
#define sign(x)  ((x)[nbytes-1]>>shift)
```

这些值通过 MP_set 改变：

⟨*functions* 270⟩ ≡
```
int MP_set(int n) {
    int prev = nbits;

    assert(n > 1);
    ⟨initialize 270⟩
    return prev;
}
```

⟨*initialize* 270⟩ ≡
```
nbits  = n;
nbytes = (n-1)/8 + 1;
shift  = (n-1)%8;
msb    = ones(n);
```

⟨*macros* 270⟩ +≡
```
#define ones(n)  (~(~0UL<<(((n)-1)%8+1)))
```

将~0 左移 $(n-1) \bmod 8 + 1$ 个比特位，形成如下的掩码：一连串值为 1 的比特位，后接$(n-1) \bmod 8 + 1$ 个值为 0 的比特位，取反后，掩码的最低位部分，有$(n-1) \bmod 8 + 1$ 个置位的比特位。之所以用这种方法定义 ones 宏，是因为除了传递给 MP_set 的值之外，它还用作其他的 n 值。

　　MP_set 还分配了一些临时空间，供算术函数使用，如 MP_div。因而，该分配操作只在 MP_set 中进行一次，而不是在各个算术函数中重复进行。MP_set 分配了足够的空间，可容纳一个占 $2 \cdot nbyte + 2$ 字节的临时 MP_T 实例，和三个占用 nbyte 字节的临时 MP_T 实例。

⟨*data* 269⟩ +≡
```
static unsigned char temp[16 + 16 + 16 + 2*16+2];
static T tmp[] = {temp, temp+1*16, temp+2*16, temp+3*16};
```

⟨*initialize* 270⟩ +≡
```
if (tmp[0] != temp)
    FREE(tmp[0]);
if (nbytes <= 16)
    tmp[0] = temp;
```

```
    else
        tmp[0] = ALLOC(3*nbytes + 2*nbytes + 2);
    tmp[1] = tmp[0] + 1*nbytes;
    tmp[2] = tmp[0] + 2*nbytes;
    tmp[3] = tmp[0] + 3*nbytes;
```

当 nbytes 不超过 16 时（或当 n 不超过 128 时），MP_set 可以使用静态分配的 temp。否则，它必须为临时变量分配空间。temp 是必需的，因为 MP 的初始化语义，已经隐含了 MP_set(32) 的语义。

大部分 MP 函数都调用 XP 接口函数，来对 nbyte 字节的数值执行实际的算术运算，接下来检查结果是否超过 nbits 个比特位。MP_new 和 MP_fromintu 说明了这种策略。

⟨*functions* 270⟩ +≡
```
    T MP_new(unsigned long u) {
        return MP_fromintu(ALLOC(nbytes), u);
    }

    T MP_fromintu(T z, unsigned long u) {
        unsigned long carry;

        assert(z);
        ⟨set z to u 271⟩
        ⟨test for unsigned overflow 271⟩
        return z;
    }
```

⟨*set* z *to* u 271⟩ ≡
```
    carry = XP_fromint(nbytes, z, u);
    carry |= z[nbytes-1]&~msb;
    z[nbytes-1] &= msb;
```

如果 XP_fromint 返回非零的 carry 值，那么 nbytes 个字节无法容纳 u。如果 carry 为 0，那么 nbytes 个字节可以容纳 u，但 nbits 个比特位不见得能容纳 u。MP_fromintu 必须确保，在 z 的最高有效字节中，8 − (shift + 1) 个最高有效比特位都是 0。MP_set 已经将 msb 设置为一个掩码，在最低有效位部分有 shift+1 个 1，因此 ~msb 可用于隔离出 MP_fromintu 所需的各比特位，然后需要将该值按位或到 carry 中，以判断是否有溢出。测试无符号溢出时，只需要检测 carry：

⟨*test for unsigned overflow* 271⟩ ≡
```
    if (carry)
        RAISE(MP_Overflow);
```

请注意，MP_fromintu 在检测溢出之前，已经设置了 z 的值，按照接口说明，所有 MP 函数都必须在引发异常之前设置其结果。

检验有符号溢出稍微有点复杂，因为这取决于涉及的操作。MP_fromint 说明了一个简单情形。

19

```
⟨functions 270⟩ +≡
    T MP_fromint(T z, long v) {
        assert(z);
        ⟨set z to v 272⟩
        if ( ⟨v is too big 272⟩ )
            RAISE(MP_Overflow);
        return z;
    }
```

首先，MP_fromint 将 z 初始化为 v 的值，并注意只向 XP_fromint 传递正值：

```
⟨set z to v 272⟩ ≡
    if (v == LONG_MIN) {
        XP_fromint(nbytes, z, LONG_MAX + 1UL);
        XP_neg(nbytes, z, z, 1);
    } else if (v < 0) {
        XP_fromint(nbytes, z, -v);
        XP_neg(nbytes, z, z, 1);
    } else
        XP_fromint(nbytes, z, v);
    z[nbytes-1] &= msb;
```

前两个 if 子句处理负值：z 首先设置为 v 的绝对值，然后求补（将 1 作为 XP_neg 的第四个参数）。MP_fromint 必须专门处理大部分负整数，因为它不能对其取反。如果 v 为负数，z 的最高位部分各个比特位都是 1，过多的比特位必须丢弃。许多 MP 函数使用上文给出的 z[nbytes - 1] &= msb 惯用法，来丢弃 z 的最高有效字节中过多的比特位。

对于 MP_fromint，当 nbits 小于 long 的位宽且 v 超出了 z 的表示范围时，将出现符号溢出。

```
⟨v  is too big 272⟩ ≡
    (nbits < 8*(int)sizeof (v) &&
        (v < -(1L<<(nbits-1)) || v >= (1L<<(nbits-1))))
```

上式中的两个移位表达式，分别计算了位宽为 n 的有符号整数中最小的负数和最大的正数。

19.3.1 转换

MP_toint 和 MP_cvt 说明了检查符号溢出的另一个例子：

```
⟨functions 270⟩ +≡
    long MP_toint(T x) {
        unsigned char d[sizeof (unsigned long)];

        assert(x);
        MP_cvt(8*sizeof d, d, x);
        return XP_toint(sizeof d, d);
    }
```

如果 d 无法容纳 x，MP_cvt 将引发 MP_Overflow 异常，如果 d 可以容纳 x，XP_toint 返回期望值。

MP_cvt 进行了两种转换：它会将位宽较大的 MP_T 实例转换为位宽较小的 MP_T 实例，同样也包括相反的过程。

⟨*functions* 270⟩ +≡
```
T MP_cvt(int m, T z, T x) {
    int fill, i, mbytes = (m - 1)/8 + 1;

    assert(m > 1);
    ⟨checked runtime errors for unary functions 273⟩
    fill = sign(x) ? 0xFF : 0;
    if (m < nbits) {
        ⟨narrow signed x 273⟩
    } else {
        ⟨widen signed x 274⟩
    }
    return z;
}
```

⟨*checked runtime errors for unary functions* 273⟩ ≡
```
assert(x); assert(z);
```

如果 m 小于 nbits，MP_cvt 将“缩窄”x，并将其赋值给 z。这种情况必须检查符号溢出。如果 x 中的比特位 $m-1$[1]到比特位 $nbits-1$，或者为全 0，或者为全 1，那么 m 个比特位即可容纳 x，即，如果 x 中过多的比特位都等于 x 的符号位，那么即可将 x 当做位宽为 m 的整数处理。在下述的代码块中，如果 x 为负数，fill 为 0xFF，否则 fill 为 0，因此，如果比特位 x[$m-1$..$nbits-1$][2]都是 1 或都是 0，x[i] ^ fill 应该为 0。

⟨*narrow signed* x 273⟩ ≡
```
int carry = (x[mbytes-1]^fill) & ~(ones(m) >> 1);   ③
for (i = mbytes; i < nbytes; i++)
    carry |= x[i]^fill;
memcpy(z, x, mbytes);
z[mbytes-1] &= ones(m);
if (carry)
    RAISE(MP_Overflow);
```

如果 x 在范围内，carry 最终的值为 0，否则，carry 的一些比特位将变为 1。对 carry 的初始赋值，忽略了 z 中非符号位的比特位④。

如果 m 不小于 nbits，MP_cvt 将“加宽”x，并将其赋值给 z。这种情况下不会发生溢出，但 MP_cvt 必须扩展 x 的符号位，符号位由 fill 给出。

---

① 原文为比特位 m，实际上对 m 位有符号整数来说，比特位 $m-1$ 是符号位。——译者注
② m 改为 $m-1$。——译者注
③ 将 ones(m) 右移一位，使得 carry 的初始值可以包含比特位 $m-1$。——译者注
④ 代码中原本把符号位也忽略了，已更正。——译者注

⟨*widen signed* x 274⟩ ≡
```
memcpy(z, x, nbytes);
z[nbytes-1] |= fill&~msb;
for (i = nbytes; i < mbytes; i++)
    z[i] = fill;
z[mbytes-1] &= ones(m);
```

MP_tointu 使用一种类似的方法：它通过调用 MP_cvtu 将 x 转换为一个 MP_T 实例，后者的位宽等同于 unsigned long，然后调用 XP_toint 返回其值。

⟨*functions* 270⟩ +≡
```
unsigned long MP_tointu(T x) {
    unsigned char d[sizeof (unsigned long)];

    assert(x);
    MP_cvtu(8*sizeof d, d, x);
    return XP_toint(sizeof d, d);
}
```

同样，MP_cvtu 或者"缩窄" x，或者"加宽" x，然后将其赋值给 z。

⟨*functions* 270⟩ +≡
```
T MP_cvtu(int m, T z, T x) {
    int i, mbytes = (m - 1)/8 + 1;

    assert(m > 1);
    ⟨checked runtime errors for unary functions 273⟩
    if (m < nbits) {
        ⟨narrow unsigned x 274⟩
    } else {
        ⟨widen unsigned x 274⟩
    }
    return z;
}
```

当 m 小于 nbits 时，如果 x 的比特位 m 到 nbits − 1 中，有任何一个比特位为 1，都会造成溢出，检查该情形的代码类似于 MP_cvt 中使用的代码，但要简单些：

⟨*narrow unsigned* x 274⟩ ≡
```
int carry = x[mbytes-1]&~ones(m);
for (i = mbytes; i < nbytes; i++)
    carry |= x[i];
memcpy(z, x, mbytes);
z[mbytes-1] &= ones(m);
```
⟨*test for unsigned overflow* 271⟩

当 m 不小于 nbits 时，不可能发生溢出，z 中多余的比特位将清零：

⟨*widen unsigned* x 274⟩ ≡
```
memcpy(z, x, nbytes);
for (i = nbytes; i < mbytes; i++)
    z[i] = 0;
```

19.3.2 无符号算术

如 MP_cvtu 和 MP_cvt 的代码所示，与对应的有符号算术函数相比，无符号算术函数更易于实现，因为它们不需要处理符号，而且溢出的检查更为简单。无符号加法说明了一种容易的情形，XP_add 完成了所有的工作。

```
⟨functions 270⟩+≡
    T MP_addu(T z, T x, T y) {
        int carry;

        ⟨checked runtime errors for binary functions 275⟩
        carry = XP_add(nbytes, z, x, y, 0);
        carry |= z[nbytes-1]&~msb;
        z[nbytes-1] &= msb;
        ⟨test for unsigned overflow 271⟩
        return z;
    }

⟨checked runtime errors for binary functions 275⟩≡
    assert(x); assert(y); assert(z);
```

减法同样简单，但出现"悬挂"借位（最高位出现借位）时，将引发 MP_Overflow 异常：

```
⟨functions 270⟩+≡
    T MP_subu(T z, T x, T y) {
        int borrow;

        ⟨checked runtime errors for binary functions 275⟩
        borrow = XP_sub(nbytes, z, x, y, 0);
        borrow |= z[nbytes-1]&~msb;
        z[nbytes-1] &= msb;
        ⟨test for unsigned underflow 275⟩
        return z;
    }

⟨test for unsigned underflow 275⟩≡
    if (borrow)
        RAISE(MP_Overflow);
```

MP_mul2u 是最简单的乘法函数，因为其中不可能出现溢出。

```
⟨functions 270⟩+≡
    T MP_mul2u(T z, T x, T y) {
        ⟨checked runtime errors for binary functions 275⟩
        memset(tmp[3], '\0', 2*nbytes);
        XP_mul(tmp[3], nbytes, x, nbytes, y);
        memcpy(z, tmp[3], (2*nbits - 1)/8 + 1);
        return z;
    }
```

MP_mul2u 将结果计算到 tmp[3] 中，然后将 tmp[3] 复制到 z；这使得在调用时，可以将 x 或 y 用作 z，如果 MP_mul2u 将结果直接计算到 z 中，这样就行不通了。因而，在 MP_set 中分配临时空间的做法，不仅隔离了分配操作，也避免了对 x 和 y 的限制。

MP_mul 也调用了 XP_mul 来计算一个两倍长度的结果保存到 tmp[3]，然后将该结果的位宽 "缩窄" 到 nbits，并将其赋值给 z。

⟨*functions* 270⟩ +≡
```
T MP_mulu(T z, T x, T y) {
    ⟨checked runtime errors for binary functions 275⟩
    memset(tmp[3], '\0', 2*nbytes);
    XP_mul(tmp[3], nbytes, x, nbytes, y);
    memcpy(z, tmp[3], nbytes);
    z[nbytes-1] &= msb;
    ⟨test for unsigned multiplication overflow 276⟩
    return z;
}
```

如果 tmp[3] 的比特位 nbits 到 2 * nbits - 1 中，有任何比特位是 1，乘积都会溢出。基本上，可以用 MP_cvtu 中测试类似情况的方法，来检测这种情况：

⟨*test for unsigned multiplication overflow* 276⟩ ≡
```
{
    int i;
    if (tmp[3][nbytes-1]&~msb)
        RAISE(MP_Overflow);
    for (i = 0; i < nbytes; i++)
        if (tmp[3][i+nbytes] != 0)
            RAISE(MP_Overflow);
}
```

通过将 y 复制到一个临时变量，MP_divu 避免了 XP_div 对其参数的限制：

⟨*functions* 270⟩ +≡
```
T MP_divu(T z, T x, T y) {
    ⟨checked runtime errors for binary functions 275⟩
    ⟨copy y to a temporary 276⟩
    if (!XP_div(nbytes, z, x, nbytes, y, tmp[2], tmp[3]))
        RAISE(MP_Dividebyzero);
    return z;
}
```

⟨*copy* y *to a temporary* 276⟩ ≡
```
{
    memcpy(tmp[1], y, nbytes);
    y = tmp[1];
}
```

tmp[2] 包含了余数，将被丢弃，y 的值首先复制到 tmp[1]，而后 y 又设置为指向 tmp[1] 对应的 MP_T 实例。tmp[3] 是 XP_div 所需的长度为 2 * nbyte + 2 个字节的临时变量。MP_modu 类似，但它使用 tmp[2] 来保存商：

⟨*functions* 270⟩ +≡
```
T MP_modu(T z, T x, T y) {
```

```
⟨checked runtime errors for binary functions 275⟩
⟨copy y to a temporary 276⟩
if (!XP_div(nbytes, tmp[2], x, nbytes, y, z, tmp[3]))
    RAISE(MP_Dividebyzero);
return z;
}
```

19.3.3　有符号算术

　　AP 接口的符号-绝对值表示法，强制要求 AP_add 考虑 x 和 y 的符号。二进制补码表示的性质，使得 MP_add 可以避免这种按情况分析的做法，无论 x 和 y 的符号如何，只需要调用 XP_add 即可。因而，有符号加法几乎与无符号加法相同，唯一重要的区别是对溢出的检测。

```
⟨functions 270⟩ +≡
  T MP_add(T z, T x, T y) {
      int sx, sy;

      ⟨checked runtime errors for binary functions 275⟩
      sx = sign(x);
      sy = sign(y);
      XP_add(nbytes, z, x, y, 0);
      z[nbytes-1] &= msb;
      ⟨test for signed overflow 277⟩
      return z;
  }
```

在加法中，当 x 和 y 符号相同时，才可能发生溢出。当和值溢出时，其符号不同于 x 和 y 的符号：

```
⟨test for signed overflow 277⟩ ≡
  if (sx == sy && sy != sign(z))
      RAISE(MP_Overflow);
```

有符号减法的形式与加法相同，但对溢出的检测不同。

```
⟨functions 270⟩ +≡
  T MP_sub(T z, T x, T y) {
      int sx, sy;

      ⟨checked runtime errors for binary functions 275⟩
      sx = sign(x);
      sy = sign(y);
      XP_sub(nbytes, z, x, y, 0);
      z[nbytes-1] &= msb;
      ⟨test for signed underflow 278⟩
      return z;
  }
```

对于减法来说，当 x 和 y 符号不同时，才可能发生下溢。当 x 为正数而 y 为负数时，结果应该是正数，当 x 为负数而 y 为正数时，结果应该是负数。因而，如果 x 和 y 符号不同，而结果的符号与 y 相同，那么就发生了下溢。

19

⟨*test for signed underflow* 278⟩ ≡
```
    if (sx != sy && sy == sign(z))
        RAISE(MP_Overflow);
```

对 x 取反，等效于从零减去 x：仅当 x 为负数时，才可能发生溢出，当结果上溢时，其仍然为负数。

⟨*functions* 270⟩ +≡
```
    T MP_neg(T z, T x) {
        int sx;

        ⟨checked runtime errors for unary functions 273⟩
        sx = sign(x);
        XP_neg(nbytes, z, x, 1);
        z[nbytes-1] &= msb;
        if (sx && sx == sign(z))
            RAISE(MP_Overflow);
        return z;
    }
```

MP_neg 必须清除 z 高位部分的过多比特位，因为当 x 是正数时，这些比特位都将是 0。

实现符号乘法最容易的方式是，对负的操作数取反，执行无符号乘法，当两个操作数符号不同时，再对结果取反。对于 MP_mul2，不可能发生溢出，因为它计算了一个双倍长度的结果，其细节易于填充：

⟨*functions* 270⟩ +≡
```
    T MP_mul2(T z, T x, T y) {
        int sx, sy;

        ⟨checked runtime errors for binary functions 275⟩
        ⟨tmp[3] ← x · y 278⟩
        if (sx != sy)
            XP_neg((2*nbits - 1)/8 + 1, z, tmp[3], 1);
        else
            memcpy(z, tmp[3], (2*nbits - 1)/8 + 1);
        return z;
    }
```

⟨tmp[3] ← $x \cdot y$ 278⟩ ≡
```
    sx = sign(x);
    sy = sign(y);
    ⟨if x < 0, negate x 278⟩
    ⟨if y < 0, negate y 279⟩
    memset(tmp[3], '\0', 2*nbytes);
    XP_mul(tmp[3], nbytes, x, nbytes, y);
```

乘积有 2 * nbits 个比特位，只需要 z 有(2 * nbits - 1)/8 + 1 个字节。x 和 y 会在必要时取反，取反后的值保存在适当的临时变量中，而后使 x 或 y 重新指向临时变量。

⟨*if* $x < 0$, *negate* x 278⟩ ≡
```
    if (sx) {
```

```
        XP_neg(nbytes, tmp[0], x, 1);
        x = tmp[0];
        x[nbytes-1] &= msb;
    }
```

⟨*if y < 0, negate y* 279⟩ ≡
```
    if (sy) {
        XP_neg(nbytes, tmp[1], y, 1);
        y = tmp[1];
        y[nbytes-1] &= msb;
    }
```

按照惯例，MP 接口函数在必要时会将 x 和 y 取反，或复制到 tmp[0] 和 tmp[1] 中。

MP_mul 类似于 MP_mul2，但在 2 * nbits 个比特位的结果中，只有最低位 nbits 个比特位复制到 z。当 nbits 个比特位无法容纳结果时、或操作数符号相同而结果为负数时，将产生溢出。

⟨*functions* 270⟩ +≡
```
    T MP_mul(T z, T x, T y) {
        int sx, sy;

        ⟨checked runtime errors for binary functions 275⟩
        ⟨tmp[3] ← x · y 278⟩
        if (sx != sy)
            XP_neg(nbytes, z, tmp[3], 1);
        else
            memcpy(z, tmp[3], nbytes);
        z[nbytes-1] &= msb;
        ⟨test for unsigned multiplication overflow 276⟩
        if (sx == sy && sign(z))
            RAISE(MP_Overflow);
        return z;
    }
```

当操作数符号相同时，有符号除法非常类似于无符号除法，因为商和余数都是非负的。仅当被除数是（n-bit 数中）最小的负数、且除数为-1 时，才会发生溢出，这种情况下，商将是负数。

⟨*functions* 270⟩ +≡
```
    T MP_div(T z, T x, T y) {
        int sx, sy;

        ⟨checked runtime errors for binary functions 275⟩
        sx = sign(x);
        sy = sign(y);
        ⟨if x < 0, negate x 278⟩
        ⟨if y < 0, negate y 279⟩ else  ⟨copy y to a temporary 276⟩
        if (!XP_div(nbytes, z, x, nbytes, y, tmp[2], tmp[3]))
            RAISE(MP_Dividebyzero);
        if (sx != sy) {
            ⟨adjust the quotient 280⟩
        } else if (sx && sign(z))
```

19

```
          RAISE(MP_Overflow);
      return z;
  }
```

MP_div 或者对 y 取反，把结果保存到临时变量中，或者将 y 直接复制到临时变量中，因为 y 和 z 可能指向同一 MP_T 实例，该函数使用 tmp[2] 保存余数。

对有符号除法和取模操作来说，比较复杂的情形是，两个操作数符号不同时。在这种情况下，商是负数但必须向负无穷大方向舍入，余数是正数。其中需要进行的校正，与 AP_div 和 AP_mod 所作的相同：把商取反，如果余数非零，则将商减 1。另外，如果无符号余数非零，y 减去该余数，即为正确的余数值。

⟨*adjust the quotient* 280⟩ ≡
```
  XP_neg(nbytes, z, z, 1);
  if (!iszero(tmp[2]))
      XP_diff(nbytes, z, z, 1);
  z[nbytes-1] &= msb;
```

⟨*macros* 270⟩ +≡
```
  #define iszero(x) (XP_length(nbytes,(x))==1 && (x)[0]==0)
```

MP_div 并不校正余数，因为余数丢弃掉了。MP_mod 所作的刚好相反：它只校正余数，使用 tmp[2] 来保存商。

⟨*functions* 270⟩ +≡
```
  T MP_mod(T z, T x, T y) {
      int sx, sy;

      ⟨checked runtime errors for binary functions 275⟩
      sx = sign(x);
      sy = sign(y);
      ⟨if x < 0, negate x 278⟩
      ⟨if y < 0, negate y 279⟩ else  ⟨copy y to a temporary 276⟩
      if (!XP_div(nbytes, tmp[2], x, nbytes, y, z, tmp[3]))
          RAISE(MP_Dividebyzero);
      if (sx != sy) {
          if (!iszero(z))
              XP_sub(nbytes, z, y, z, 0);
      } else if (sx && sign(tmp[2]))
          RAISE(MP_Overflow);
      return z;
  }
```

19.3.4   便捷函数

算术便捷函数用一个 long 或 unsigned long 作为立即操作数，如有必要将其转换为 MP_T 实例，而后执行对应的算术操作。当 y 在基数 2^8 下只有单个数位时，这些函数可以使用 XP 接口导出的单数位函数。但有两种情况可能导致溢出：y 太大，或操作本身可能溢出。如果 y 太大，这些函数必须在引发异常之前完成操作并赋值给 z。MP_addui 说明了所有便捷函数使用的这种方法：

⟨*functions* 270⟩ +≡
```
T MP_addui(T z, T x, unsigned long y) {
    ⟨checked runtime errors for unary functions 273⟩
    if (y < BASE) {
        int carry = XP_sum(nbytes, z, x, y);
        carry |= z[nbytes-1]&~msb;
        z[nbytes-1] &= msb;
        ⟨test for unsigned overflow 271⟩
    } else if (applyu(MP_addu, z, x, y))
        RAISE(MP_Overflow);
    return z;
}
```

⟨*macros* 270⟩ +≡
```
#define BASE (1<<8)
```

如果 y 只有一个数位，XP_sum 可以计算 $x+y$。当 nbits 小于 8 且 y 太大时，该代码也能检测到溢出，因为和值对任何 x 值来说，都太大了。否则，MP_addui 调用 applyu 将 y 转换为 MP_T 实例，以便使用更通用的函数 MP_addu。如果 y 太大，applyu 仅会在计算 z 之后返回 1：

⟨*static functions* 281⟩ ≡
```
static int applyu(T op(T, T, T), T z, T x,
    unsigned long u) {
    unsigned long carry;

    { T z = tmp[2];  ⟨set z to u 271⟩ }
    op(z, x, tmp[2]);
    return carry != 0;
}
```

applyu 使用 MP_fromintu 中的代码将 unsigned long 操作数转换到 tmp[2] 中。它保存了转换操作出现的进位，因为转换也可能溢出。接下来它调用其第一个参数指定的函数，如果保存的进位值非零，则返回 1，否则返回 0。函数 op 也可能引发异常，但仅当设置 z 值之后，才会引发异常。

无符号减法和乘法的便捷函数是类似的。当 y 小于 2^8 时，MP_subui 调用 MP_diff。

⟨*functions* 270⟩ +≡
```
T MP_subui(T z, T x, unsigned long y) {
    ⟨checked runtime errors for unary functions 275⟩
    if (y < BASE) {
        int borrow = XP_diff(nbytes, z, x, y);
        borrow |= z[nbytes-1]&~msb;
        z[nbytes-1] &= msb;
        ⟨test for unsigned underflow 275⟩
    } else if (applyu(MP_subu, z, x, y))
        RAISE(MP_Overflow);
```

```
            return z;
      }
```

当 y 太大时，$x - y$ 对所有 x 都会发生下溢，因此在调用 XP_diff 之前 MP_subui 不需要检查 y 是否太大。

MP_mului 调用 MP_product，但在 nbits 小于 8 时，MP_mului 必须显式检查 y 是否太大，因为当 x 为 0 时 XP_product 不会捕获该错误。该检查在计算 z 之后进行。

```
T MP_mului(T z, T x, unsigned long y) {
      ⟨checked runtime errors for unary functions 275⟩
      if (y < BASE) {
            int carry = XP_product(nbytes, z, x, y);
            carry |= z[nbytes-1]&~msb;
            z[nbytes-1] &= msb;
            ⟨test for unsigned overflow 271⟩
            ⟨check if unsigned y is too big 282⟩
      } else if (applyu(MP_mulu, z, x, y))
            RAISE(MP_Overflow);
      return z;
}

⟨check if unsigned y is too big 282⟩ ≡
   if (nbits < 8 && y >= (1U<<nbits))
         RAISE(MP_Overflow);
```

MP_divui 和 MP_modui 使用了 XP_quotient，但它们必须自行检查除数为零的情形（因为 XP_quotient 只接受非零、单数位的除数），当 nbits 小于 8 且 y 太大时，它们必须检查是否发生了溢出。

```
⟨functions 270⟩ +≡
   T MP_divui(T z, T x, unsigned long y) {
         ⟨checked runtime errors for unary functions 275⟩
         if (y == 0)
               RAISE(MP_Dividebyzero);
         else if (y < BASE) {
               XP_quotient(nbytes, z, x, y);
               ⟨check if unsigned y is too big 282⟩
         } else if (applyu(MP_divu, z, x, y))
               RAISE(MP_Overflow);
         return z;
   }
```

MP_modui 调用 XP_quotient，但只是为了计算余数。它会丢弃计算到 tmp[2] 中的商：

```
⟨functions 270⟩ +≡
   unsigned long MP_modui(T x, unsigned long y) {
         assert(x);
         if (y == 0)
               RAISE(MP_Dividebyzero);
         else if (y < BASE) {
               int r = XP_quotient(nbytes, tmp[2], x, y);
```

```
⟨check if unsigned y is too big 282⟩
    return r;
} else if (applyu(MP_modu, tmp[2], x, y))
    RAISE(MP_Overflow);
return XP_toint(nbytes, tmp[2]);
}
```

有符号算术的各个便捷函数使用了同样的方法，但调用一个不同的 apply 函数，其使用 MP_fromint 的代码将 long 转换为有符号 MP_T 实例并保存到 tmp[2]，而后调用所需的函数，如果立即操作数太大则返回 1，否则返回 0。

```
⟨static functions 281⟩ +≡
    static int apply(T op(T, T, T), T z, T x, long v) {
        { T z = tmp[2];  ⟨set z to v 272⟩ }
        op(z, x, tmp[2]);
        return ⟨v is too big 272⟩;
    }
```

当 $|y|$ 小于 2^8 时，与对应的无符号便捷函数相比，有符号便捷函数需要多做一些工作，因为它们必须处理有符号操作数。单数位 XP 函数只处理正的单数位操作数，因此有符号便捷函数必须使用操作数的符号来确定调用哪个函数。这里的分析，类似于 AP 函数所作的分析（参见 18.3.1 节），但 MP 的二进制补码表示简化了细节。这里是加法的 4 种情形。

	$y < 0$	$y \geq 0$
$x < 0$	$-(|x| + |y|) = x - |y|$	$-(|x| - |y|) = x + |y|$
$x \geq 0$	$|x| - |y| = x - |y|$	$|x| + |y| = x + |y|$

当 y 为负数时，对任意 x，都有 $x + y$ 等于 $x - |y|$，因此 MP_addi 可以使用 XP_diff 来计算和值，当 y 为非负时，它可以使用 XP_sum。

```
⟨functions 270⟩ +≡
    T MP_addi(T z, T x, long y) {
        ⟨checked runtime errors for unary functions 275⟩
        if (-BASE < y && y < BASE) {
            int sx = sign(x), sy = y < 0;
            if (sy)
                XP_diff(nbytes, z, x, -y);
            else
                XP_sum (nbytes, z, x, y);
            z[nbytes-1] &= msb;
            ⟨test for signed overflow 277⟩
            ⟨check if signed y is too big 283⟩
        } else if (apply(MP_add, z, x, y))
            RAISE(MP_Overflow);
        return z;
    }
```

⟨check if signed y is too big 283⟩ ≡

```
if (nbits < 8
&& (y < -(1<<(nbits-1)) || y >= (1<<(nbits-1))))
    RAISE(MP_Overflow);
```

有符号减法的情形刚好与加法相反（AP_sub 的情形参见 18.3.2 节）：

	$y < 0$	$y \geqslant 0$
$x < 0$	$-(|x| - |y|) = x + |y|$	$-(|x| + |y|) = x - |y|$
$x \geqslant 0$	$|x| + |y| = x + |y|$	$|x| - |y| = x - |y|$

因此，当 y 为负数时，MP_subi 调用 XP_sum 将 $|y|$ 加到 x，而 y 为非负时，则调用 XP_diff。

⟨*functions* 270⟩ +≡
```
T MP_subi(T z, T x, long y) {
    ⟨checked runtime errors for unary functions 275⟩
    if (-BASE < y && y < BASE) {
        int sx = sign(x), sy = y < 0;
        if (sy)
            XP_sum (nbytes, z, x, -y);
        else
            XP_diff(nbytes, z, x, y);
        z[nbytes-1] &= msb;
        ⟨test for signed underflow 278⟩
        ⟨check if signed y is too big 283⟩
    } else if (apply(MP_sub, z, x, y))
        RAISE(MP_Overflow);
    return z;
}
```

MP_muli 使用 MP_mul 的策略：它对负操作数取反，通过调用 XP_product 计算乘积，（当操作数符号不同时）再将乘积取反。

⟨*functions* 270⟩ +≡
```
T MP_muli(T z, T x, long y) {
    ⟨checked runtime errors for unary functions 275⟩
    if (-BASE < y && y < BASE) {
        int sx = sign(x), sy = y < 0;
        ⟨if x < 0, negate x 278⟩
        XP_product(nbytes, z, x, sy ? -y : y);
        if (sx != sy)
            XP_neg(nbytes, z, x, 1);
        z[nbytes-1] &= msb;
        if (sx == sy && sign(z))
            RAISE(MP_Overflow);
        ⟨check if signed y is too big 283⟩
    } else if (apply(MP_mul, z, x, y))
        RAISE(MP_Overflow);
    return z;
}
```

MP_divi 和 MP_modi 必须检查除数为 0 的情形，因为它们调用 XP_quotient 来计算商和余数。`MP_divi` 丢弃余数，而 `MP_modi` 丢弃商：

```
⟨functions⟩ +≡
    T MP_divi(T z, T x, long y) {
        ⟨checked runtime errors for unary functions 275⟩
        if (y == 0)
            RAISE(MP_Dividebyzero);
        else if (-BASE < y && y < BASE) {
            int r;
            ⟨z ← x/y, r ← x mod y 285⟩
            ⟨check if signed y is too big 283⟩
        } else if (apply(MP_div, z, x, y))
            RAISE(MP_Overflow);
        return z;
    }

    long MP_modi(T x, long y) {
        assert(x);
        if (y == 0)
            RAISE(MP_Dividebyzero);
        else if (-BASE < y && y < BASE) {
            T z = tmp[2];
            int r;
            ⟨z ← x/y, r ← x mod y 285⟩
            ⟨check if signed y is too big 283⟩
            return r;
        } else if (apply(MP_mod, tmp[2], x, y))
            RAISE(MP_Overflow);
        return MP_toint(tmp[2]);
    }
```

`MP_modi` 调用 `MP_toint` 而不是 `XP_toint`，以确保符号的正确扩展。

　　`MP_divi` 和 `MP_modi` 共同使用的代码块用于计算商和余数，并且在 x 和 y 符号不同且余数非零时校正商和余数。

```
⟨z ← x/y, r ← x mod y 285⟩ ≡
    int sx = sign(x), sy = y < 0;
    ⟨if x < 0, negate x 278⟩
    r = XP_quotient(nbytes, z, x, sy ? -y : y);
    if (sx != sy) {
        XP_neg(nbytes, z, z, 1);
        if (r != 0) {
            XP_diff(nbytes, z, z, 1);
            r = y - r;
        }
        z[nbytes-1] &= msb;
    } else if (sx && sign(z))
        RAISE(MP_Overflow);
```

19.3.5 比较和逻辑操作

　　无符号比较很容易，`MP_cmp` 可以只调用 `XP_cmp`：

```
⟨functions 270⟩ +≡
    int MP_cmpu(T x, T y) {
        assert(x);
        assert(y);
        return XP_cmp(nbytes, x, y);
    }
```

当 x 和 y 符号不同时，MP_cmp(x, y) 只是返回 y 和 x 符号的差：

```
⟨functions 270⟩ +≡
    int MP_cmp(T x, T y) {
        int sx, sy;

        assert(x);
        assert(y);
        sx = sign(x);
        sy = sign(y);
        if (sx != sy)
            return sy - sx;
        else
            return XP_cmp(nbytes, x, y);
    }
```

当 x 和 y 符号相同时，MP_cmp 可以将其当做无符号数处理，调用 XP_cmp 进行比较。

进行比较操作的便捷函数无法使用 applyu 和 apply，因为它们计算整数结果，而且不要求其 long 或 unsigned long 操作数一定能够放入到一个 MP_T 实例中。这些函数只是比较一个 MP_T 实例与一个立即数，当立即数的值太大时，将在比较的结果中反映出来。当 unsigned long 的位宽不小于 nbits 时，MP_cmpui 将 MP_T 实例转换为一个 unsigned long 类型的值，并使用 C 语言中通常的比较运算符。否则，它将立即数转换为一个 MP_T 实例（tmp[2]），并调用 XP_cmp。

```
⟨functions 270⟩ +≡
    int MP_cmpui(T x, unsigned long y) {
        assert(x);
        if ((int)sizeof y >= nbytes) {
            unsigned long v = XP_toint(nbytes, x);
            ⟨return -1, 0, +1, if v < y, v = y, v > y 286⟩
        } else {
            XP_fromint(nbytes, tmp[2], y);
            return XP_cmp(nbytes, x, tmp[2]);
        }
    }

⟨return -1, 0, +1, if v < y, v = y, v > y 286⟩ ≡
    if (v < y)
        return -1;
    else if (v > y)
        return 1;
    else
        return 0;
```

MP_cmpui 在调用 XP_fromint 之后不必检查溢出，因为仅当 y 的位宽小于 MP_T 实例时，才会进行该调用。

当 x 和 y 符号不同时，MP_cmpi 可以彻底避免比较。否则，它使用 MP_cmpui 的方法：如果立即数的位宽不小于 MP_T 实例，则用 C 语言比较运算符进行比较。

⟨*functions* 270⟩ +≡
```
int MP_cmpi(T x, long y) {
    int sx, sy = y < 0;

    assert(x);
    sx = sign(x);
    if (sx != sy)
        return sy - sx;
    else if ((int)sizeof y >= nbytes) {
        long v = MP_toint(x);
        ⟨return -1, 0, +1, if v < y, v = y, v > y 286⟩
    } else {
        MP_fromint(tmp[2], y);
        return XP_cmp(nbytes, x, tmp[2]);
    }
}
```

当 x 和 y 符号相同且 y 的位宽小于 MP_T 的位宽时，MP_cmpi 可以安全地将 y 转换为 MP_T 实例 (tmp[2])，然后调用 XP_cmp 比较 x 和 tmp[2]。MP_cmpi 调用 MP_fromint 而不是 XP_fromint，以便正确地处理 y 为负值的情形。

二元逻辑函数 MP_and、MP_or 和 MP_xor 是最容易实现的 MP 函数，因为结果的每个字节，都是操作数中对应字节按位运算得出：

⟨*macros* 270⟩ +≡
```
#define bitop(op) \
    int i; assert(z); assert(x); assert(y); \
    for (i = 0; i < nbytes; i++) z[i] = x[i] op y[i]; \
    return z
```

⟨*functions* 270⟩ +≡
```
T MP_and(T z, T x, T y) { bitop(&); }
T MP_or (T z, T x, T y) { bitop(|); }
T MP_xor(T z, T x, T y) { bitop(^); }
```

MP_not 有些古怪，不符合 bitop 的模式：

⟨*functions* 270⟩ +≡
```
T MP_not(T z, T x) {
    int i;

    ⟨checked runtime errors for unary functions 273⟩
    for (i = 0; i < nbytes; i++)
        z[i] = ~x[i];
    z[nbytes-1] &= msb;
    return z;
}
```

19

对这三个实现逻辑运算的便捷函数来说，专门为单数位操作数编写特殊处理代码难有所获，而将立即操作数传递给这些函数并不会导致异常。applyu 仍然可以使用，其返回值只是被忽略而已。

⟨*macros* 270⟩ +≡
```
#define bitopi(op) assert(z); assert(x); \
    applyu(op, z, x, y); \
    return z
```

⟨*functions* 270⟩ +≡
```
T MP_andi(T z, T x, unsigned long y) { bitopi(MP_and); }
T MP_ori (T z, T x, unsigned long y) { bitopi(MP_or);  }
T MP_xori(T z, T x, unsigned long y) { bitopi(MP_xor); }
```

三个移位函数首先确认已检查的运行时错误，然后检查 s 是否大于等于 nbits（这种情况下，结果的各比特位为全 0 或全 1），最后调用 XP_lshift 或 XP_rshift。XP_ashift 将空出的比特位填充 1，因而实现了算术右移。

⟨*macros* 270⟩ +≡
```
#define shft(fill, op) \
    assert(x); assert(z); assert(s >= 0); \
    if (s >= nbits) memset(z, fill, nbytes); \
    else op(nbytes, z, nbytes, x, s, fill); \
    z[nbytes-1] &= msb; \
    return z
```

⟨*functions* 270⟩ +≡
```
T MP_lshift(T z, T x, int s) { shft(0, XP_lshift); }
T MP_rshift(T z, T x, int s) { shft(0, XP_rshift); }
T MP_ashift(T z, T x, int s) { shft(sign(x),XP_rshift); }
```

19.3.6　字符串转换

最后四个函数负责字符串与 MP_T 实例之间的转换。MP_fromstr 类似于 strtoul，它将字符串解释为某个基数 [2~36（含）] 下的无符号数。对于大于 10 的基数来说，字母用于指定大于 9 的数位。

⟨*functions* 270⟩ +≡
```
T MP_fromstr(T z, const char *str, int base, char **end){
    int carry;

    assert(z);
    memset(z, '\0', nbytes);
    carry = XP_fromstr(nbytes, z, str, base, end);
    carry |= z[nbytes-1]&~msb;
    z[nbytes-1] &= msb;
    ⟨test for unsigned overflow 271⟩
    return z;
}
```

XP_fromstr 执行转换，（如果 end 不是 NULL）并将*end 设置为转换结束处字符的地址。z 初始化为 0，因为 XP_fromstr 会将转换得到的值加到 z 上。

MP_tostr 执行反向转换：它接受一个 MP_T 实例，并给出该实例的值在某个基数（2 到 36 之间，含）下的字符串表示。

```
⟨functions 270⟩ +≡
    char *MP_tostr(char *str, int size, int base, T x) {
        assert(x);
        assert(base >= 2 && base <= 36);
        assert(str == NULL || size > 1);
        if (str == NULL) {
            ⟨size ← number of characters to represent x in base 289⟩
            str = ALLOC(size);
        }
        memcpy(tmp[1], x, nbytes);
        XP_tostr(str, size, base, nbytes, tmp[1]);
        return str;
    }
```

如果 str 是 NULL，MP_tostr 分配一个足够长的字符串，以容纳 x 在 base 基数下的表示。MP_tostr 使用 AP_tostr 的技巧来计算该字符串的长度：str 必须至少有⌈nbits/k⌉个字符，其中 k 的选择，要使得在 2 的各个幂次中，2^k 是小于等于 base 的最大幂次，另外还有加上结尾的一个 0 字符。

```
⟨size ← number of characters to represent x in base 289⟩ ≡
    {
        int k;
        for (k = 5; (1<<k) > base; k--)
            ;
        size = nbits/k + 1 + 1;
    }
```

Fmt 风格的转换函数格式化一个无符号或有符号的 MP_T 实例。每个转换函数消耗两个参数：一个 MP_T 实例，和一个基数值 [2~36（含）]。MP_fmtu 调用 MP_tostr 来转换 MP_T 实例，并调用 Fmt_putd 来输出转换的结果。回忆前文可知，Fmt_putd 以 printf 的%d 转换限定符的风格来输出一个数字。

```
⟨functions 270⟩ +≡
    void MP_fmtu(int code, va_list *app,
        int put(int c, void *cl), void *cl,
        unsigned char flags[], int width, int precision) {
        T x;
        char *buf;

        assert(app && flags);
        x = va_arg(*app, T);
        assert(x);
        buf = MP_tostr(NULL, 0, va_arg(*app, int), x);
```

19

```
    Fmt_putd(buf, strlen(buf), put, cl, flags,
        width, precision);
    FREE(buf);
}
```

MP_fmt 要做的工作稍多一点，因为它将一个 MP_T 解释为一个有符号数，但 MP_tostr 只接受无符号 MP_T 实例。因而，MP_fmt 本身会分配缓冲区，必要时会先在缓冲区中预置一个符号。

⟨*functions* 270⟩ +≡
```
    void MP_fmt(int code, va_list *app,
        int put(int c, void *cl), void *cl,
        unsigned char flags[], int width, int precision) {
        T x;
        int base, size, sx;
        char *buf;

        assert(app && flags);
        x = va_arg(*app, T);
        assert(x);
        base = va_arg(*app, int);
        assert(base >= 2 && base <= 36);
        sx = sign(x);
```
        ⟨*if x < 0, negate x* 278⟩
        ⟨*size* ← *number of characters to represent x in* base 289⟩
```
        buf = ALLOC(size+1);
        if (sx) {
            buf[0] = '-';
            MP_tostr(buf + 1, size, base, x);
        } else
            MP_tostr(buf, size + 1, base, x);
        Fmt_putd(buf, strlen(buf), put, cl, flags,
            width, precision);
        FREE(buf);
    }
```

19.4 扩展阅读

多精度算术通常在编译器中使用，有时它是必须使用的。例如，[Clinger，1990]指出，将浮点字面值转换为对应的 IEEE 浮点表示，在某些情况下需要多精度算术才能实现最佳的精确度。

[Schneier，1996]是一份密码学方面的综述。该书很实用，还对一些描述的算法包括了 C 语言实现。该书还有很广泛的参考数目，这是深入研究的良好起点。

如 17.2.2 节所示，两个 n 数位数的乘积，所花费的时间与 n^2 成正比。[Press 等人，1992]的 20.6 节说明，可使用快速傅里叶变换来实现乘法，其花费的时间与 n lgn lglgn 成正比。该书还通过计算倒数 $1/y$ 并将其乘以 x，从而实现了 x/y。这种方法需要支持小数部分的多精度数。

19.5 习题

19.1 当 nbits 是 8 的倍数时，MP 接口函数执行了大量不必要的工作。读者是否可以修订 MP 接口的实现，使得在 nbits mod 8 = 0 时，能够避免这些不必要的工作？实现你的方案并测量其好处或成本。

19.2 对于许多应用程序来说，一旦选定 nbits，就不会变更。实现一个代码生成器，对给定的 nbits 值，生成一个接口和实现 MP_*nbits*，支持位宽 nbits 的算术运算，其他方面与 MP 接口相同。

19.3 设计并实现一个接口，支持定点、多精度数的算术运算，这种数包含一个整数部分和一个小数部分。客户程序应该能指定这两部分中数位的数目。务必规定舍入规则的细节。[Press 等人，1992]的 20.6 节包含了可用于本习题的一些有用算法。

19.4 设计并实现一个接口，支持浮点数的算术运算，客户程序可以指定指数和尾数部分的比特位数目。在尝试本习题之前，请阅读[Goldberg，1991]。

19.5 XP 和 MP 接口中的函数并不使用 const 修饰的参数，原因已经在 17.1 节中详述。但是，可以用其他方式定义 XP_T 和 MP_T，使之可以与 const 正确地协作。例如，如果以下述方式定义 T

```
typedef unsigned char T[];
```

那么 const T 的语义就表示"常量无符号字符的数组"，继而可用于函数参数，例如 MP_add 可以声明如下：

```
unsigned char *MP_add(T z, const T x, const T y);
```

在 MP_add 中，x 和 y 的类型是"指向常量无符号字符的指针"，因为形参中的数组类型会"衰变"为对应的指针类型。当然，const 无法阻止偶发的别名混用，因为，同一数组可能同时传递给 z 和 x。MP_add 的这种声明形式，说明了将 T 定义为数组类型的不利之处：T 无法用作返回类型，客户程序无法声明类型为 T 的变量。这种数组类型只对参数有用。通过将 T 定义为 unsigned char 的 typedef，可以避免该问题：

```
typedef unsigned char T;
```

使用 T 的这种定义，MP_add 可以声明为下述两种形式：

```
T *MP_add(T z[], const T x[], const T y[]);
T *MP_add(T *z, T *x, T *y);
```

使用 T 的这两种定义，重新实现 XP 及其客户程序、AP、MP、calc 和 mpcalc。比较修改后程序与原始程序的易读性。

第 20 章

线 程

20

典型的 C 程序是顺序的，或者说是单线程程序。即，程序中只有一个控制流。在执行时，程序的指令计数器（location counter）给出所执行的每条指令的地址。大多数时间，指令计数器给出的地址顺序前移，每次移动一个指令。偶而，跳转或调用指令会导致指令计数器变更为跳转目标地址或所调用函数的地址。指令计数器的值描绘出了一条穿越程序的路径，该路径描述了程序的执行，看起来像是穿过程序的一条线。

一个并发或多线程程序有一个以上的线程，而且在大多数情况下，这些线程至少在概念上是同时执行的。这种并发执行，使得编写多线程应用程序比编写单线程应用程序要复杂得多，因为线程间可能以不确定的方式彼此交互。本章中的三个接口导出了一些函数，可用于创建和管理线程、同步多个协作线程的操作、在线程间通信。

线程对具有内在并发活动的应用程序很有用。图形用户界面是个首要的例子，键盘输入、鼠标移动和点击、显示输出，所有这些活动都是同时发生的。在多线程系统中，可以为每个活动分别分配一个专用线程，无需考虑其他活动。这种方法有助于简化用户界面的实现，因为对这些线程中的每一个来说，除了少数必须与其他线程通信/同步的场合之外，都可以像顺序程序那样来设计和编写这些线程。

在多处理器计算机上，如果应用程序可以自然地分解为相对独立的子任务，那么使用线程可以提高性能。每个子任务在一个单独的线程中运行，所有子任务线程都并发地运行，因而比顺序执行各个子任务要快速。20.2 节描述了一个使用这种方法的排序程序。

因为线程有状态，它们还可以帮助组织顺序程序的结构：线程包含足够的关联信息，使之可以停止执行，而后在停止处重新恢复执行。例如，典型的 UNIX C 语言编译器由三部分组成：一个单独的预处理器、一个专属的编译器和一个汇编器。预处理器读取源代码，将头文件包含进来，并展开宏，最后输出结果源代码，编译器读取并解析展开的源代码，生成代码并输出汇编语言，而汇编器读取汇编语言并输出目标码。这些阶段通常通过读写临时文件来彼此通讯。利用线程，每个阶段都可以作为单独的应用程序中的一个独立的线程来运行，这样就消除了临时文件，以及读、写、删除临时文件的开销。编译器本身也可能对词法分析器和语法解析器分别使用单独的线程。20.2 节以计算素数为例，说明了在流水线中使用线程的这种用法。

一些系统并不是为多线程应用程序设计的，这限制了线程的用处。例如，大多数 UNIX 系统使用的是阻塞 I/O 原语。即当一个线程发出一个读请求时，该线程所属的 UNIX 进程以及进程中所有的线程都会阻塞，以等待该请求完成。在这些系统上，线程无法将计算与 I/O 进行重叠。对于信号处理，也有类似的结论。大多数 UNIX 系统将信号和信号处理程序关联到进程，而不是进程中的各个线程。

线程系统支持用户级线程或内核级线程，也可能二者均支持。用户级线程是完全在用户状态实现的，无需操作系统的帮助。用户级线程软件包，通常有一些如上文所述的缺点。从正面来说，用户级线程可以非常高效。下一节描述的 Thread 接口提供了用户级线程。

内核级线程使用了操作系统设施，以提供诸如非阻塞 I/O 和线程化信号处理之类（per-thread signal handling）的特性。较新的操作系统有内核级线程支持，可以用于提供线程接口。但这些接口中的一些操作需要系统调用，通常比用户级线程中的类似操作要花费更多代价。

即使在提供内核级线程的系统上，标准库仍然可能不是可重入的或线程安全的。可重入的函数只修改局部变量和参数。改变全局变量或使用静态变量来保存中间结果的函数是不可重入的。标准 C 库中一些函数的典型实现是不可重入的。如果不可重入的函数同时被多次调用①，函数可能以不可预测的方式修改这些中间值。在单线程程序中，多次调用同时存在，可能是因为直接和间接递归。在多线程程序中，出现多次调用，是因为不同线程可能同时调用同一函数。两个线程同时调用一个不可重入的函数，将修改同一存储区，其结果是未定义的。

线程安全的函数使用同步机制来管理对共享数据的访问，因而有可能是可重入的或不可重入的。线程安全的函数可能被多个线程同时调用，而无需担忧同步问题。这使得多线程客户程序更容易使用它们，但其缺点是，即使单线程客户程序也需要为同步付出代价。

标准 C 语言并不要求库函数是可重入的或线程安全的，因此程序员必须作出最坏假定，使用同步原语来确保在任一时刻只有一个线程能访问某个不可重入的库函数。

本书中大部分函数都不是线程安全的，但是它们可重入的。少量函数是不可重入的，如 Text_map，多线程客户程序必须自行解决同步问题。例如，如果几个线程共享一个 Table_T 实例，它们必须确保任一时刻只有一个线程能够对该 Table_T 实例调用 Table 接口中的函数，如下文所述。

一些线程接口是同时为用户级和内核级线程设计的。OSF（Open Software Foundation，开放软件基金会）的 DCE（Distributed Computing Environment，分布式计算环境），在大多数 UNIX 变体、Open-VMS、OS/2、Windows NT 和 Windows 95 上，都是可用的。通常，在宿主操作系统支持内核级线程的情况下，DCE 线程使用内核级线程，否则，DCE 线程实现为用户级线程。DCE 线程接口包括 50 多个函数，比本章中三个接口合起来都大得多，但 DCE 接口能完成的功能更多。例如，其实现支持线程级信号，并通过适当的同步机制保护了对标准库函数的调用。

---

① activation 引自 activation record，指调用函数时栈帧的表示；同时存在多个 activation record，即指函数同时被多次调用。——译者注

　　Sun 公司（Sun Microsystems）的 Solaris 2 操作系统提供了一种二级线程设施。内核级线程称作轻量级线程（lightweight process），或 LWP。UNIX 的每个"重量级"进程都至少包含一个 LWP，Solaris 通过运行进程中的一个或多个 LWP，来运行一个 UNIX 进程。对 LWP 的内核支持包括非阻塞 I/O 和 LWP 级别的信号。用户级线程通过类似 `Thread` 的一个接口提供，但比 `Thread` 要大一些，其实现在 LWP 之上运行用户级线程。一个 LWP 可以服务一个或多个用户级线程。Solaris 在 LWP 之间复用处理器，而 LWP 本身则在用户级线程之间复用。

　　POSIX（Portable Operating Systems Interface，可移植操作系统接口）线程接口简称 pthreads，它是作为指引性的标准线程接口出现的。大多数厂商现在都提供了 pthreads 实现，或许是基于他们自己的线程接口。例如，Sun 公司使用 Solaris 2 的 LWP 来实现 pthreads。pthreads 的功能是 `Thread` 和 `Sem` 接口导出功能的一个超集。较大的 POSIX 线程接口处理了线程级信号，包括几种同步机制，并规定标准 C 库函数必须是线程安全的。

20.1　接口

　　本章中的三个接口都比较小。之所以将其划分为独立的接口，是因为其中每个接口都有一个彼此相关但截然不同的目的。

　　理论上，所有的运行线程都是并发执行的，但实际上，线程数目通常大于真实的处理器数目。因而，处理器是根据某种调度策略在运行线程之间复用的。在非抢占调度（nonpreemptive scheduling）的情况下，运行线程可以执行一个函数，使之变为阻塞状态，或放弃当前占用的处理器。在启用抢占调度（preemptive scheduling）时，运行线程将隐式放弃占用的处理器。该策略通常利用时钟中断实现，时钟中断将周期性地中断运行线程，并将其处理器分配给其他运行线程。时间片是运行线程在被抢占之前所运行时间的数量，当被抢占时，上下文切换将挂起当前线程并恢复另一个（或许是同一个）运行线程。在非抢占调度的情况下，当运行线程阻塞时，也会发生上下文切换。在接口实现支持抢占的情况下，`Thread` 接口将使用抢占调度机制。

　　原子操作（atomic action）的执行不会被抢占。开始执行一个原子操作的线程，在完成该操作前，不会被另一个线程打断。如果线程调用了一个原子函数，该调用的执行不会被打断。本章中描述的大多数函数都必须是原子的，这样才能使其结果和作用具有可预测性。但原子函数是可以阻塞的，`Sem` 接口中的同步函数就是这样的例子。

　　前两段的内容表明，并发程序设计有自身的一些术语，而且经常用不同术语表示同一概念。例如，线程可能叫做轻量级线程、任务（task）、子任务（subtask）、或微任务（microtask），同步机制可能称为事件（event）、条件变量（condition variable）、同步资源（synchronizing resource）和消息（message）。

20.1.1　线程

　　`Thread` 接口导出了一个异常和支持创建线程的函数。

⟨*thread.h*⟩ ≡
```c
#ifndef THREAD_INCLUDED
#define THREAD_INCLUDED
#include "except.h"

#define T Thread_T
typedef struct T *T;

extern const Except_T Thread_Failed;
extern const Except_T Thread_Alerted;

extern int Thread_init (int preempt, ...);
extern T   Thread_new (int apply(void *),
               void *args, int nbytes, ...);
extern void Thread_exit (int code);
extern void Thread_alert(T t);
extern T    Thread_self (void);
extern int  Thread_join (T t);
extern void Thread_pause(void);

#undef T
#endif
```

对该接口中所有这些函数的调用都是原子的。

Thread_init 初始化线程系统,必须在调用任何其他函数之前调用。调用 Thread_init 多次,或在调用 Thread_init 之前调用 Thread、Sem 和 Chan 接口中任何其他函数,都会造成已检查的运行时错误。

如果 preempt 为 0, Thread_init 将线程系统初始化为只支持非抢占调度,并返回 1。如果 preempt 为 1, 线程系统将初始化为支持抢占调度。如果系统支持抢占调度, Thread_init 将返回 1。否则,系统将初始化为非抢占调度, Thread_init 返回 0。

通常的客户程序在 main 函数中初始化线程系统。例如,对于需要抢占调度的客户程序来说, main 函数通常为如下形式。

```c
int main(int argc, char *argv[]) {
    int preempt;
    ...
    preempt = Thread_init(1, NULL);
    assert(preempt == 1);
    ...
    Thread_exit(EXIT_SUCCESS);
    return EXIT_SUCCESS;
}
```

Thread_init 还可以接受与实现相关的额外参数,通常以"名称–值"对的形式指定。例如,对于支持优先级的实现来说,

```c
preempt = Thread_init(1, "priorities", 4, NULL);
```

可以将线程系统初始化为具有四个优先级。通常忽略未知的可选参数。使用这种方法的实现,通

20

常要求用 NULL 指针作为结束参数。

如上述的代码模板所示，线程必须通过调用 Thread_exit 结束执行。整型参数是一个退出代码，很像是传递给标准库的 exit 函数的参数。如果有其他线程在等待调用该函数的线程结束，那么这些线程会得到该退出代码，下文将解释这一点。如果系统中只有一个线程，调用 Thread_exit 等效于调用 exit。

Thread_new 创建了一个新线程并返回其线程句柄，这是一个不透明指针。线程句柄将会传递给 Thread_join 和 Thread_alert 函数，Thread_self 会返回线程句柄。新线程的运行独立于创建它的线程。在新线程开始执行时，它会执行等效于下述形式的代码：

```
void *p = ALLOC(nbytes);
memcpy(p, args, nbytes);
Thread_exit(apply(p));
```

即会针对 args 指向的 nbytes 字节的一个副本，来调用 apply，系统假定 args 指向新线程的参数数据。args 通常是指向一个结构实例的指针，结构的字段保存了 apply 的参数，nbytes 是该结构的长度。新线程开始执行时，异常栈为空：它并不继承调用线程中通过 TRY-EXCEPT 语句建立的异常状态。异常是特定于线程的，在一个线程中执行的 TRY-EXCEPT 语句无法影响另一个线程中的异常。

如果 args 不是 NULL，而 nbytes 为 0，新线程将执行下述代码的等价形式：

```
Thread_exit(apply(args));
```

即会不加修改地将 args 传递给 apply。如果 args 是 NULL，新线程执行下述代码的等价形式：

```
Thread_exit(apply(NULL));
```

如果 apply 是 NULL，或 args 不是 NULL 且 nbytes 为负值，则造成已检查的运行时错误。如果 args 是 NULL，则忽略 nbytes。

类似于 Thread_init，Thread_new 也可以有特定于实现的额外参数，通常以"名称-值"对的形式指定。例如：

```
Thread_T t;
t = Thread_new(apply, args, nbytes, "priority", 2, NULL);
```

上述代码创建了一个优先级为 2 的新线程。如本例所示，可选参数（的列表）应该以 NULL 指针结束。

线程的创建是同步的：在新线程已经创建并接收其参数之后，Thread_new 将返回，但此时新线程可能并未开始执行。如果 Thread_new 因为资源限制无法创建新线程，则引发 Thread_Failed 异常。例如，线程系统的实现可能会限制同时存在的线程数目，在超出该限制时，Thread_new 将引发 Thread_Failed 异常。

线程调用 Thread_exit(code) 函数后，将结束该线程的执行。此后，（借助于 Thread_

join）等待该线程结束的线程将恢复执行，code 的值将作为调用 Thread_join 的结果返回给这些恢复执行的线程。在最后一个线程调用 Thread_exit 时，整个程序通过调用 exit(code) 结束。

Thread_join(t)导致调用线程暂停执行，直至线程t通过调用Thread_exit结束。在线程 t 结束时，调用 Thread_join 的线程将恢复执行，Thread_join 将返回线程t传递给 Thread_exit的整型参数。如果t指定了一个不存在的线程，Thread_join立即返回-1。作为一个特例，调用Thread_join(NULL)将等待所有线程结束，包括那些可能由其他线程创建的线程。在这种情况下，Thread_join将返回 0。如果用非NULL的t指定调用Thread_join的线程本身，或有多个线程指定的t值为NULL，则造成已检查的运行时错误。Thread_join可能引发 Thread_Alerted异常。

Thread_self 返回调用线程的线程句柄。

Thread_pause 导致调用线程放弃处理器，使得另一个就绪线程（如果有的话）可以在该处理器上执行。Thread_pause 主要用于非抢占调度，对于抢占调度，没有必要调用 Thread_pause。

线程有三种状态：运行、阻塞和死亡。新线程开始时为运行状态。如果它调用了 Thread_join，则变为阻塞状态，等待另一个线程结束执行。当一个线程调用 Thread_exit 时，它变为死亡状态。当线程调用由 Chan 导出的通讯函数或 Sem 导出的同步函数时，也可能变为阻塞状态。如果没有运行线程，则为已检查的运行时错误。

Thread_alert(t)将设置 t 的"警报-待决"标志。如果 t 阻塞，Thread_alert 将使 t 变为可运行，并使之清除其警报-待决标志，并在下一次运行时引发 Thread_Alerted 异常。如果 t 已经是运行状态，Thread_alert 将使 t 清除其标志并在下一次调用 Thread_join 或可以导致阻塞通信或同步函数时引发 Thread_Alerted 异常。如果传递给 Thread_alert 的线程句柄为 NULL，或指向一个不存在的线程，则造成已检查的运行时错误。

无法结束一个正在运行的线程，线程必须结束本身，或者通过调用 Thread_exit，或者通过响应 Thread_Alerted。如果一个线程并不捕获 Thread_Alerted 异常，整个程序将由于未捕获的异常错误而结束。响应 Thread_alert 异常最常见的方式是结束线程，这可以通过下述一般形式的 apply 函数完成。

```c
int apply(void *p) {
    TRY
        ...
    EXCEPT(Thread_Alerted)
        Thread_exit(EXIT_FAILURE);
    END_TRY;
    Thread_exit(EXIT_SUCCESS);
}
```

TRY-EXCEPT 语句必须由线程本身执行。如下的代码

```
Thread_T t;
TRY
    t = Thread_new(...);
EXCEPT(Thread_Alerted)
    Thread_exit(EXIT_FAILURE);
END_TRY;
Thread_exit(EXIT_SUCCESS);
```

是不正确的，因为其中的 TRY-EXCEPT 应用到调用线程，而非新线程。

20.1.2　一般信号量

　　一般信号量，或计数信号量，是底层同步原语。理论上，信号量是一个受保护的整数，可以原子化地加 1 和减 1。可以对一个信号量 s 进行的两个操作是 wait 和 signal。signal(s) 在逻辑上相当于将 s 原子化地加 1。wait(s) 等待 s 变为正数，然后将其原子化地减 1：

```
while (s <= 0)
    ;
s = s - 1;
```

当然，实际的实现会导致调用线程阻塞，并不像上述解释那样进行循环。

　　Sem 接口将计数器封装在一个结构中，导出一个初始化函数和两个同步函数：

⟨*sem.h*⟩ ≡
```
  #ifndef SEM_INCLUDED
  #define SEM_INCLUDED

  #define T Sem_T
  typedef struct T {
     int count;
     void *queue;
  } T;
```

⟨*exported macros* 300⟩

```
  extern void Sem_init  (T *s, int count);
  extern T    *Sem_new   (int count);
  extern void Sem_wait  (T *s);
  extern void Sem_signal(T *s);

  #undef T
  #endif
```

一个信号量，就是指向一个 Sem_T 结构实例的指针。该接口揭示了 Sem_T 实例的内部结构，但只有这样，才能静态分配 Sem_T 实例，或将其嵌入到其他结构中。客户程序必须将 Sem_T 作为不透明类型处理，只能通过该接口中的函数存取 Sem_T 实例中的字段，直接访问 Sem_T 的字段，属于未检查的运行时错误。向该接口中任何函数传递的 Sem_T 指针为 NULL，都是已检查的运行时错误。

Sem_init 的参数包括指向一个 Sem_T 实例的指针，和计数器的初始值，该函数接下来初始化信号量的数据结构并将其计数器设置为指定的初始值。在初始化后，指向该 Sem_T 的指针即可传递给两个同步函数。在同一信号量上调用 Sem_init 多次，属于未检查的运行时错误。

Sem_new 等效于下述代码的原子形式：

```
Sem_T *s;
NEW(s);
Sem_init(s, count);
```

Sem_new 可能引发 Mem_Failed 异常。

Sem_wait 接受一个指向 Sem_T 实例的指针作为参数，并等待其计数器变为正数，而后将其计数器减 1 并返回。该操作是原子的。如果调用线程的警报-待决标志已经设置，Sem_wait 将立即引发 Thread_Alerted 异常，而不会将计数器减 1。如果警报-待决标志是在线程阻塞期间设置的，那么该线程将停止等待并引发 Thread_Alerted 异常，而不会将计数器减 1。在调用 Thread_init 之前调用 Sem_wait，是已检查的运行时错误。

Sem_signal 接受一个指向 Sem_T 实例的指针作为参数，并将 Sem_T 中的计数器原子化地加 1。如果有其他线程在等待计数器变为正数，而 Sem_signal 操作刚好使计数器变为正数，那么其中某个线程将完成对 Sem_wait 的调用。在调用 Thread_init 之前调用 Sem_wait，是已检查的运行时错误。

向 Sem_wait 或 Sem_signal 传递未初始化的信号量，是未检查的运行时错误。

Sem_wait 和 Sem_signal 操作中隐含的队列机制是先进先出的，而且它是公平的。即，如果有某个线程 t 阻塞在一个信号量 s 上，那么与其他在 t 之后调用 Sem_wait(&s) 阻塞的线程相比，线程 t 将先于这些线程恢复执行。

二值信号量，或互斥量，也是一个一般信号量，但其计数器为 0 或 1。互斥量用于实现互斥。例如，

```
Sem_T mutex;
Sem_init(&mutex, 1);
...
Sem_wait(&mutex);
statements
Sem_signal(&mutex);
```

上述代码创建并初始化一个二值信号量，使用它来确保每次只有一个线程能够执行 *statements*，这是临界区（critical region）的一个例子。

这种惯用法是如此之常见，以至于 Sem 接口为此导出了宏，实现了下述语法形式的 LOCK-END_LOCK 语句：

```
LOCK(mutex)
    statements
END_LOCK
```

其中 *mutex* 是一个二值信号量，计数器初始化为 1。LOCK 语句有助于避免在临界区末尾忘记调用 Sem_signal，这种错误常见且易导致严重的问题，也有助于避免用错误的信号量调用 Sem_signal。

⟨*exported macros* 300⟩ ≡
```
#define LOCK(mutex) do { Sem_T *_yymutex = &(mutex); \
    Sem_wait(_yymutex);
#define END_LOCK Sem_signal(_yymutex); } while (0)
```

如果 *statements* 可能引发异常，那么不能使用 LOCK-END_LOCK，因为如果发生异常，互斥量不会被释放。在这种情况下，正确的惯用法是

```
TRY
    Sem_wait(&mutex);
    statements
FINALLY
    Sem_signal(&mutex);
END_TRY;
```

FINALLY 子句确保，无论是否发生异常，互斥量都会被释放。一个合理的备选方案是，将这种惯用法合并到 LOCK 和 END_LOCK 定义中，但这样会导致，在每次使用 LOCK-END_LOCK 时，都会带来 TRY-FINALLY 语句的开销。

　　互斥量通常嵌入到 ADT 中，使得能够以线程安全的方式访问 ADT。例如，

```
typedef struct {
    Sem_T mutex;
    Table_T table;
} Protected_Table_T;
```

该代码将一个互斥量与一个表关联起来。下述代码

```
Protected_Table_T tab;
tab.table = Table_new(...);
Sem_init(&tab.mutex, 1);
```

创建了一个受保护的表，而

```
LOCK(tab.mutex)
    value = Table_get(tab.table, key);
END_LOCK;
```

可以从原子化地取得与 key 关联的值。请注意，LOCK 宏的参数是互斥量本身，而非其地址。由于 Table_put 可能引发 Mem_Failed 异常，向 tab 添加数据的操作，应该由如下的代码进行：

```
TRY
    Sem_wait(&tab.mutex);
    Table_put(tab.table, key, value);
FINALLY
    Sem_signal(&tab.mutex);
END_TRY;
```

20.1.3　同步通信通道

Chan 接口提供了同步通信通道，可用于在线程之间传递数据。

```
⟨chan.h⟩ ≡
  #ifndef CHAN_INCLUDED
  #define CHAN_INCLUDED

  #define T Chan_T
  typedef struct T *T;

  extern T   Chan_new    (void);
  extern int Chan_send   (T c, const void *ptr, int size);
  extern int Chan_receive(T c,       void *ptr, int size);

  #undef T
  #endif
```

Chan_new 创建、初始化并返回一个新的通道，这是一个指针。Chan_new 可能引发 Mem_Failed 异常。

Chan_send 的参数包括一个通道，一个指针指向保存即将发送数据的缓冲区，以及缓冲区包含的字节数。调用线程会阻塞，直至另一个线程对同一通道调用 Chan_receive，当这样的两个线程"会合"时，数据从发送方复制到接收方，两个调用分别返回。Chan_send 返回接收方接受的字节数。

Chan_receive 的参数包括一个通道，一个指针指向用于接收数据的缓冲区，以及该缓冲区能容纳的最大字节数。调用者会阻塞，直至另一个线程对同一通道调用 Chan_send，当两个线程"会合"时，数据从发送方复制到接收方，两个调用分别返回。如果发送方提供的数据多于 size 字节，过多的字节将丢弃。Chan_receive 返回接受的字节数。

Chan_send 和 Chan_receive 都可以接受 size 为 0 的情形。向这两个函数传递的 Chan_T 值为 NULL、ptr 为 NULL 或 size 值为负数，都是已检查的运行时错误。如果调用线程的警报-待决标志已经设置，Chan_send 和 Chan_receive 都会立即引发 Thread_Alerted 异常。如果警报-待决标志是在线程阻塞期间设置的，线程将停止等待并引发 Thread_Alerted 异常。在这种情况下，数据可能已经传输，也可能尚未传输。

在调用 Thread_init 之前调用该接口中的任何函数，都是已检查的运行时错误。

20.2　例子

本节中的三个程序，说明了对线程和通道的简单用法，以及使用信号量实现互斥的用法。Chan 接口的实现在下一节详述，这是使用信号量实现同步的一个例子。

20

20.2.1 并发排序

在抢占调度的情况下，线程是并发执行的，至少在概念上是这样。一组协作线程可以分别处理同一问题的各个部分。在多处理器系统上，这种方法利用并发性来减少整体的执行时间。当然，在单处理器系统上，这种程序实际上会运行得慢一点，这是由于在线程之间切换的开销造成的。但是，这种方法确实说明了 Thread 接口的用法。

排序是一个很容易分解为各个部分解决的问题。sort 生成指定数目的随机整数，并发地排序它们，并检查确认结果已经排序：

```
⟨sort.c⟩ ≡
  #include <stdlib.h>
  #include <stdio.h>
  #include <time.h>
  #include "assert.h"
  #include "fmt.h"
  #include "thread.h"
  #include "mem.h"

⟨sort types 303⟩
⟨sort data 304⟩
⟨sort functions 303⟩

main(int argc, char *argv[]) {
    int i, n = 100000, *x, preempt;

    preempt = Thread_init(1, NULL);
    assert(preempt == 1);
    if (argc >= 2)
        n = atoi(argv[1]);
    x = CALLOC(n, sizeof (int));
    srand(time(NULL));
    for (i = 0; i < n; i++)
        x[i] = rand();
    sort(x, n, argc, argv);
    for (i = 1; i < n; i++)
        if (x[i] < x[i-1])
            break;
    assert(i == n);
    Thread_exit(EXIT_SUCCESS);
    return EXIT_SUCCESS;
}
```

time、srand 和 rand 都是标准 C 库函数。time 返回日历时间的某种整数编码，而 srand 使用该值来设置随机数种子，以用于生成一个伪随机数序列。后续对 rand 的调用，返回了该序列中的数字。sort 首先用 n 个随机数填充 x[0..n - 1]。

sort 函数是快速排序的一个实现。教科书对快速排序的实现，首先通过一个"基准"值将数组划分为两个子数组，然后递归调用自身来分别排序每个子数组。当子数组为空时，递归降至最低点。

```
void quick(int a[], int lb, int ub) {
    if (lb < ub) {
        int k = partition(a, lb, ub);
        quick(a, lb, k - 1);
        quick(a, k + 1, ub);
    }
}

void sort(int *x, int n, int argc, char *argv[]) {
    quick(x, 0, n - 1);
}
```

partition(a, i, j)任意地选择 a[i]作为基准值。它重排 a[i..j]，使得 a[i..k - 1]中所有的值都小于或等于基准 v，而 a[k+1..j]中所有的值都大于 v，a[k]的值为 v。

⟨*sort functions* 303⟩ ≡
```
int partition(int a[], int i, int j) {
    int v, k, t;

    j++;
    k = i;
    v = a[k];
    while (i < j) {
        i++; while (a[i] < v && i < j) i++;
        j--; while (a[j] > v          ) j--;
        if (i < j) { t = a[i]; a[i] = a[j]; a[j] = t; }
    }
    t = a[k]; a[k] = a[j]; a[j] = t;
    return j;
}
```

partition 中最后的交换，将 v 值置于 a[k]中，partition 返回 k。

对 quick 的递归调用可以由独立的线程并发地执行。首先，quick 的参数必须打包到一个结构中，这样 quick 可以将其传递给 Thread_new：

⟨*sort types* 303⟩ ≡
```
struct args {
    int *a;
    int lb, ub;
};
```

⟨*sort functions* 303⟩ +≡
```
int quick(void *cl) {
    struct args *p = cl;
    int lb = p->lb, ub = p->ub;

    if (lb < ub) {
        int k = partition(p->a, lb, ub);
        ⟨quick 304⟩
    }
    return EXIT_SUCCESS;
}
```

20

递归调用将在独立的线程中执行，但仅当子数组中元素数目足够时，才值得这样做。例如，对子数组 a[lb..k - 1] 的排序如下：

⟨*quick* 304⟩ ≡
```
p->lb = lb;
p->ub = k - 1;
if (k - lb > cutoff) {
    Thread_T t;
    t = Thread_new(quick, p, sizeof *p, NULL);
    Fmt_print("thread %p sorted %d..%d\n", t, lb, k - 1);
} else
    quick(p);
```

其中 cutoff 指定了一个阈值，仅当需要排序的元素数目大于该阈值时，才会在独立线程中排序该子数组。类似地，对子数组 a[k+1..ub] 的排序如下：

⟨*quick* 304⟩ + ≡
```
p->lb = k + 1;
p->ub = ub;
if (ub - k > cutoff) {
    Thread_T t;
    t = Thread_new(quick, p, sizeof *p, NULL);
    Fmt_print("thread %p sorted %d..%d\n", t, k + 1, ub);
} else
    quick(p);
```

sort 首先调用 quick，随着排序过程的进展，quick 又衍生出许多线程，sort 接下来调用 Thread_join 等待所有这些线程结束：

⟨*sort data* 304⟩ ≡
```
int cutoff = 10000;
```

⟨*sort functions* 303⟩ + ≡
```
void sort(int *x, int n, int argc, char *argv[]) {
    struct args args;

    if (argc >= 3)
        cutoff = atoi(argv[2]);
    args.a = x;
    args.lb = 0;
    args.ub = n - 1;
    quick(&args);
    Thread_join(NULL);
}
```

用 n 和 cutoff 的默认值 100 000 和 10 000 来执行 sort，会衍生出 18 个线程：

```
% sort
thread 69f08 sorted 0..51162
thread 6dfe0 sorted 51164..99999
thread 72028 sorted 51164..73326
thread 76070 sorted 73328..99999
```

```
thread 6dfe0 sorted 51593..73326
thread 72028 sorted 73328..91415
thread 7a0b8 sorted 51593..69678
thread 7e100 sorted 73328..83741
thread 82148 sorted 3280..51162
thread 69f08 sorted 73328..83614
thread 7e100 sorted 51593..67132
thread 6dfe0 sorted 7931..51162
thread 69f08 sorted 14687..51162
thread 6dfe0 sorted 14687..37814
thread 72028 sorted 37816..51162
thread 69f08 sorted 15696..37814
thread 6dfe0 sorted 15696..26140
thread 76070 sorted 26142..37814
```

不同的执行会排序不同的值，因此，每次执行时创建线程的数目和 quick 输出的跟踪记录也有所不同。

sort 有一个重要的 bug：它未能保护 quick 中对 Fmt_print 的调用。Fmt_print 不保证是可重入的，C 库中许多例程都是不可重入的。如果线程被中断，而后又恢复执行，则不能保证 printf 或任何其他库例程能正确地工作。

20.2.2　临界区

在抢占系统中，任何可以由多个线程访问的数据都必须受到保护。访问必须被限制在临界区中进行，每次只有一个线程允许进入临界区。spin 是一个简单的例子，说明了访问共享数据的正确和错误方式。

```
⟨spin.c⟩ ≡
  #include <stdio.h>
  #include <stdlib.h>
  #include "assert.h"
  #include "fmt.h"
  #include "thread.h"
  #include "sem.h"

  #define NBUMP 30000

  ⟨spin types 306⟩
  ⟨spin functions 306⟩

  int n;
  int main(int argc, char *argv[]) {
     int m = 5, preempt;

     preempt = Thread_init(1, NULL);
     assert(preempt == 1);
     if (argc >= 2)
        m = atoi(argv[1]);
     n = 0;
     ⟨increment n unsafely 306⟩
```

20

```
        Fmt_print("%d == %d\n", n, NBUMP*m);
        n = 0;
        ⟨increment n safely 307⟩
        Fmt_print("%d == %d\n", n, NBUMP*m);
        Thread_exit(EXIT_SUCCESS);
        return EXIT_SUCCESS;
    }
```

spin 衍生 m 个线程，每个线程都对 n 加 1 达 NBUMP 次。前 m 个线程并不确保对 n 的加 1 操作是原子化的：

```
⟨increment n unsafely 306⟩ ≡
    {
        int i;
        for (i = 0; i < m; i++)
            Thread_new(unsafe, &n, 0, NULL);
        Thread_join(NULL);
    }
```

main 启动 m 个线程，每个线程都用指向 n 的双重指针调用 unsafe：

```
⟨spin functions 306⟩ ≡
    int unsafe(void *cl) {
        int i, *ip = cl;

        for (i = 0; i < NBUMP; i++)
            *ip = *ip + 1;
        return EXIT_SUCCESS;
    }
```

unsafe 是错误的，因为 *ip = *ip + 1 的执行可能被中断。如果刚好在获取 *ip 的值之后被中断，而同时其他线程对 *ip 执行了加 1 操作，那么赋值给 *ip 的值将是不正确的。

第二批的 m 个线程都调用下述代码：

```
⟨spin types 306⟩ ≡
    struct args {
        Sem_T *mutex;
        int *ip;
    };

⟨spin functions 306⟩ +≡
    int safe(void *cl) {
        struct args *p = cl;
        int i;

        for (i = 0; i < NBUMP; i++)
            LOCK(*p->mutex)
                *p->ip = *p->ip + 1;
            END_LOCK;
        return EXIT_SUCCESS;
    }
```

safe 确保每次只有一个线程能执行临界区，即语句*ip = *ip + 1。main 初始化了一个二值信号量，所有线程都使用该信号量来进入 safe 中的临界区：

⟨*increment n safely* 307⟩ ≡

```
{
    int i;
    struct args args;
    Sem_T mutex;
    Sem_init(&mutex, 1);
    args.mutex = &mutex;
    args.ip = &n;
    for (i = 0; i < m; i++)
        Thread_new(safe, &args, sizeof args, NULL);
    Thread_join(NULL);
}
```

任意时刻都可能发生抢占，因此 spin 每次执行时，使用 unsafe 的线程都可能产生不同的结果：

```
% spin
87102 == 150000
150000 == 150000
% spin
148864 == 150000
150000 == 150000
```

20.2.3　生成素数

最后一个例子说明了一个通过通信通道实现的流水线。sieve N 计算并输出小于或等于 N 的素数。例如：

```
% sieve 100
2 3 5 7 11 13 17 19 23 29 31 37 41 43 47 53 59 61 67 71 73
79 83 89 97
```

sieve 实现了著名的埃拉托逊斯筛法（Sieve of Eratosthenes）用于计算素数，其中每个"筛子"都是一个线程，用于丢弃某个指定素数的倍数。通道用于连接这些线程以形成流水线，如图 20-1 所示。源线程（白色方框）生成 2 以及后续的奇数，并将其顺流水线向下传输。source 和 sink（暗灰色方框）之间的过滤器（浅灰色方框）用于丢弃指定素数的倍数，并将其他数字沿流水线向下传输。sink 也过滤出素数，不过如果一个数通过了 sink 的过滤器，那么它就是素数。图 20-1 中的每个方框都是一个线程，每个方框中的数字都是与该线程关联的素数，方框之间形成流水线的线则是通道。

有 n 个素数关联到 sink 和每个 filter。当 sink 累积了 n 个素数时（图 20-1 中 n 为 5），它会衍生出自身的一个副本，将自身转化为一个 filter。图 20-2 说明了 sieve 如何扩展，以计算出 100 以内的素数。

20

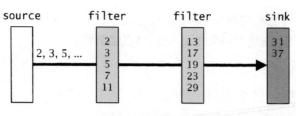

图 20-1　素数筛

在 sieve 初始化线程系统之后，它为 source 和 sink 创建线程，用一个新的通道连接它们，并退出：

```
⟨sieve.c⟩ ≡
  #include <stdio.h>
  #include <stdlib.h>
  #include "assert.h"
  #include "fmt.h"
  #include "thread.h"
  #include "chan.h"

  struct args {
      Chan_T c;
      int n, last;
  };

⟨sieve functions 308⟩

  int main(int argc, char *argv[]) {
      struct args args;

      Thread_init(1, NULL);
      args.c = Chan_new();
      Thread_new(source, &args, sizeof args, NULL);
      args.n    = argc > 2 ? atoi(argv[2]) : 5;
      args.last = argc > 1 ? atoi(argv[1]) : 1000;
      Thread_new(sink,  &args, sizeof args, NULL);
      Thread_exit(EXIT_SUCCESS);
      return EXIT_SUCCESS;
  }
```

source 向其"输出"通道输出整数，通道是通过 args 结构的 c 字段传递给 source 的，这也是 source 所需的唯一字段：

```
⟨sieve functions 308⟩ ≡
  int source(void *cl) {
      struct args *p = cl;
      int i = 2;

      if (Chan_send(p->c, &i, sizeof i))
          for (i = 3; Chan_send(p->c, &i, sizeof i); )
              i += 2;
      return EXIT_SUCCESS;
  }
```

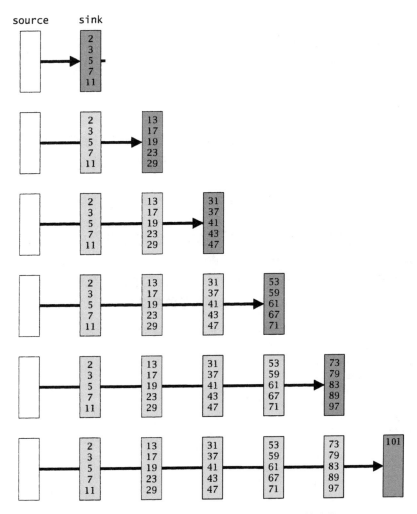

图 20-2 用以计算 100 以内的素数的 sieve 的变化

只要有接收方接受，source 就会发送 2 和后续的奇数。在 sink 输出所有素数后，则向 Chan_Receive 传递 0 作为缓冲区长度参数，这会通知其上游的过滤器工作已经完成，sink 就此结束。每个 filter 都具有类似的行为，直至 source 确认其接收方读取到零字节为止，此时 source 线程将结束。

filter 从其输入通道读取整数，并将可能的素数写到输出通道，直至接收该输出的线程不再接收为止。

⟨*sieve functions* 308⟩ +≡
```
void filter(int primes[], Chan_T input, Chan_T output) {
    int j, x;

    for (;;) {
```

20

```
            Chan_receive(input, &x, sizeof x);
            ⟨x is a multiple of primes[0...] 310⟩
            if (primes[j] == 0)
                if (Chan_send(output, &x, sizeof x) == 0)
                    break;
        }
        Chan_receive(input, &x, 0);
    }
```

primes[0..n - 1]包含了与一个 filter 相关联的素数。该数组以整数 0 结尾，因此，进行搜索的循环体会遍历 primes，直至判断出 x 不是素数，或者遇到数组的结束符：

⟨x *is a multiple of* primes[0...] 310⟩ ≡
```
    for (j = 0; primes[j] != 0 && x%primes[j] != 0; j++)
        ;
```

如上述代码所示，当遇到表示数组结束的 0 时，搜索失败。在这种情况下，x 可能是素数，因此需要将其通过输出通道发送给另一个 filter 或 sink。

　　所有的操作都在 sink 中，args 的 c 字段包含了 sink 的输入通道，n 字段给出了各个 filter 中素数的数目，last 字段包含了 N，即所需判断素数的范围。sink 初始化 primes 数组并监听其输入：

⟨*sieve functions* 308⟩ +≡
```
    int sink(void *cl) {
        struct args *p = cl;
        Chan_T input = p->c;
        int i = 0, j, x, primes[256];

        primes[0] = 0;
        for (;;) {
            Chan_receive(input, &x, sizeof x);
            ⟨x is a multiple of primes[0...] 310⟩
            if (primes[j] == 0) {
                ⟨x is prime 310⟩
            }
        }
        Fmt_print("\n");
        Chan_receive(input, &x, 0);
        return EXIT_SUCCESS;
    }
```

如果 x 不是 primes 中某个非零值的倍数，那么 x 是素数，sink 将输出它并将其添加到 primes。

⟨x *is prime* 310⟩ ≡
```
    if (x > p->last)
        break;
    Fmt_print(" %d", x);
    primes[i++] = x;
    primes[i] = 0;
    if (i == p->n)
        ⟨spawn a new sink and call filter 311⟩
```

当 x 大于 p->last 时，所有要求的素数都已经输出，sink 可以结束。在此之前，它还要等待从输入通道再读取一个整数，但只读取 0 个字节（缓冲区长度为 0），这将通知上游的线程计算已经完成。

在 sink 累积了 n 个素数之后，它将克隆自身并变为一个 filter，这需要一个新的通道：

```
⟨spawn a new sink and call filter 311⟩ ≡
    {
        p->c = Chan_new();
        Thread_new(sink, p, sizeof *p, NULL);
        filter(primes, input, p->c);
        return EXIT_SUCCESS;
    }
```

新的通道变为克隆线程的输入通道，以及新 filter 的输出通道。原本 sink 的输入通道，即为新的 filter 的输入通道。当 filter 返回时，其线程退出。

在 sieve 中，所有线程之间的切换都发生在 Chan_send 和 Chan_receive 中，至少总有一个线程是处于就绪状态的（可运行）。因而，sieve 可以在抢占调度和非抢占调度下工作，这是一个简单的例子，示范了如何使用线程来规划应用程序的结构。非抢占线程通常称作协程（coroutine，或协同例程）。

20.3 实现

Chan 的实现可以完全建立在 Sem 的实现之上，因此 Chan 是与机器无关的。Sem 也是与机器无关的，但它依赖于 Thread 接口实现的内部结构，因此 Thread 接口的实现也同时实现了 Sem 接口。单处理器的 Thread 实现，可以在很大程度上独立于宿主机及其操作系统。如下文详述，只有上下文切换和抢占这两部分的代码中，才能对机器和操作系统依赖。

20.3.1 同步通信通道

Chan_T 是一个指向结构实例的指针，结构中包含三个信号量、一个指向所需传递消息的指针和一个字节计数：

```
⟨chan.c⟩ ≡
  #include <string.h>
  #include "assert.h"
  #include "mem.h"
  #include "chan.h"
  #include "sem.h"

  #define T Chan_T
  struct T {
      const void *ptr;
      int *size;
      Sem_T send, recv, sync;
  };
⟨chan functions 312⟩
```

在创建一个新通道时，ptr 和 size 字段是未定义的，信号量 send、recv 和 sync 的计数器分别初始化为 1、0、0：

```
〈chan functions 312〉≡
  T Chan_new(void) {
      T c;

      NEW(c);
      Sem_init(&c->send, 1);
      Sem_init(&c->recv, 0);
      Sem_init(&c->sync, 0);
      return c;
  }
```

send 和 recv 信号量控制对 ptr 和 size 的访问，sync 信号量确保消息传输是同步的（Chan 接口的规定）。线程通过填充 ptr 和 size 字段来发送消息，但仅当安全时才能这样做。send 的计数器为 1 时，发送方才能设置 ptr 和 size 字段，send 的计数器为 0 时则不行（例如，在接收方获取消息前）。类似地，recv 的计数器为 1 时，ptr 和 size 字段所包含的指针是有效的，指向一条消息及其长度，如果 recv 的计数器为 0，则不然（例如，在发送方设置 ptr 和 size 字段之前）。send 和 recv 不断"震荡"：当 recv 计数器为 0 时，send 的计数器为 1，反之亦然。当接收方已经成功地将一条消息复制到私有的缓冲区中时，sync 的计数器为 1。

Chan_send 发送一条消息，该函数首先在 send 上等待，而后填充 ptr 和 size 字段，接下来通知 recv，然后在 sync 上等待：

```
〈chan functions 312〉+≡
  int Chan_send(Chan_T c, const void *ptr, int size) {
      assert(c);
      assert(ptr);
      assert(size >= 0);
      Sem_wait(&c->send);
      c->ptr = ptr;
      c->size = &size;
      Sem_signal(&c->recv);
      Sem_wait(&c->sync);
      return size;
  }
```

c->size 包含一个指针，指向消息的字节计数，接收方可以修改该计数，从而通知发送方传输的字节数。Chan_receive 也同样执行三个步骤，与 Chan_send 的步骤是互补的。Chan_receive 接收一条信息，该函数首先在 recv 上等待，而后将消息复制到其参数指定的缓冲区中并修改字节计数，接下来通知 sync 和 send：

```
〈chan functions 312〉+≡
  int Chan_receive(Chan_T c, void *ptr, int size) {
      int n;
```

```
            assert(c);
            assert(ptr);
            assert(size >= 0);
            Sem_wait(&c->recv);
            n = *c->size;
            if (size < n)
                n = size;
            *c->size = n;
            if (n > 0)
                memcpy(ptr, c->ptr, n);
            Sem_signal(&c->sync);
            Sem_signal(&c->send);
            return n;
        }
```

n 是实际上接收的字节数，该值可能为 0。上述代码处理了所有三种情形：发送方的 size 大于接收方的 size，两个 size 相等，接收方的 size 大于发送方的 size。

20.3.2　线程

Thread 接口的实现 thread.c，其中实现了 Thread 和 Sem 接口：

⟨*thread.c*⟩ ≡
```
    #include <stdio.h>
    #include <stdlib.h>
    #include <string.h>
    #include </usr/include/signal.h>
    #include <sys/time.h>
    #include "assert.h"
    #include "mem.h"
    #include "thread.h"
    #include "sem.h"

    void _MONITOR(void) {}
    extern void _ENDMONITOR(void);

    #define T Thread_T
    ⟨macros 315⟩
    ⟨types 314⟩
    ⟨data 314⟩
    ⟨prototypes 317⟩
    ⟨static functions 315⟩
    ⟨thread functions 316⟩
    #undef T

    #define T Sem_T
    ⟨sem functions 330⟩
    #undef T
```

其中的空函数_MONITOR 和外部函数_ENDMONITOR，将只使用其地址。如下所述，这些地址用于包围临界区，其中的线程代码不能被中断。其中少量代码是用汇编语言编写的，_ENDMONITOR 定义在汇编语言文件的末尾，这样临界区就包括了这些汇编代码。其名称以下划线开头，这个惯例用于表示由具体实现定义的汇编语言名称。

20

线程处理是一个不透明指针，指向 `Thread_T` 结构，其中承载了确定线程状态需要的所有信息。该结构通常称之为线程控制块（thread control block）。

```
⟨types 314⟩ ≡
  struct T {
      unsigned long *sp;          /* 必须定义在结构的开头 */
      ⟨fields 314⟩
  };
```

起始的字段包含了与机器和操作系统相关的值。这些字段出现在 `Thread_T` 结构的开头，因为它们是由汇编语言代码访问的。将这些字段放置在结构的开头，则较为容易访问，而且添加新字段时无需修改现存的汇编语言代码。大多数机器上，只需要一个这样的字段 `sp`，其中包含了线程的栈指针。

大多数线程操作，都围绕着将线程放入队列和从队列中移除来进行。`Thread` 和 `Sem` 接口的设计，用于维护一个简单的不变量：线程或者不在任何队列上，或者仅在一个队列上。这种设计能够避免为队列项分配空间。队列的表示无需其他方式（例如，`Seq_T`），只需要使用 `Thread_T` 结构的循环链表即可。一个例子是就绪队列，其中包含了未分配处理器的运行线程：

```
⟨data 314⟩ ≡
  static T ready = NULL;

⟨fields 314⟩ ≡
  T link;
  T *inqueue;
```

图 20-3 给出了就绪队列上的三个线程，顺序为 A、B、C。`ready` 指向队列中最后一个线程 C，该队列通过 `link` 字段连接。每个 `Thread_T` 结构的 `inqueue` 字段指向表示队列的变量，这里是 `ready`，该字段用于将线程从队列中删除。当队列变量为 `NULL` 时，队列为空，如 `ready` 的初始值所示，可以通过下述宏来检测：

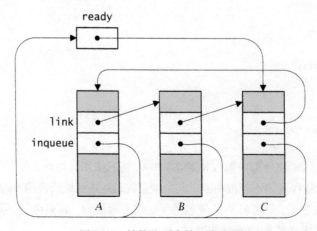

图 20-3   就绪队列中的三个线程

⟨*macros* 315⟩ ≡
```
#define isempty(q) ((q) == NULL)
```

如果线程 t 在某个队列上，那么 t->link 和 t->inqueue 字段不是 NULL，否则两个字段都是 NULL。下述队列函数使用与 link 和 inqueue 字段相关的断言，来确保上下文提到的不变量为真。例如，put 将一个线程添加到一个空或非空队列：

⟨*static functions* 315⟩ ≡
```
static void put(T t, T *q) {
    assert(t);
    assert(t->inqueue == NULL && t->link == NULL);
    if (*q) {
        t->link = (*q)->link;
        (*q)->link = t;
    } else
        t->link = t;
    *q = t;
    t->inqueue = q;
}
```

这样，put(t, & ready) 将 t 添加到就绪队列。put 的参数包括队列变量的地址，因而可以修改该变量：在调用 put(t, & q) 之后，q 等于 t，而 t->inqueue 等于&q。

get 从一个给定队列中移除第一个元素：

⟨*static functions* 315⟩ +≡
```
static T get(T *q) {
    T t;

    assert(!isempty(*q));
    t = (*q)->link;
    if (t == *q)
        *q = NULL;
    else
        (*q)->link = t->link;
    assert(t->inqueue == q);
    t->link = NULL;
    t->inqueue = NULL;
    return t;
}
```

上述代码使用 inqueue 字段来确保线程确实在 q 中，最后它将 link 和 inqueue 字段清零，以标记该线程不再处于任何队列中。

delete 是第三个也是最后一个队列函数，该函数将一个线程从其所在的队列移除：

⟨*static functions* 315⟩ +≡
```
static void delete(T t, T *q) {
    T p;

    assert(t->link && t->inqueue == q);
    assert(!isempty(*q));
    for (p = *q; p->link != t; p = p->link)
```

20

```
        ;
    if (p == t)
        *q = NULL;
    else {
        p->link = t->link;
        if (*q == t)
            *q = p;
    }
    t->link = NULL;
    t->inqueue = NULL;
}
```

第一个断言确保 t 在 q 中，第二个断言确保该队列是非空的（这是必须的，因为 t 在 q 中）。if
语句处理了 q 中只有 t 一个线程的情形。

　　Thread_init 创建了 "根" 线程（根线程的 Thread_T 结构是静态分配的）：

⟨*thread functions* 316⟩ ≡
```
    int Thread_init(int preempt, ...) {
        assert(preempt == 0 || preempt == 1);
        assert(current == NULL);
        root.handle = &root;
        current = &root;
        nthreads = 1;
        if (preempt) {
            ⟨initialize preemptive scheduling 328⟩
        }
        return 1;
    }
```

⟨*data* 314⟩ +≡
```
    static T current;
    static int nthreads;
    static struct Thread_T root;
```

⟨*fields* 314⟩ +≡
```
    T handle;
```

current 是当前持有处理器的线程，nthreads 是现存线程的数目。Thread_new 将 nthreads
加 1，而 Thread_exit 将其减 1。handle 字段只是指向线程句柄，它有助于检查句柄的有效性：
仅当 t 等于 t->handle 时，t 标识一个现存的线程。

　　如果 current 为 NULL，尚未调用 Thread_init，因此如上述代码所示，对 current 为 NULL
的检测，实现了接口规定的已检查的运行时错误：Thread_init 必须调用且仅调用一次。在其
他 Thread 和 Sem 函数中，对 current 不是 NULL 的检测，则实现了接口规定的另一个已检查
的运行时错误：Thread_init 必须在任何其他 Thread、Sem 或 Chan 函数之前调用。例如
Thread_self，该函数只是返回 current：

⟨*thread functions* 316⟩ +≡
```
    T Thread_self(void) {
        assert(current);
```

```
        return current;
    }
```

　　线程之间的切换需要一些机器相关代码，因为（举例来说）每个线程都有自身的栈和异常状态。上下文切换原语有很多可能的设计方案，所有这些都相对简单，因为它们是全部或部分用汇编语言编写的。Thread 的实现使用了单一、特定于实现的原语。

⟨*prototypes* 317⟩ ≡
```
    extern void _swtch(T from, T to);
```

该函数将上下文从 from 线程切换到 to 线程，其中 from 和 to 是指向 Thread_T 结构的指针。_swtch 类似于 setjmp 和 longjmp：在线程 A 调用_swtch 时，控制转移到线程 B。在 B 调用_swtch 以恢复线程 A 的执行时，A 对_swtch 的调用返回。因而，A 和 B 可以将_swtch 当做通常的函数调用处理。这种简单的设计，也利用了机器的调用序列，这有助于在切换到线程 B 时保存线程 A 的状态。唯一的不利之处是，新线程创建时，其状态必须貌似在此前调用过_swtch，因为其第一次运行将是从_swtch 返回。

　　_swtch 仅在一处调用，即静态函数 run：

⟨*static functions* 315⟩ +≡
```
    static void run(void) {
        T t = current;

        current = get(&ready);
        t->estack = Except_stack;
        Except_stack = current->estack;
        _swtch(t, current);
    }
```

⟨*fields* 314⟩ +≡
```
    Except_Frame *estack;
```

run 从当前执行线程切换到位于就绪队列头部的线程。它将 ready 头部的线程从队列移除，设置 current，并切换到这个新线程。estack 字段包含的指针指向线程异常栈顶部的异常帧，run 负责更新 Except 的全局 Except_stack（参见 4.2 节）。

　　所有可能导致上下文切换的 Thread 和 Sem 函数都会调用 run，它们在调用 run 之前会将当前线程置于 ready 或另一个适当的队列上。Thread_pause 是最简单的例子：它将 current 置于 ready 队列上，并调用 run。

⟨*thread functions* 316⟩ +≡
```
    void Thread_pause(void) {
        assert(current);
        put(current, &ready);
        run();
    }
```

如果仅有一个运行线程，Thread_pause 将其置于 ready 队列上，而 run 则又从就绪队列移除该线程，并切换到该线程。因而，_swtch(t, t) 必须能够正常工作。图 20-4 描述了执行下列调用而导致在线程 A、B 和 C 之间发生的上下文切换，假定最初 A 持有处理器，ready 队列包含 B 和 C（顺序如图中方括号所示）。

A	B	C
Thread_pause()	Thread_pause()	Thread_pause()
Thread_join(C)	Thread_exit(0)	Thread_exit(0)
Thread_exit(0)		

图 20-4 中垂直的实线箭头表示各线程持有处理器的时间段，而水平的虚线箭头则表示上下文切换，就绪队列如图中实线箭头旁边的方括号所示。图中每个上下文切换下，都给出了 Thread 函数及其导致的 _swtch 调用。

在 A 调用 Thread_pause 时，它被添加到 ready，B 被从 ready 队列移除并获得处理器。在 B 运行时，ready 包含 $C A$。在 B 调用 Thread_pause 时，C 被从 ready 删除并获得处理器。

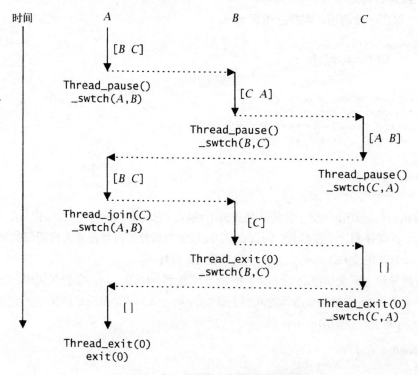

图 20-4　在三个线程之间的上下文转接

此时 ready 包含 $A B$。在 C 调用 Thread_pause 之后，ready 再次包含 $B C$，此时 A 恢复运行状态。在 A 调用 Thread_join(C) 时，它阻塞直至线程 C 结束，因此处理器被分配给线程 B（此时处于 ready 的头部）。

到这里，ready 仅包含 C，因为 A 处于与 C 相关的一个队列中。在 B 调用 Thread_exit 时，run 切换到线程 C，而 ready 变为空队列。线程 C 通过调用 Thread_exit 结束，这导致线程 A 被重新置于 ready 队列。因而，在 Thread_exit 调用 run 时，线程 A 得到处理器。但 A 对 Thread_exit 的调用并不导致上下文切换：此时 A 是系统中唯一的线程，因此 Thread_exit 调用了 exit。

在 ready 队列为空，而调用了 run 时，将发生死锁，即，没有可运行线程。死锁是已检查的运行时错误，当对空的就绪队列调用 get 时，可以检测到死锁。

Thread_join 和 Thread_exit 说明了涉及"汇合队列"（join queue）和就绪队列的队列操作。有两种风格的 Thread_join：Thread_join(t) 等待线程 t 结束，并返回 t 的退出代码，即 t 传递给 Thread_exit 的值，t 不能是调用 Thread_join 的线程。Thread_join(NULL) 等待所有线程结束，并返回 0，程序中只有一个线程能调用 Thread_join(NULL)。

```
⟨thread functions 316⟩ +≡
    int Thread_join(T t) {
        assert(current && t != current);
        testalert();
        if (t) {
            ⟨wait for thread t to terminate 319⟩
        } else {
            ⟨wait for all threads to terminate 320⟩
            return 0;
        }
    }
```

如下所述，如果调用线程已经处于"警报-待决"状态，则 testalert 将引发 Thread_Alerted 异常。当 t 不是 NULL 且指向某个现存的线程时，调用线程将自身置于 t 的汇合队列上，以等待 t 结束，否则，Thread_join 立即返回-1。

```
⟨wait for thread t to terminate 319⟩ ≡
    if (t->handle == t) {
        put(current, &t->join);
        run();
        testalert();
        return current->code;
    } else
        return -1;

⟨fields 314⟩ +≡
    int code;
    T join;
```

仅当 t 等于 t->handle 时，t 才是一个现存的线程。如下所示，当一个线程结束时，Thread_exit 将 handle 字段清零。当 t 结束时，Thread_exit 将其参数保存到 t->join 队列中各个 Thread_T 的 code 字段中，并随之将这些线程移动到就绪队列。

因而，当这些线程再次执行时，很容易得到退出代码，在各个恢复执行的线程中，Thread_

20

join 会返回该值。

当 t 为 NULL 时，调用线程被置于 join0 队列，其中只能包含一个线程，来等待所有其他线程结束：

```
⟨wait for all threads to terminate 320⟩ ≡
    assert(isempty(join0));
    if (nthreads > 1) {
        put(current, &join0);
        run();
        testalert();
    }
```

```
⟨data 314⟩ +≡
    static T join0;
```

调用线程下一次运行时，它将成为程序中唯一的线程。该代码也处理了调用线程已经是系统中唯一线程的情形，即 nthreads 等于 1 时。

Thread_exit 有很多工作需要完成：它必须释放与调用线程相关的资源，使等待调用线程结束的各个线程回复执行，并使之获得调用线程的退出代码，并检查调用线程是否是系统中最后第二个或最后一个线程。

```
⟨thread functions 316⟩ +≡
    void Thread_exit(int code) {
        assert(current);
        release();
        if (current != &root) {
            current->next = freelist;
            freelist = current;
        }
        current->handle = NULL;
        ⟨resume threads waiting for current's termination 320⟩
        ⟨run another thread or exit 321⟩
    }
```

```
⟨fields 314⟩ +≡
    T next;
⟨data 314⟩ +≡
    static T freelist;
```

对 release 的调用，以及将 current 添加到 freelist 的代码，这两者协作完成了对调用线程资源的释放，细节在下文详述。如果调用线程是根线程，Thread_T 实例不能释放，因为其是静态分配的。

将 handle 字段清零后，即把该线程标记为不存在，等待其结束的各个线程现在可以恢复执行：

```
⟨resume threads waiting for current's termination 320⟩ ≡
    while (!isempty(current->join)) {
        T t = get(&current->join);
```

```
            t->code = code;
            put(t, &ready);
        }
```

调用线程的退出代码将复制到各个等待线程的 Thread_T 结构中的 code 字段，因为接下来将释放 current 线程。

如果只有两个线程存在而其中之一处于 join0 队列中，现在可以恢复该等待线程执行。

⟨*resume threads waiting for* current's *termination* 320⟩+≡
```
        if (!isempty(join0) && nthreads == 2) {
            assert(isempty(ready));
            put(get(&join0), &ready);
        }
```

断言有助于检测维护 nthreads 和 ready 时可能出现的错误：如果 join0 非空，而 nthreads 为 2，那么 ready 必定为空，因为在两个现存线程中，一个位于 join0 中，而另一个则在执行 Thread_exit。

Thread_exit 结束时，会将 nthreads 减 1，然后调用库函数 exit 或者运行另一个线程：

⟨*run another thread or exit* 321⟩≡
```
        if (--nthreads == 0)
            exit(code);
        else
            run();
```

Thread_alert 将一线程线程标记"警报-待决"状态，这是通过在其 Thread_T 结构中设置一个标志并将该线程从所属队列删除（如果有所属队列）实现的。

⟨*thread functions* 316⟩+≡
```
    void Thread_alert(T t) {
        assert(current);
        assert(t && t->handle == t);
        t->alerted = 1;
        if (t->inqueue) {
            delete(t, t->inqueue);
            put(t, &ready);
        }
    }
```

⟨*fields* 314⟩+≡
```
    int alerted;
```

Thread_alert 自身不会引发 Thread_Alerted 异常，因为调用线程与 t 所处状态是不同的。线程必须自行引发 Thread_Alerted 异常并处理该异常，这也是 testalert 的目的：

⟨*static functions* 315⟩+≡
```
    static void testalert(void) {
        if (current->alerted) {
            current->alerted = 0;
            RAISE(Thread_Alerted);
```

20

```
        }
    }
```

⟨*data* 314⟩ +≡
```
    const Except_T Thread_Alerted = { "Thread alerted" };
```

每当一个线程即将阻塞，或线程在阻塞之后恢复执行时，都会调用 testalert。前一种情况，由 Thread_join 开头处对 testalert 的调用说明。后一种情况，总是出现在对 run 的调用之后，可以由代码块⟨*wait for threadt to terminate* 319⟩和⟨*wait for all threads to terminate* 320⟩中对 testalert 的调用说明。类似的用法也出现在 Sem_wait 和 Sem_signal 中，参见 20.3.5 节。

20.3.3　线程创建和上下文切换

最后一个 Thread 函数是 Thread_new。Thread_new 的一些部分是与机器相关的，因为它与_swtch 交互，但该函数中大部分代码是几乎与机器无关的。Thread_new 有 4 个任务：为一个新线程分配资源，初始化新线程的状态（使之仿佛从_swtch 返回并继续执行），将 nthreads 加 1，将新线程添加到 ready。

⟨*thread functions* 316⟩ +≡
```
    T Thread_new(int apply(void *), void *args,
        int nbytes, ...) {
        T t;

        assert(current);
        assert(apply);
        assert(args && nbytes >= 0 || args == NULL);
        if (args == NULL)
            nbytes = 0;
        ⟨allocate resources for a new thread 322⟩
        t->handle = t;
        ⟨initialize t's state 324⟩
        nthreads++;
        put(t, &ready);
        return t;
    }
```

在这个对 Thread 接口的单处理器实现中，一个线程需要的唯一资源是 Thread_T 结构和一个栈。Thread_T 结构和一个 16KB 的栈，通过对 Mem 接口中 ALLOC 的一次调用完成：

⟨*allocate resources for a new thread* 322⟩ ≡
```
    {
        int stacksize = (16*1024+sizeof (*t)+nbytes+15)&~15;
        release();
        ⟨begin critical region 323⟩
        TRY
            t = ALLOC(stacksize);
            memset(t, '\0', sizeof *t);
        EXCEPT(Mem_Failed)
            t = NULL;
```

```
        END_TRY;
        ⟨end critical region 323⟩
        if (t == NULL)
            RAISE(Thread_Failed);
        ⟨initialize t's stack pointer 323⟩
    }

⟨data 314⟩+≡
    const Except_T Thread_Failed =
        { "Thread creation failed" };
```

该代码有些复杂，因为它必须得维护几个不变量，其中最重要的的是：对 Thread 接口函数的调用不能被中断。有两个机制协作来维护该不变量：一种机制，处理当控制位于某个 Thread 接口函数中时出现的中断，如下文所述。另一种机制，处理当控制位于被某个 Thread 接口函数调用的例程中时出现的中断，由对 ALLOC 和 memset 的调用说明。此类调用，都被用于标识临界区的代码块包围（这种代码块分别对 critical 值加 1 和减 1）：

```
⟨begin critical region 323⟩≡
    do { critical++;

⟨end critical region 323⟩≡
    critical--; } while (0);

⟨data 314⟩+≡
    static int critical;
```

如 20.3.4 节所示，当 critical 非零时发生的中断被忽略。

Thread_new 必须自行捕获 Mem_Failed 异常，并在离开临界区之后引发自身的异常 Thread_failed。如果它不捕获该异常，控制将转移到调用者的异常处理程序，此时 critical 已经被设置为正值，不会再被减 1。

Thread_new 假定栈向低地址方向增长，它将 sp 字段初始化为如图 20-5 所示，顶部的阴影方框是 Thread_T 结构，底部是 args 的副本和最初的栈帧，如下所述。

```
⟨initialize t's stack pointer 323⟩≡
    t->sp = (void *)((char *)t + stacksize);
    while (((unsigned long)t->sp)&15)
        t->sp--;
```

如上述代码块对 stacksize 的赋值所示，Thread_new 初始化栈指针使之对齐到 16 字节边界，这样做可以适应大多数平台。大多数机器要求栈对齐到四字节或八字节边界，但 DEC ALPHA 要求 16 字节对齐。

Thread_new 从调用 release 开始，Thread_exit 也调用了该函数。Thread_exit 不能释放当前线程的栈，因为 Thread_exit 正在使用该栈。因此它将线程句柄添加到 freelist，将释放操作延迟到下一次调用 release：

```
⟨static functions 315⟩+≡
```

20

```
static void release(void) {
    T t;
    ⟨begin critical region 323⟩
    while ((t = freelist) != NULL) {
        freelist = t->next;
        FREE(t);
    }
    ⟨end critical region 323⟩
}
```

release 设计得过于通用：freelist 只有一个元素，因为 Thread_exit 和 Thread_new 都会调用 release。如果只有 Thread_new 调用 release，那么已结束线程的 Thread_T 实例将会在 freelist 上累积起来。release 使用了一个临界区，因为它调用了 Mem 接口中的 FREE。

接下来，Thread_new 初始化新线程的栈，使之包含从 args 开始的 nbytes 字节的一个副本，并设置初始栈帧，使之看似刚刚调用过_swtch。后一种初始化是与机器相关的：

```
⟨initialize t's state 324⟩ ≡
  if (nbytes > 0) {
      t->sp -= ((nbytes + 15U)&~15)/sizeof (*t->sp);
      ⟨begin critical region 323⟩
      memcpy(t->sp, args, nbytes);
      ⟨end critical region 323⟩
      args = t->sp;
  }
#if alpha
{ ⟨initialize an ALPHA stack 335⟩ }
#elif mips
{ ⟨initialize a MIPS stack 333⟩ }
#elif sparc
{ ⟨initialize a SPARC stack 326⟩ }
#else
Unsupported platform
#endif
```

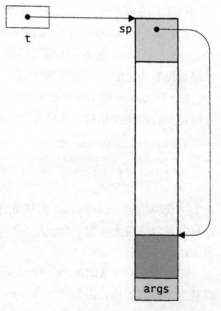

图20-5中给出的栈，其底部描述了这些初始化操作的结果：深色阴影标识了与机器相关的栈帧，而浅色阴影是 args 的副本。thread.c 和 swtch.s 是本书中仅有的使用条件编译的模块。

在列出_swtch 汇编语言实现的纲要之后，栈初始化变得更容易理解：

```
⟨swtch.s⟩ ≡
  #if alpha
  ⟨ALPHA swtch 334⟩
  ⟨ALPHA startup 334⟩
  #elif sparc
  ⟨SPARC swtch 325⟩
  ⟨SPARC startup 326⟩
  #elif mips
```

图 20-5   Thread_T 结构与栈的分配

⟨*MIPS swtch* 332⟩
⟨*MIPS startup* 333⟩
```
#else
Unsupported platform
#endif
```

_swtch(from, to)必须保存 from 的状态，恢复 to 的状态，并使 to 从最近一次对_swtch 的调用返回，以便使 to 继续执行。调用约定保存了大部分状态，因为它们通常规定在不同调用之间必须保存某些寄存器的值，而一些机器状态信息没有保存，如条件码（condition code register，即处理器中的状态寄存器，亦称为 status register 或 flag register）。因此_swtch 只保存其所需，而调用约定又没有保存的那些状态，例如返回地址，它可能将这些值保存到调用线程的栈上。

对应 SPARC 体系结构的_swtch 实现可能是最容易的，因为 SPARC 调用约定给每个函数都提供了自身的"寄存器窗口"（register window），从而保存了所有的寄存器，_swtch 唯一需要保存的寄存器是栈帧指针（frame pointer）和返回地址。

⟨*SPARC swtch* 325⟩ ≡
```
       .global __swtch
       .align 4
       .proc 4
1      __swtch:save    %sp,-(8+64),%sp
2              st      %fp,[%sp+64+0]      ! 保存 from 的帧指针
3              st      %i7,[%sp+64+4]      ! 保存 from 的返回地址
4              ta      3                   ! 刷出 from 的寄存器
5              st      %sp,[%i0]           ! 保存 from 的栈指针
6              ld      [%i1],%sp           ! 加载 to 的栈指针
7              ld      [%sp+64+0],%fp      ! 恢复 to 的帧指针
8              ld      [%sp+64+4],%i7      ! 恢复 to 的返回地址
9              ret                         ! 使 to 继续执行
10             restore
```

上述的行号标识了代码的各行，以便下文解释，这些行号不是汇编语言代码的一部分。按照惯例，汇编语言名称以一个下划线作为前缀，因此_swtch 在 SPARC 平台的汇编语言中写作_swtch。

图 20-6 给出了_swtch 的栈帧布局，所有的 SPARC 栈帧，在栈帧顶部都至少有 64 字节，供操作系统在必要时保存函数的寄存器窗口。在_swtch 的栈帧长度为 72 字节，64 字节之外余下的两个字，分别保存了帧指针和返回地址。

_swtch 中的第 1 行为_swtch 分配了一个栈帧。第 2 行和第 3 行保存 from 的帧指针（%fp）和返回地址（%i7），二者分别保存到新帧的第十七个和第十八个 32 位字（偏移量 64 和 68 处）。第 4 行进行了一次系统调用，以便将 from 的寄存器窗口"刷出"到栈上，为用 to 的寄存器窗口继续执行，这样做是必需的。这个调用令人遗憾：对用户级线程来说，一个预先推定的好处是，上下文切换不需要内核干预。但在 SPARC 上，只有内核能够刷出寄存器窗口。

20

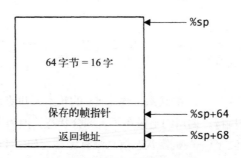

图 20-6   _swtch 的栈帧布局

第 5 行将 from 的栈指针保存到其 Thread_T 结构中的 sp 字段。这个指令说明了为什么该字段需要放置在结构的头部：该代码与 Thread_T 结构实例的长度和其他字段的位置都是无关的。第 6 行是斜体，因为它是实际的上下文切换。该指令加载 to 的栈指针到 %sp 中（栈指针寄存器）。此后，_swtch 是在 to 的栈上执行。第 7 行和第 8 行分别恢复 to 的帧指针和返回地址，因为 %sp 现在指向 to 的栈顶。第 9 行和第 10 行构成了常规的函数返回指令序列，控制返回到 to 线程上一次调用 _swtch 之后的地址继续执行。

Thread_new 必须为 _swtch 创建一个栈帧，以便其他线程对 _swtch 的调用能够正确地返回，从而开始新线程的执行，该执行必须调用 apply。图 20-7 给出了 Thread_new 建立的构造：_swtch 的栈帧位于栈顶，其下的栈帧用于下述启动代码。

```
⟨SPARC startup 326⟩ ≡
        .global __start
        .align 4
        .proc 4
1   __start:ld      [%sp+64+4],%o0
2           ld      [%sp+64],%o1
3           call    %o1; nop
4           call    _Thread_exit; nop
5           unimp   0
        .global __ENDMONITOR
        __ENDMONITOR:
```

_swtch 栈帧中的返回地址指向 _start，启动代码的栈帧包含 apply 和 args，如图 20-7 所示。在第一次从 _swtch 返回时，控制转移到 _start（汇编代码中的 __start）。启动代码中的第 1 行将 args 加载到 %o0 中，该寄存器在 SPARC 调用约定中用于传递第一个参数。第 2 行将 apply 的地址加载到 %o1 中，该寄存器在其他情况下并不使用，第 3 行对 apply 进行了间接调用。如果 apply 返回，其退出代码位于 %o0 中，该值将传递给 Thread_exit，Thread_exit 从不返回。第 5 行应该从不执行，如果执行，它将导致异常。_ENDMONITOR 将在下文解释。

_swtch 和 _start 中的 15 行汇编语言，就是 SPARC 体系结构上所有必需的东西，如图 20-7 所示，为新线程初始化栈的工作完全可以用 C 语言完成。两个栈帧是自底向上建立的，如下。

⟨initialize a SPARC stack 326⟩ ≡

```
1       int i; void *fp; extern void _start(void);
2       for (i = 0; i < 8; i++)
3           *--t->sp = 0;
4       *--t->sp = (unsigned long)args;
5       *--t->sp = (unsigned long)apply;
6       t->sp -= 64/4;
7       fp = t->sp;
8       *--t->sp = (unsigned long)_start - 8;
9       *--t->sp = (unsigned long)fp;
10      t->sp -= 64/4;
```

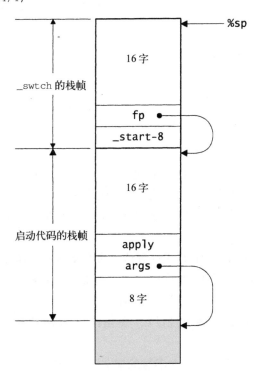

图 20-7　SPARC 架构上线程启动代码和初始_swtch 的栈帧

　　第 2 行和第 3 行创建启动栈帧底部的八个字。第 4 行和第 5 行将 args 的值和 apply 投入栈中，第 6 行在启动栈帧的顶部分配了 64 个字节。此时的栈指针，即为必须通过_swtch 恢复的帧指针，因此第 7 行将该值保存到 fp。第 8 行将返回地址压栈，即%i7 的保存值。返回地址是_start 之前八个字节，因为 SPARC 架构中的 ret 指令在返回时会向%i7 中的地址加 8。第 9 行将%fp 的保存值压栈，第 10 行在_swtch 栈帧顶部分配 64 字节，初始化栈帧的工作到此结束。

　　如果 apply 是一个有可变数目参数的函数，其入口指令序列将%o0 到%o5 寄存器中的值保存到栈上，位于其调用者栈帧的偏移量 64 到 88 处，即在启动代码的栈帧中。第 2 行和第 3 行为此分配了空间，并额外增加了 8 字节，使得栈指针仍然能够对齐到 8 字节边界，这是 SPARC 硬件的要求。

20

_swtch 和_start 的 MIPS 和 ALPHA 版本，将在 20.3.6 节讲述。

20.3.4 抢占

抢占等效于周期性地隐式调用 Thread_pause。Thread 中对抢占的实现是 UNIX 相关的，其中设定了一个周期为 50 毫秒的"虚拟"时钟中断，由中断处理程序来执行相当于 Thread_pause 的代码。该定时器是虚拟的，因为仅当进程执行时，该时钟才运转。Thread_init 使用 UNIX 信号设施来初始化时钟中断。第一步是将中断处理程序关联到虚拟定时器信号 SIGVTALRM：

⟨*initialize preemptive scheduling* 328⟩ ≡
```
{
    struct sigaction sa;
    memset(&sa, '\0', sizeof sa);
    sa.sa_handler = (void (*)())interrupt;
    if (sigaction(SIGVTALRM, &sa, NULL) < 0)
        return 0;
}
```

sigaction 结构有三个字段：sa_handler 是 SIGVTALRM 信号发生时要调用的函数的地址，sa_mask 是一个信号集合，指定了在中断处理期间应该阻塞的信号（包括 SIGVTALRM 在内），sa_flags 提供了特定于信号的选项。如下所述，Thread_init 将 sa_handler 设置为 interrupt，并将其他字段清零。

sigaction 函数是用于将处理程序关联到信号的 POSIX 标准函数。大多数 UNIX 变体和一些其他操作系统（如 Windows NT），都支持 POSIX 标准。该函数的三个参数，分别给出了信号的符号名、指向 sigaction 结构实例(用以修改对信号的处理)的指针和指向另一个 sigaction 结构实例（用于获取此前对该信号的处理设置）的指针。当第三个参数为 NULL 时，不会返回此前对该信号处理的设置。

当对该信号的处理设置已经按第二个参数的指定修改完成时，sigaction 函数返回 0，否则返回-1。当 sigaction 返回-1 时，Thread_init 返回 0，表示线程系统不支持抢占调度。

在信号处理程序就位后，将初始化虚拟定时器：

⟨*initialize preemptive scheduling* 328⟩ +≡
```
{
    struct itimerval it;
    it.it_value.tv_sec     =  0;
    it.it_value.tv_usec    = 50;
    it.it_interval.tv_sec  =  0;
    it.it_interval.tv_usec = 50;
    if (setitimer(ITIMER_VIRTUAL, &it, NULL) < 0)
        return 0;
}
```

itimerval 结构中的 it_value 字段，按秒（tv_sec）和毫秒（tv_msec）为单位，指定了到

下一次时钟中断还有多长时间。it_interval 字段中的值用于在定时器到期时重置 it_value 字段。Thread_init 将时钟中断设置为每隔 50 毫秒发生一次。

setitimer 函数很像是 sigaction 函数：其第一个参数指定了影响哪个定时器的行为（因为还有一个实时定时器），第二个参数是一个指向 itimerval 结构实例（其中包含了新的定时器值）的指针，第三个参数也是一个指向 itimerval 结构实例（用于获取此前的定时器设置）的指针（如果不需要此前的设置，则指针为 NULL）。当定时器设置成功时，setitimer 返回 0，否则返回-1。

当虚拟定时器到期时，将调用信号处理程序 interrupt。当中断结束，即 interrupt 返回时，定时器重新开始。除非当前线程处于临界区中，或处于某个 Thread 或 Sem 函数中，否则 interrupt 执行的代码与 Thread_pause 等效。

```
⟨static functions 315⟩+≡
    static int interrupt(int sig, int code,
        struct sigcontext *scp) {
    if (critical ||
        scp->sc_pc >= (unsigned long)_MONITOR
    && scp->sc_pc <= (unsigned long)_ENDMONITOR)
        return 0;
    put(current, &ready);
    sigsetmask(scp->sc_mask);
    run();
    return 0;
    }
```

sig 参数承载的是信号号码，code 为某些信号提供了额外的数据。scp 参数是一个指向 sigcontext 结构的指针，结构的 sc_pc 字段提供了发生中断时的指令计数器。thread.c 从空函数_MONITOR 开始，而 swtch.s 中的汇编语言代码以全局符号_ENDMONITOR 的定义结束。如果目标文件载入程序的顺序是 swtch.s 的目标码在 thread.c 的目标码之后，那么对于被中断的线程来说，如果其指令计数器位于_MONITOR 和_ENDMONITOR 之间，那么该线程当时正在执行某个 Thread 或 Sem 函数。因而，如果 critical 为非零值，或 scp->sc_pc 位于_MONITOR 和_ENDMONITOR 之间，那么 interrupt 将返回而忽略时钟中断。否则，interrupt 将当前线程置于 ready 队列上，而运行另一个线程。

对 sigsetmask 的调用，将恢复此前被中断停用的信号（由信号集合 scp->sc_mask 发出），该集合通常只包含 SIGVTALRM 信号。该调用是必需的，接下来即将运行的线程可能不是通过中断挂起的。例如，假定线程 A 显式调用了 Thread_pause 而挂起，线程 B 继续执行。在时钟中断发生时，控制进入到 interrupt，此时 SIGVTALRM 信号已经被禁用。B 在 interrupt 中重新启用了 SIGVTALRM 信号，并放弃处理器给线程 A。

如果忽略对 sigsetmask 的调用，线程 A 恢复执行时，SIGVTALRM 信号将是被禁用的，因为 A 是通过 Thread_pause 挂起的，而不是通过 interrupt。在下一次发生时钟中断时，A 挂起而 B 继续执行。在这种情况下，调用 sigsetmask 是多余的，因为线程 B 释放了中断，这将

恢复信号掩码 `Thread_T` 结构中的一个标志可用于避免对 `sigsetmask` 的不必要的调用。

中断处理程序的第二个和后续的参数是系统相关的。大多数 UNIX 变体都支持上述的 code 和 scp 参数，但其他 POSIX 兼容系统可能向处理程序提供不同的参数。

20.3.5   一般信号量

在四个 Sem 函数中，创建和初始化信号量是比较容易的两个：

⟨*sem functions* 330⟩ ≡
```
T *Sem_new(int count) {
    T *s;

    NEW(s);
    Sem_init(s, count);
    return s;
}

void Sem_init(T *s, int count) {
    assert(current);
    assert(s);
    s->count = count;
    s->queue = NULL;
}
```

`Sem_wait` 和 `Sem_signal` 比较简短，但对这两个函数给出正确且公平的实现，需要很强的技巧。信号量操作在语义上相当于下述代码：

```
Sem_wait(s):    while (s->count <= 0)
                    ;
                --s->count;

Sem_signal(s):  ++s->count;
```

这些语义会导致简洁、正确，但并不公平的实现，如下所示；这些实现也忽略了警报–待决状态和已检查的运行时错误。

```
void Sem_wait(T *s) {
   while (s->count <= 0) {
       put(current, &s->queue);
           run();
       }
       --s->count;
   }

   void Sem_signal(T *s) {
       if (++s->count > 0 && !isempty(s->queue))
           put(get(&s->queue), &ready);
   }
```

这些实现是不公平的，因为它们允许"饥饿"发生。假定 s 初始化为 1，二线程 A 和 B 都执行下述代码：

```
for (;;) {
    Sem_wait(s);
    ...
    Sem_signal(s);
}
```

假定线程 A 处于省略号表示的临界区中，而 B 处于 s->queue 队列中。当 A 调用 Sem_signal 时，线程 B 移动到就绪队列。如果 B 继续执行，其对 Sem_wait 的调用将返回，而 B 将进入临界区。但 A 可能先调用 Sem_wait，并获取临界区。如果 A 在临界区内部执行时被抢占，那么 B 恢复执行但发现 s->count 为 0，因而又移回 s->queue 队列上。如果没有某种外部干预，B 可能在 ready 和 s->queue 两个队列之间无限循环下去，如果有更多线程竞争 s，那么造成饥饿的可能性更高。

　　一种解决方案是，当一个线程从 s->queue 移动到 ready 时，要确保该线程获取到信号量。这种方案的实现，可以通过在 s->count 即将从 0 变为 1 时，将一个线程从 s->queue 移动到 ready，但实际上并不对 s->count 执行加 1 操作。类似地，当一个被阻塞的线程从 Sem_wait 中恢复执行时，也并不对 s->count 执行减 1 操作。

```
⟨sem functions 330⟩ +≡
  void Sem_wait(T *s) {
      assert(current);
      assert(s);
      testalert();
      if (s->count <= 0) {
          put(current, (Thread_T *)&s->queue);
          run();
          testalert();
      } else
          --s->count;
  }

  void Sem_signal(T *s) {
      assert(current);
      assert(s);
      if (s->count == 0 && !isempty(s->queue)) {
          Thread_T t = get((Thread_T *)&s->queue);
          assert(!t->alerted);
          put(t, &ready);
      } else
          ++s->count;
  }
```

当 s->count 为 0 且线程 C 移到就绪队列时，C 将确保能够获取到该信号量，因为由于 s->count 为 0，其他调用 Sem_wait 的线程将一直处于阻塞状态。但对于一般信号量来说，线程 C 未必能先获取到信号量：如果 D 在 C 再次运行之前调用 Sem_signal，那么就制造了一个"时间窗口"，使得另一个线程可能在 C 之前获取到信号量，当然线程 C 也会获取到该信号量。

20

警报–待决状态，可能使得 Sem_wait 难于理解。如果在 s 上阻塞的一个线程被设置为警报–待决状态，那么该线程在 Sem_wait 中对 run 的调用将立即返回，同时设置其 alerted 标志。在这种情况下，该线程是被 Thread_Alert（而非 Sem_signal）移到 ready 队列的，因此其恢复执行与 s->count 的值无关。该线程必须使 s 处于无扰动状态，并清除自身的 alerted 标志，而后引发 Thread_Alerted 异常。

20.3.6 MIPS 和 ALPHA 上的上下文切换

_swtch 和 _start 的 MIPS 和 ALPHA 版本，与其 SPARC 版本相比，在设计上是类似的，但细节上是不同的。

_swtch 的 MIPS 版本如下所示。其栈帧长度为 88 字节。通过 sw $31,48+36($sp) 实现的存储指令，保存了"由调用者保存"的浮点与整数寄存器，寄存器 31 包含了返回地址。用斜体字印刷的指令通过加载 to 的栈指针来切换上下文，接下来的加载指令恢复了线程 to "由调用者保存"的寄存器。

```
⟨MIPS swtch 332⟩ ≡
    .text
    .globl  _swtch
    .align  2
    .ent    _swtch
    .set    reorder
_swtch: .frame  $sp,88,$31
        subu    $sp,88
        .fmask  0xfff00000,-48
        s.d     $f20,0($sp)
        s.d     $f22,8($sp)
        s.d     $f24,16($sp)
        s.d     $f26,24($sp)
        s.d     $f28,32($sp)
        s.d     $f30,40($sp)
        .mask   0xc0ff0000,-4
        sw      $16,48+0($sp)
        sw      $17,48+4($sp)
        sw      $18,48+8($sp)
        sw      $19,48+12($sp)
        sw      $20,48+16($sp)
        sw      $21,48+20($sp)
        sw      $22,48+24($sp)
        sw      $23,48+28($sp)
        sw      $30,48+32($sp)
        sw      $31,48+36($sp)
        sw      $sp,0($4)
        lw      $sp,0($5)
        l.d     $f20,0($sp)
        l.d     $f22,8($sp)
        l.d     $f24,16($sp)
        l.d     $f26,24($sp)
```

```
        l.d      $f28,32($sp)
        l.d      $f30,40($sp)
        lw       $16,48+0($sp)
        lw       $17,48+4($sp)
        lw       $18,48+8($sp)
        lw       $19,48+12($sp)
        lw       $20,48+16($sp)
        lw       $21,48+20($sp)
        lw       $22,48+24($sp)
        lw       $23,48+28($sp)
        lw       $30,48+32($sp)
        lw       $31,48+36($sp)
        addu     $sp,88
        j        $31
```

这里是 MIPS 的线程启动代码:

⟨*MIPS startup* 333⟩ ≡
```
        .globl  _start
_start: move    $4,$23          # 寄存器 23 保存 args
        move    $25,$30         # 寄存器 30 保存 apply
        jal     $25
        move    $4,$2           # Thread_exit(apply(p))
        move    $25,$21         # 寄存器 21 保存 Thread_exit
        jal     $25
        syscall
    .end    _swtch
    .globl  _ENDMONITOR
_ENDMONITOR:
```

该代码与 Thread_new 中与 MIPS 相关的部分协作,Thread_new 将 Thread_exit、args、apply 保存到栈帧中适当的位置,以便使之分别加载到寄存器 21、23、30。apply 的第一个参数通过寄存器 4 传递,其结果通过寄存器 2 返回。启动代码并不需要栈帧,因此 Thread_new 只建立了 _swtch 的栈帧,但它确实在栈中 _swtch 栈帧之下的位置分配了 4 个字,以便处理 apply 需要可变数目参数的情形。

⟨*initialize a MIPS stack* 333⟩ ≡
```
    extern void _start(void);
    t->sp -= 16/4;
    t->sp -= 88/4;
    t->sp[(48+20)/4] = (unsigned long)Thread_exit;
    t->sp[(48+28)/4] = (unsigned long)args;
    t->sp[(48+32)/4] = (unsigned long)apply;
    t->sp[(48+36)/4] = (unsigned long)_start;
```

Thread_exit 的地址通过寄存器 21 传递,因为 MIPS 线程启动代码必须是位置无关的。启动代码将 args 的地址复制到寄存器 4,并在对应的调用(jal 指令)前将 apply 和 Thread_exit 的地址复制到寄存器 25,因为这是 MIPS 架构上与位置无关的调用指令序列的要求。

ALPHA 版本的代码块与对应的 MIPS 代码块类似。

20

⟨*ALPHA swtch* 334⟩ ≡

```
    .globl   _swtch
    .ent     _swtch
_swtch: lda       $sp,-112($sp)        # 分配_swtch 的栈帧
        .frame    $sp,112,$26
        .fmask    0x3f0000,-112
        stt       $f21,0($sp)          # 保存 from 的寄存器
        stt       $f20,8($sp)
        stt       $f19,16($sp)
        stt       $f18,24($sp)
        stt       $f17,32($sp)
        stt       $f16,40($sp)
        .mask     0x400fe00,-64
        stq       $26,48+0($sp)
        stq       $15,48+8($sp)
        stq       $14,48+16($sp)
        stq       $13,48+24($sp)
        stq       $12,48+32($sp)
        stq       $11,48+40($sp)
        stq       $10,48+48($sp)
        stq       $9,48+56($sp)
        .prologue 0
        stq       $sp,0($16)           # 保存 from 的栈指针
        ldq       $sp,0($17)           # 恢复 to 的栈指针
        ldt       $f21,0($sp)          # 恢复 to 的寄存器
        ldt       $f20,8($sp)
        ldt       $f19,16($sp)
        ldt       $f18,24($sp)
        ldt       $f17,32($sp)
        ldt       $f16,40($sp)
        ldq       $26,48+0($sp)
        ldq       $15,48+8($sp)
        ldq       $14,48+16($sp)
        ldq       $13,48+24($sp)
        ldq       $12,48+32($sp)
        ldq       $11,48+40($sp)
        ldq       $10,48+48($sp)
        ldq       $9,48+56($sp)
        lda       $sp,112($sp)         # 释放栈帧
        ret       $31,($26)
    .end     _swtch
```

⟨*ALPHA startup* 334⟩ ≡

```
    .globl   _start
    .ent     _start
_start: .frame     $sp,0,$26
        .mask      0x0,0
        .prologue 0
        mov        $14,$16             # 寄存器 14 保存 args
        mov        $15,$27             # 寄存器 15 保存 apply
        jsr        $26,($27)           # 调用 apply
        ldgp       $26,0($26)          # 重新加载全局指针
        mov        $0,$16              # Thread_exit(apply(args))
        mov        $13,$27             # 寄存器 13 保存 Thread_exit 地址
```

```
        jsr         $26,($27)
        call_pal0
.end    _start
.globl  _ENDMONITOR
_ENDMONITOR:
```

⟨*initialize an ALPHA stack* 335⟩ ≡
```
extern void _start(void);
t->sp -= 112/8;
t->sp[(48+24)/8] = (unsigned long)Thread_exit;
t->sp[(48+16)/8] = (unsigned long)args;
t->sp[(48+ 8)/8] = (unsigned long)apply;
t->sp[(48+ 0)/8] = (unsigned long)_start;
```

20.4 扩展阅读

[Andrews，1991]是一本关于并发程序设计的综合教科书。它描述了与并行系统编程相关的大多数问题及其答案，包括同步机制、消息传递系统和远程过程调用。其中也描述了四种编程语言中为并发程序设计而专门设计的特性。

Thread 基于 Modula-3 的线程接口，后者又源自 SRC（DEC 的 System Research Center）所开发的 Modula-2+中的线程设施。[Nelson，1991]中的第 4 章是线程编程方面的导引，由 Andrew Birrell 撰写。任何编写基于线程的应用程序的人，都会得益于该文。大多数现代操作系统中的线程设施，都在某些方面是基于 SRC 所开发的接口。

[Tanenbaum，1995]综述了用户级和内核级线程的设计问题，并给出了实现纲要。其案例研究描述了三个操作系统（Amoeba、Chorus 和 Mach）中的线程软件包，以及 OSF 的 DCE 中的线程。在我们了解到 DCE 时，DCE 最初运行在 UNIX 的 OSF/1 变体上，但现在可用于大多数操作系统，包括 OpenVMS、OS/2、Windows NT 和 Windows 95。

[Kleiman, Shah and Smaalders，1996]详述了 POSIX 线程（IEEE，1995）和 Solaris 2 线程。这本书面向实践，其中有一章内容阐述线程和库之间的交互，包括很多使用线程将算法并行化的例子，包括排序以及链表/队列/哈希表的线程安全实现。

sieve 改编自[McIlroy，1968]用于说明协程程序设计的一个类似例子，协程类似于非抢占线程。协程出现在几种语言中，有时名称也不同。Icon 的 coexpression 就是一个例子[Wampler and Griswold，1983]。[Marlin，1980]综述了许多原来的协程建议方案，并描述了在 Pascal 变体中的模型实现。

通道基于 CSP（communicating sequential processes）（[Hoare，1978]）。线程和通道也出现在 Newsqueak 中，这是一种应用性的并发语言。CSP 和 Newsqueak 中的通道比 Chan 提供的更为强大，因为这两种语言提供的设施，可用于在多个通道上以非确定性方式等待。[Pike，1990]探讨了一个 Newsqueak 解释器的实现中的精彩之处，并描述了使用随机数来改变抢占的发生频度，这使得线程调度具有非确定性（但比较公平）。[McIlroy，1990]详述了一个 Newsqueak 程序，该程

20

序将幂级数当做数据流处理，其方法在本质上类似于 sieve。

Newsqueak 已经用于实现窗口系统，这例证了能从线程受益的那些交互式应用。NeWS 窗口系统[Gosling, Rosenthal and Arden，1989]是另一个用带有线程的语言编写的窗口系统的例子。NeWS 系统的核心是一个 PostScript 解释器，其用于渲染文本和图像。NeWS 窗口系统自身的大部分是用 PostScript 变体编写的，该语言包括了非抢占线程扩展。

函数式语言 Concurrent ML [Reppy，1997]支持线程和同步通道，这与 Chan 提供的功能很相似。在非命令式（nonimperative）语言中实现线程，通常比基于栈的命令式语言更为容易。例如，在 Standard ML 中没有栈，因为被调用者的生存期可能超过调用者，因此不需要什么特别的设置来支持线程。因而，Concurrent ML 是完全用 Standard ML 实现的。

Thread 和 Sem 实现中使用_MONITOR 和_ENDMONITOR 函数来划分代码边界的想法，来自于[Cormack，1988]，其中描述了用于 UNIX 线程的一个类似但稍有不同的接口。[Stevens，1992]的第 10 章全面地阐述了信号和信号处理程序，其中描述了不同 UNIX 变体和 POSIX 标准之间的差异。

20.5 习题

20.1 二值信号量通常称之为锁或互斥量，是最流行的信号量类型。为锁设计一个单独的接口，其实现比一般信号量更简单。请注意警报–待决状态。

20.2 假定线程 *A* 锁定 x 然后尝试锁定 y，线程 *B* 锁定 y 然后尝试锁定 x。这些线程将陷入死锁：在 *B* 解锁 y 之前 *A* 不能继续执行，在 *A* 解锁 x 之前 *B* 不能继续执行。扩展前一习题对锁的实现，以检测这些简单类型的死锁。

20.3 不使用信号量，重新实现 thread.c 中的 Chan 接口。为通道设计一个适当的表示，直接使用内部队列和线程函数，而非信号量函数。请注意警报–待决状态。设计一个测试套件，以测量这种可能更为高效的实现所带来的好处。对于修订的实现，请量化应用程序的消息活动程度，以便在运行时产生可测量的差异。

20.4 设计并实现一个异步、缓冲式通讯接口，这是一个线程间消息通讯设施，其中发送方并不等待消息被接收，消息被缓冲起来，直至被接收为止。你的设计应该允许消息的生命周期长于其发送线程，即，线程发送一消息消息，然后在消息接收之前线程就退出了。异步通信比 Chan 同步通信更为复杂，因为它必须处理对缓冲消息的存储管理和更多的错误条件，例如，需要提供一种方法，供线程判断消息是否已经被接收。

20.5 Modula-3 支持条件变量（condition variable）。一个条件变量 c 关联到一个锁 m。原子操作 sleep(m, c)导致调用线程解锁 m 并在 c 上等待。调用线程必须已经锁定了 m。wakeup(c)导致一个或多个在 c 上等待的线程恢复执行，其中之一重新锁定 m 并从其对 sleep 的调用返回。broadcast(c)类似于 wakeup(c)，但所有在 c 上睡眠的线程都恢复执行。警报–待决状态不影响阻塞在条件变量上的线程，除非线程调用 alertsleep 而不是 sleep。当一个已经调用 alertsleep 的线程被设置为警报-待决状态,则其锁 m 并引发 Thread_Alerted 异常。设计并实现一个支持条件变量的接口,使用读者在习题 20.1 中实现的锁。

20.6 如果你的系统支持非阻塞 I/O 系统调用,使用它们为 C 标准 I/O 库构建一个线程安全的实现。即,举例来说,当一个线程调用 fgetc 时,该线程等待输入时,其他线程可以执行[①]。

20.7 设计一种方法,使得无需使用_MONITOR 和_ENDMONITOR,即可使 Thread 和 Sem 函数的执行具有原子性。提示:单一的全局临界区标志是不够的。读者将需要为每个线程设置一个临界区标志,而汇编语言代码将需要修改该标志。请务必谨慎,使用这种方法很容易造成一些微妙的错误。

20.8 扩展 Thread_new,使之可以接受指定栈长度的可选参数。例如,

```
t = Thread_new(..., "stacksize", 4096, NULL);
```

上述代码将创建一个栈长度为 4KB 的线程。

20.9 按 20.1 节的建议,向 Thread 的实现添加优先级支持,以支持少量的优先级。修改 Thread_init 和 Thread_new,使之可以接受指定优先级为可选参数。[Tanenbaum, 1995] 描述了如何实现一种支持优先级的公平调度策略。

20.10 DCE 支持模板,模板实质上是线程属性的关联表。在用 DCE 的 pthread_create 创建一个线程时,模板提供了诸如栈长度和优先级这样的属性。模板可以避免在线程创建调用中重复同样的参数,还使得可以在线程创建位置以外之处指定线程属性。使用 Table_T 为 Thread 接口设计一种模板设施,并修改 Thread_new,使之可以接受一个模板作为其可选参数。

20.11 在共享内存的多处理器机器(如 Sequent)上实现 Thread 和 Sem 接口。与 20.3 节详述的实现相比,这种实现复杂得多,因为此时线程是真正在多处理器上并发执行的。实现原子操作将需要某种形式的底层自旋锁机制,以确保对存取共享数据结构的短临界区的独占访问,就像是 Thread 和 Sem 函数中所做的那样。

20.12 在海量并行处理器(Massively Parallel Processor,MPP)上实现 Thread、Sem 和 Chan 接口,此类机器的例子如 Cray T3D,由 2^n 个 DEC ALPHA 处理器组成。在 MPP 上,每个处理器有自身的内存,有某种底层机制(通常实现在硬件中)供一个处理器访问另一个处理器的内存。该习题提出的挑战之一是,确定如何将 Thread、Sem 和 Chan 接口所偏爱的共享内存模型映射到 MPP 提供的分布式内存模型上。

20.13 使用 DCE 线程实现 Thread、Sem 和 Chan 接口。请务必指明 Thread_new 的实现接受哪些系统相关的可选参数。

20.14 使用 LWP 在 Solaris 2 上实现 Thread、Sem 和 Chan 接口,根据需要为 Thread_new 提供可选参数。

---

① 这个仅适用于用户级线程,内核级线程是不受 I/O 阻塞影响的。——译者注

20.15　使用 POSIX 线程（参见[Kleiman, Shah and Smaalders，1996]）实现 `Thread`、`Sem` 和 `Chan` 接口。

20.16　使用 Microsoft 的 Win32 线程接口（参见[Richter，1995]）实现 `Thread`、`Sem` 和 `Chan` 接口。

20.17　如果读者能够使用 SPARC 架构上的 C 编译器，如 lcc [Fraser and Hanson，1995]，请修改该编译器使之不使用 SPARC 寄存器窗口，这可以消除 `_swtch` 中的 `ta 3` 系统调用。当然，读者也需要重新编译读者使用的任何库。测量在运行时带来的改进。提醒读者：这个习题是一个较大的项目。

20.18　`Thread_new` 必须分配一个栈，因为大多数编译系统假定，在一个程序开始执行时，已经分配了一个连续的栈。少数系统，如 Cray-2，以内存块为单位来即时分配栈。函数的入口指令序列需要在当前内存块中分配栈帧（如果放得下），否则，需要分配一个新的足够长的内存块，将其连接到当前内存块中。当内存块中最后一个栈帧被删除后，函数的退出指令序列需要解除内存块的连接并释放该内存块。这种方法不仅简化了线程的创建，也自动地检查了栈溢出。修改某个 C 编译器来使用这种方法，并测量其好处。类似前一道习题，读者将需要重新编译你使用的任何库，这个习题也是一个大项目。

接 口 摘 要

接口摘要按字母顺序如下列出：各个小节给出每个接口的名称及其主要类型（如果有的话）。"T 是不透明的 X_T"的记法，表示接口 X 导出了一个不透明指针类型 X_T，在描述中缩写为 T。如果接口会公开其主要类型，那么会给出 X_T 的表示。

每个接口的摘要会按字母顺序分别列出导出的变量（不包括异常）后接导出的函数。每个函数的原型都后接其可能引发的异常和对函数的简要描述。缩写 c.r.e.和 u.r.e.分别代表已检查的运行时错误和未检查的运行时错误[1]。

表 A-1 按类别综述了本书中的各个接口。

表 A-1　本书中的各个接口

基　　础	抽象数据类型/ADT	字符串	算术	线程
Arena	Array	Atom	AP	Chan
Arith	ArrayRep	Fmt	MP	Sem
Assert	Bit	Str	XP	Thread
Except	List	Text		
Mem	Ring			
	Seq			
	Set			
	Stack			
	Table			

A.1　AP   T 是不透明的 AP_T

传递 NULL 的 T 值给任何 AP 函数都是已检查的运行时错误。

```
T AP_add(T x, T y)                                       Mem_Failed
T AP_addi(T x, long int y)                               Mem_Failed
```
　　返回和值 x + y。
```
int AP_cmp(T x, T y)
int AP_cmpi(T x, long int y)
```
　　对于 x < y、x = y、x > y，分别返回 < 0、= 0、> 0 的整数。

---

① 译文并未使用上述缩写。——译者注

```
T AP_div(T x, T y)                                          Mem_Failed
T AP_divi(T x, long int y)                                  Mem_Failed
```
返回商 x / y，参见 Arith_div。y = 0，则为已检查的运行时错误。
```
void AP_fmt(int code, va_list *app,                         Mem_Failed
    int put(int c, void *cl), void *cl,
    unsigned char flags[], int width, int precision)
```
一个 Fmt 转换函数：消耗一个 T，并按照 printf 的 %d 限定符对其进行格式化。app 或 flags 是 NULL，则为已检查的运行时错误。
```
void AP_free(T *z)
```
释放 *z，并将其清零。z 或 *z 为 NULL，则为已检查的运行时错误。
```
T AP_fromstr(const char *str, int base, char **end)         Mem_Failed
```
将 str 解释为 base 基数下的一个整数，并返回表示结果的 T。在处理过程中，会忽略 str 前部的空格，可以接受一个可选的符号，后接一个或多个以 base 为基数的数位。对于 10 < base ≤ 36，小写或大写字母解释为大于 9 的数位。如果 end 不为 NULL，*end 指向 str 中扫描结束处的字符。如果 str 不表示 base 基数下的一个整数，那么 AP_fromstr 返回 NULL，并将 *end 设置为 str（如果 end 不是 NULL）。str 为 NULL 或 base<2 或 base>36，则为已检查的运行时错误。
```
T AP_lshift(T x, int s)                                     Mem_Failed
```
返回 x 左移 s 个比特位的值，空出的比特位填 0，结果的符号与 x 相同。s<0，则为已检查的运行时错误。
```
T AP_mod(T x, T y)                                          Mem_Failed
long AP_modi(T x, long int y)                               Mem_Failed
```
返回 x mod y，参见 Arith_mod。y = 0，则为已检查的运行时错误。
```
T AP_mul(T x, T y)                                          Mem_Failed
T AP_muli(T x, long int y)                                  Mem_Failed
```
返回乘积 x * y。
```
T AP_neg(T x)                                               Mem_Failed
```
返回 -x。
```
T AP_new(long int n)                                        Mem_Failed
```
分配和返回一个新的 T，其值初始化为 n。
```
T AP_pow(T x, T y, T p)                                     Mem_Failed
```
返回 x^y mod p。如果 p=NULL，返回 x^y。y<0，或 p 不是 NULL 且 p<2，则为已检查的运行时错误。
```
T AP_rshift(T x, int s)                                     Mem_Failed
```
返回 x 右移 s 个比特位的结果，空出的比特位填 0，结果的符号与 x 相同。s<0，则为已检查的运行时错误。

```
T AP_sub(T x, T y)                                          Mem_Failed
T AP_subi(T x, long int y)                                  Mem_Failed
```
　　　返回差值 x – y。
```
long int AP_toint(T x)
```
　　　返回一个 long 型值，其符号与 x 相同，其绝对值为|x| mod LONG_MAX + 1。
```
char *AP_tostr(char *str, int size, int base, T x)          Mem_Failed
```
　　　用 x 在 base 基数下的字符表示来填充 str[0..size - 1]，并返回 str。如果 str = NULL，
　　　AP_tostr 为其分配空间。当 base>10 时，大写字母用于表示大于 9 的数位。如果 str 不
　　　是 NULL 但容量太小，或 base<2 或 base>36，则为已检查的运行时错误。

A.2　Arena   T 是不透明的 Arena_T

　　　向任何 Arena 函数传递的参数 nbytes≤0 或 T 值为 NULL，均为已检查的运行时错误。
```
void *Arena_alloc(T arena, long nbytes,                     Arena_Failed
    const char *file, int line)
```
　　　在内存池中分配 nbytes 个字节并返回一个指针，指向第一个字节。分配的 nbytes 个字节
　　　是未初始化的。如果 Arena_alloc 引发 Arena_Failed 异常，则将 file 和 line 作为出
　　　错的源代码位置报告。
```
void *Arena_calloc(T arena, long count,                     Arena_Failed
    long nbytes, const char *file, int line)
```
　　　在内存池中为一个 count 个元素的数组分配空间，每个数组元素占 nbytes 字节，并返回
　　　一个指针指向第一个元素。count≤0 则造成已检查的运行时错误。数组的各个元素是未初
　　　始化的。如果 Arena_calloc 引发 Arena_Failed 异常，则将 file 和 line 作为出错的
　　　源代码位置报告。
```
void Arena_dispose(T *ap)
```
　　　释放*ap 中所有的空间，释放内存池自身，并将*ap 清零。ap 或*ap 为 NULL，则是已检查
　　　的运行时错误。
```
void Arena_free(T arena)
```
　　　释放内存池中所有的空间，即自上一次调用 Arena_free 以来所有分配的空间。
```
T Arena_new(void)                                           Arena_NewFailed
```
　　　分配、初始化并返回一个新的内存池。

A.3　Arith

```
int Arith_ceiling(int x, int y)
```
　　　返回不小于 x/y 实数商的最小整数。y = 0，则为未检查的运行时错误。

```
int Arith_div(int x, int y)
```
　　返回 x/y，若有实数 z 使得 z * y = x，返回值即不大于实数 z 的最大整数。向-∞舍入，例如，Arith_div(-13, 5)返回-3。y = 0，则为未检查的运行时错误。
```
int Arith_floor(int x, int y)
```
　　返回不大于 x/y 实数商的最大整数。y = 0，则为未检查的运行时错误。
```
int Arith_max(int x, int y)
```
　　返回 max(x, y)。
```
int Arith_min(int x, int y)
```
　　返回 min(x, y)。
```
int Arith_mod(int x, int y)
```
　　返回 x - y * Arith_div(x, y)，例如，Arith_mod(- 13, 5)返回 2。y = 0，则为未检查的运行时错误。

A.4　Array　　　　　　　　　　　　　　　　　T 是不透明的 Array_T

　　数组索引从 0 到 $N-1$，其中 N 是数组的长度。空数组没有元素。向任何 Array 函数传递为 NULL 的 T 值都是已检查的运行时错误。

```
T Array_copy(T array, int length)                              Mem_Failed
```
　　创建并返回一个新的数组，其中包含 array 的前 length 个元素。如果 length 大于 array 的长度，过多的元素将被清零。
```
void Array_free(T *array)
```
　　释放*array 并将其清零。如果 array 或*array 是 NULL，则是已检查的运行时错误。
```
void *Array_get(T array, int i)
```
　　返回指向第 i 个数组元素的指针。i<0 或 i≥N，则为已检查的运行时错误，其中 N 是 array 的长度。
```
int Array_length(T array)
```
　　返回 array 中元素的数目。
```
T Array_new(int length, int size)                              Mem_Failed
```
　　分配、初始化并返回一个新的数组，由 length 个元素组成，每个元素长度为 size 字节。各个元素都被清零。length<0 或 size≤0，则为已检查的运行时错误。
```
void *Array_put(T array, int i, void *elem)
```
　　从 elem 复制 Array_size(array)个字节到 array 中第 i 个元素并返回 elem。elem = NULL 或 i<0 或 i≥N，则为已检查的运行时错误，其中 N 是 array 的长度。
```
void Array_resize(T array, int length)                         Mem_Failed
```
　　将数组中元素的数目改为 length。如果 length 大于原来的长度，过多的元素将清零。length<0，则造成已检查的运行时错误。

```
int Array_size(T array)
```
返回 array 中元素的长度，按字节计算。

A.5　ArrayRep　　　　　　　　　　　　　　　　　　　　T 是 Array_T

```
typedef struct T {
    int length; int size; char *array; } *T;
```
改变 T 实例中的字段，属于未检查的运行时错误。

```
void ArrayRep_init(T array, int length,
  int size, void *ary)
```
将 array 中的各个字段初始化为 length、size 和 ary。如果 length≠0 且 ary=NULL，或 length=0 且 ary≠null，或 size≤0，都是已检查的运行时错误。用其他方式初始化 T 实例，属于未检查的运行时错误。

A.6　Assert

```
assert(e)
```
如果 e 为 0，则引发 Assert_Failed 异常。语法上，assert(e) 是一个表达式。如果包含 assert.h 头文件时，已经定义了 NDEBUG，则断言被禁用。

A.7　Atom

向任何 Atom 函数传递值为 NULL 的 str，都是已检查的运行时错误。修改原子，属于未检查的运行时错误。

```
int Atom_length(const char *str)
```
返回原子 str 的长度。如果 str 不是原子，则造成已检查的运行时错误。

```
const char *Atom_new(const char *str, int len)                Mem_Failed
```
返回对应于 str[0..len - 1] 的原子，如有必要则创建一个原子。len < 0，则为已检查的运行时错误。

```
const char *Atom_string(const char *str)                      Mem_Failed
```
返回 Atom_new(str, strlen(str))。

```
const char *Atom_int(long n)                                  Mem_Failed
```
返回对应于 n 的十进制字符串表示的原子。

A.8　Bit　　　　　　　　　　　　　　　　　　　T 是不透明的 Bit_T

位向量中的各个比特位按 0 到 $N-1$ 编号，其中 N 是该向量的长度。向任何 Bit 函数传递的 T

值为 NULL，均为已检查的运行时错误（Bit_union、Bit_inter、Bit_minus 和 Bit_diff 除外）。

void Bit_clear(T set, int lo, int hi)

　　清除 set 中 lo 到 hi 的各个比特位。lo>hi 或 lo<0 或 lo≥N 或 hi<0 或 hi≥N，均为已检查的运行时错误，其中 N 为 set 的长度。

int Bit_count(T set)

　　返回 set 中置位比特位数目。

T Bit_diff(T s, T t) 　　　　　　　　　　　　　　　　　　　　　Mem_Failed

　　返回 s 和 t 的对称差 s / t：s 和 t 的异或。如果 s＝NULL 或 t＝NULL，则表示空集。s＝NULL 且 t＝NULL，或 s 和 t 长度不同，则为已检查的运行时错误。

int Bit_eq(T s, T t)

　　如果 s＝t，则返回 1，否则返回 0。如果 s 和 t 长度不同，则为已检查的运行时错误。

void Bit_free(T *set)

　　释放 *set，并将其清零。set 或 *set 是 NULL，则造成已检查的运行时错误。

int Bit_get(T set, int n)

　　返回比特位 n 的值。n<0 或 n≥N，则为已检查的运行时错误，其中 N 是 set 的长度。

T Bit_inter(T s, T t) 　　　　　　　　　　　　　　　　　　　　Mem_Failed

　　返回 s ∩ t：s 和 t 的按位与。已检查的运行时错误，请参见 Bit_diff。

int Bit_length(T set)

　　返回 set 的长度。

int Bit_leq(T s, T t)

　　如果 s⊆t，则返回 1，否则返回 0。已检查的运行时错误，请参见 Bit_eq。

int Bit_lt(T s, T t)

　　如果 s⊂t，则返回 1，否则返回 0。已检查的运行时错误，请参见 Bit_eq。

void Bit_map(T set,
　　void apply(int n, int bit, void *cl), void *cl)

　　对 set 中从 0 到 $N-1$ 的每个比特位调用 apply(n, bit, cl)，其中 N 是 set 的长度。apply 对 set 的修改，将影响到接下来调用 apply 时 bit 参数的值。

T Bit_minus(T s, T t) 　　　　　　　　　　　　　　　　　　　　Mem_Failed

　　返回 s - t：s 和 ~t 的按位与。已检查的运行时错误，请参见 Bit_diff。

T Bit_new(int length) 　　　　　　　　　　　　　　　　　　　　Mem_Failed

　　创建并返回一个长度为 length 的位向量，所有比特位均为 0。length<0，则造成已检查的运行时错误。

void Bit_not(T set, int lo, int hi)

　　对 set 中 lo 到 hi 的各个比特位取反。已检查的运行时错误，请参见 Bit_clear。

int Bit_put(T set, int n, int bit)

　　Bit_put 将集合中的比特位 n 设置为 bit，并返回该比特位的原值。bit<0 或 bit>1，或 n<0 或 n≥N，均为已检查的运行时错误，其中 N 是 set 的长度。

void Bit_set(T set, int lo, int hi)

　　将 set 中的比特位 lo 到 hi 置位。已检查的运行时错误，请参见 Bit_clear。

T Bit_union(T s, T t)　　　　　　　　　　　　　　　　　　　　　　Mem_Failed

　　返回 s∪t：s 和 t 的按位或。已检查的运行时错误，请参见 Bit_diff。

A.9　Chan　　　　　　　　　　　　　　　　　　　　**T 是不透明的 Chan_T**

　　向任何 Chan 函数传递的 T 值为 NULL，或在调用 Thread_init 之前调用任何 Chan 函数，均为已检查的运行时错误。

T Chan_new(void)　　　　　　　　　　　　　　　　　　　　　　　Mem_Failed

　　创建、初始化并返回一个新的通道。

int Chan_receive(T c, void *ptr, int size)　　　　　　　　Thread_Alerted

　　等待一个对应 Chan_send 操作发出数据，然后从发送来的数据中复制不超过 size 字节到 ptr 中，并返回复制的字节数。ptr=NULL 或 size<0，均为已检查的运行时错误。

int Chan_send(T c, const void *ptr, int size　　　　　　　Thread_Alerted

　　等待一个对应 Chan_receive 操作进入接收状态，然后从 ptr 中复制不超过 size 字节给接收方，并返回复制的字节数。已检查的运行时错误，请参见 Chan_receive。

A.10　Except　　　　　　　　　　　　　　　　　　　**T 即为 Except_T**

　　　typedef struct T { char *reason; } T;

　　　TRY 语句的语法如下，*S* 和 *e* 表示语句和异常。ELSE 子句是可选的。

　　　TRY *S* EXCEPT(e_1) S_1 ... EXCEPT(e_n) S_n ELSE S_0 END_TRY

　　　TRY *S* FINALLY S_1 END_TRY

void Except_raise(const T *e, const char *file, int line)

　　在源代码位置 file 和 line 处引发异常*e。如果 e=NULL，则为已检查的运行时错误。未捕获的异常，将导致程序终止。

RAISE(e)

　　引发异常 e。

RERAISE

　　重新引发导致异常处理程序执行的异常。

RETURN
RETURN *expression*

　　是用于 TRY 语句内部的返回语句。在 TRY 语句内使用 C 语言的返回语句，属于未检查的运行时错误。

A.11 Fmt

T 即为 Fmt_T

```
typedef void (*T)(int code,
    va_list *app, int put(int c, void *cl), void *cl,
    unsigned char flags[256], int width, int precision)
```

定义了转换函数的类型，当格式串中出现转换限定符时，由 Fmt 函数调用相关联的转换函数。在这里和下文中，都是调用 put(c,cl) 来输出各个被格式化的字符 c。表 14-1 汇总了最初定义的转换限定符集合。向任何 Fmt 函数传递的 put、buf 或 fmt 为 NULL，或格式串使用了没有关联转换函数的转换限定符，都是已检查的运行时错误。

char *Fmt_flags = "-+0"

指向转换限定符中可能出现的标志字符。

```
void Fmt_fmt(int put(int c, void *cl), void *cl,
    const char *fmt, ...)
```

根据格式串 fmt，格式化并输出可变部分的参数。

```
void Fmt_fprint(FILE *stream, const char *fmt, ...)
void Fmt_print(const char *fmt, ...)
```

根据 fmt 格式化并输出可变部分的参数，Fmt_fprint 写出到流，而 Fmt_print 输出到 stdout。

```
void Fmt_putd(const char *str, int len,
    int put(int c, void *cl), void *cl,
    unsigned char flags[256], int width, int precision)
void Fmt_puts(const char *str, int len,
    int put(int c, void *cl), void *cl,
    unsigned char flags[256], int width, int precision)
```

根据 Fmt 的默认值（参见表 14-1）和 flags、width 和 precision 的值，格式化并输出 str[0..len - 1] 中转换过的数值（使用 Fmt_putd 输出）或字符串（使用 Fmt_puts 输出）。如果 str = NULL，或 len<0，或 flags = NULL，均为已检查的运行时错误。

T Fmt_register(int code, T cvt)

将 cvt 关联到格式符 code，并返回此前设定的转换函数。如果 code<0 或 code>255，则为已检查的运行时错误。

```
int Fmt_sfmt(char *buf, int size,                      Fmt_Overflow
    const char *fmt, ...)
```

根据 fmt，将参数的可变部分格式化到 buf [0..size - 1] 中，并添加一个 0 字符，最后返回 buf 的长度[①]。如果 size≤0，则为已检查的运行时错误。如果需要输出的字符数目大于 size - 1，则引发 Fmt_Overflow 异常。

char *Fmt_string(const char *fmt, ...)

根据 fmt，将参数的可变部分格式化为一个 0 结尾字符串，并返回该字符串。

---

① 即字符数目，不包含结尾 0 字符。——译者注

```
void Fmt_vfmt(int put(int c, void *cl), void *cl,
    const char *fmt, va_list ap)
```
　　参见 Fmt_fmt，本函数从可变参数列表 ap 获取参数。

```
int Fmt_vsfmt(char *buf, int size,                                Fmt_Overflow
    const char *fmt, va_list ap)
```
　　参见 Fmt_sfmt，本函数从可变参数列表 ap 获取参数。

```
char *Fmt_vstring(const char *fmt, va_list ap)
```
　　参见 Fmt_string，本函数从可变参数列表 ap 获取参数。

A.12 List   T 即为 List_T

```
    typedef struct T *T;
    struct T { T rest; void *first; };
```
　　所有的 List 函数都可以接受 list 参数值为 NULL，并将其解释为空链表。

```
T List_append(T list, T tail)
```
　　将 tail 追加到 list 并返回 list。如果 list = NULL，List_append 返回 tail。

```
T List_copy(T list)                                              Mem_Failed
```
　　创建并返回 list 的一个副本（浅层复制）。

```
void List_free(T *list)
```
　　释放 *list 并将其清零。如果 list = NULL，则为已检查的运行时错误。

```
int List_length(T list)
```
　　返回 list 中元素的数目。

```
T List_list(void *x, ...)                                        Mem_Failed
```
　　创建并返回一个链表，其元素来自参数的可变部分，直至遇到第一个 NULL 指针为止。

```
void List_map(T list,
    void apply(void **x, void *cl), void *cl)
```
　　对于 list 中的每个元素 p，调用 apply(&p->first, cl)。如果 apply 修改 list，则
为未检查的运行时错误。

```
T List_pop(T list, void **x)
```
　　将 list->first 赋值给 *x（如果 x 不是 NULL），释放 list，并返回 list->rest。如果
list = NULL，List_pop 返回 NULL，并不改变 *x。

```
T List_push(T list, void *x)                                     Mem_Failed
```
　　将一个包含 x 的新元素添加到 list 的前端，并返回新链表。

```
T List_reverse(T list)
```
　　将 list 中的各个元素逆向，并返回反转后的链表。

```
void **List_toArray(T list, void *end)                           Mem_Failed
```
　　创建一个 N+1 个元素的数组，包含 list 中的 N 个元素，并返回指向第一个元素的指针。数
组中第 N 个元素设置为 end。

A.13　**Mem**

向 Mem 接口中任何函数或宏传递的 nbytes≤0，则为已检查的运行时错误。

ALLOC(nbytes)   Mem_Failed
　　分配 nbytes 个字节并返回指向第一个字节的指针。分配的 nbytes 个字节是未初始化的。
　　参见 Mem_alloc。

CALLOC(count, nbytes)   Mem_Failed
　　为一个 count 个元素的数组分配空间，每个数组元素占 nbytes 字节，并返回一个指针指
　　向第一个元素。count≤0 则造成已检查的运行时错误。各个元素都被清零。参见
　　Mem_calloc。

FREE(ptr)
　　如果 ptr 不是 NULL，释放 ptr，则将 ptr 清零。作为表达式，ptr 会被求值多次。参见
　　Mem_free。

void *Mem_alloc(long nbytes,   Mem_Failed
　　const char *file, int line)
　　分配 nbytes 个字节并返回指向第一个字节的指针。分配的 nbytes 个字节是未初始化的。
　　如果 Mem_alloc 引发 Mem_Failed 异常，则将 file 和 line 作为出错的源代码位置报告。

void *Mem_calloc(long count, long nbytes,   Mem_Failed
　　const char *file, int line)
　　为一个 count 个元素的数组分配空间，每个数组元素占 nbytes 字节，并返回一个指针指
　　向第一个元素。count≤0 则造成已检查的运行时错误。各个元素都被清零，这不见得会将
　　指针初始化为 NULL 或将浮点值初始化为 0.0。如果 Mem_calloc 引发 Mem_Failed 异常，
　　则将 file 和 line 作为出错的源代码位置报告。

void Mem_free(void *ptr, const char *file, int line)
　　如果 ptr 不是 NULL，则释放 ptr。如果 ptr 指针不是此前调用 Mem 分配函数返回的，则
　　造成未检查的运行时错误。接口的实现可使用 file 和 line 来报告内存使用错误。

void *Mem_resize(void *ptr, long nbytes,   Mem_Failed
　　const char *file, int line)
　　变更 ptr 指向的内存块的长度，使之包含 nbytes 字节，并返回指向新内存块第一个字节
　　的指针。如果 nbytes 大于原来的内存块的长度，新增的字节将是未初始化的。如果 nbytes
　　小于原来的内存块的长度，则原来的内存块中仅有前 nbytes 个字节会出现在新内存块中。
　　如果 Mem_resize 引发 Mem_Failed 异常，则将 file 和 line 作为出错的源代码位置报
　　告。如果 ptr＝NULL，则为已检查的运行时错误，如果 ptr 指针不是此前调用 Mem 分配函
　　数返回的，则为未检查的运行时错误。

```
NEW(p)                                                          Mem_Failed
NEW0(p)                                                         Mem_Failed
```
　　分配一个足够大、可容纳*p 的内存块，将 p 设置为该内存块的地址，并返回该地址。NEW0 将所分配内存块的各个字节清零，而 NEW 分配的内存块则不进行初始化，各个字节的内容是未初始化的。两个宏都只对 ptr 求值一次。

```
RESIZE(ptr, nbytes)                                            Mem_Failed
```
　　变更 ptr 指向的内存块的长度，使之包含 nbytes 字节，将 ptr 重新指向调整大小后的内存块，并返回该内存块的地址。作为表达式，ptr 会被求值多次。参见 Mem_resize。

A.14　**MP**   **T 即为 MP_T**

```
typedef unsigned char *T
```
　　MP 函数可以执行 *n*-bit 有符号和无符号算术，其中 *n* 初始化为 32，可以通过 MP_set 修改。名称以 u 或 ui 结尾的函数，执行无符号算术，其他函数执行有符号算术。MP 函数会在引发 MP_Overflow 或 MP_DivideByZero 异常之前计算其结果。向任何 MP 函数传递为 NULL 的 T 值都是已检查的运行时错误。向任何 MP 函数传递太小的 T，都是未检查的运行时错误。

```
T MP_add(T z, T x, T y)                                       MP_Overflow
T MP_addi(T z, T x, long y)                                   MP_Overflow
T MP_addu(T z, T x, T y)                                      MP_Overflow
T MP_addui(T z, T x, unsigned long y)                         MP_Overflow
```
　　将 z 设置为 x + y 并返回 z。
```
T MP_and(T z, T x, T y)
T MP_andi(T z, T x, unsigned long y)
```
　　将 z 设置为 x 与 y 的按位与结果，并返回 z。
```
T MP_ashift(T z, T x, int s)
```
　　将 z 设置为 x 右移 s 个比特位的结果，并返回 z。空出的比特位用 x 的符号位填充。s<0，则为已检查的运行时错误。
```
int MP_cmp(T x, T y)
int MP_cmpi(T x, long y)
int MP_cmpu(T x, T y)
int MP_cmpui(T x, unsigned long y)
```
　　对于 x<y、x=y、x>y，分别返回<0、=0、>0 的整数。
```
T MP_cvt(int m, T z, T x)                                     MP_Overflow
T MP_cvtu(int m, T z, T x)                                    MP_Overflow
```
　　将 x 缩窄或加宽为 m-bit 的有符号或无符号整数，并赋值给 z，最终返回 z。如果 m<2，则为已检查的运行时错误。

```
T MP_div(T z, T x, T y)                              MP_Overflow, MP_DivideByZero
T MP_divi(T z, T x, long y)                          MP_Overflow, MP_DivideByZero
T MP_divu(T z, T x, T y)                                          MP_DivideByZero
T MP_divui(T z, T x, unsigned long y)                MP_Overflow, MP_DivideByZero
```

将 z 设置为 x/y，并返回 z。处理有符号运算的函数向 $-\infty$ 舍入，参见 Arith_div。

```
void MP_fmt(int code, va_list *app,
    int put(int c, void *cl), void *cl,
    unsigned char flags[], int width, int precision)
void MP_fmtu(int code, va_list *app,
    int put(int c, void *cl), void *cl,
    unsigned char flags[], int width, int precision)
```

以上是两个 Fmt 转换函数。二者均消耗一个 T 和一个基数 b，并按类似 printf 的 %d 和 %u 的风格，将其格式化。$b<2$ 或 $b>36$，app 或 flags 为 NULL，均为已检查的运行时错误。

```
T MP_fromint(T z, long v)                                        MP_Overflow
T MP_fromintu(T z, unsigned long u)                              MP_Overflow
```

这两个函数将 z 设置为 v 或 u，并返回 z。

```
T MP_fromstr(T z, const char *str, int base,char **end)          MP_Overflow
```

将 str 解释为 base 基数下的一个整数，将 z 设置为该整数，并返回 z。参见 AP_fromstr。

```
T MP_lshift(T z, T x, int s)
```

将 z 设置为 x 左移 s 个比特位的结果，并返回 z。空出的比特位用 0 填充。$s<0$，则为已检查的运行时错误。

```
T MP_mod(T z, T x, T y)                              MP_Overflow, MP_DivideByZero
```

将 z 设置为 x mod y 并返回 z。向 $-\infty$ 舍入，参见 Arith_mod。

```
long MP_modi(T x, long y)                            MP_Overflow, MP_DivideByZero
```

返回 x mod y。向 $-\infty$ 舍入，参见 Arith_mod。

```
T MP_modu(T z, T x, T y)                                         MP_DivideByZero
```

将 z 设置为 x mod y 并返回 z。

```
unsigned long MP_modui(T x,                          MP_Overflow, MP_DivideByZero
    unsigned long y)
```

返回 x mod y。

```
T MP_mul(T z, T x, T y)                                          MP_Overflow
```

将 z 设置为 x * y 并返回 z。

```
T MP_mul2(T z, T x, T y)                                         MP_Overflow
T MP_mul2u(T z, T x, T y)                                        MP_Overflow
```

将 z 设置为 x * y 的"双倍长结果"并返回 z，z 有 $2n$ 个比特位。

```
T MP_muli(T z, T x, long y)                                      MP_Overflow
T MP_mulu(T z, T x, T y)                                         MP_Overflow
T MP_mului(T z, T x, unsigned long y)                            MP_Overflow
```

将 z 设置为 x*y，并返回 z。

`T MP_neg(T z, T x)` MP_Overflow

将 z 设置为-x 并返回 z。

`T MP_new(unsigned long u)` Mem_Failed, MP_Overflow

创建并返回一个 T 实例，其值初始化为 u。

`T MP_not(T z, T x)`

将 z 设置为~x 并返回 z。

`T MP_or(T z, T x, T y)`

`T MP_ori(T z, T x, unsigned long y)`

将 z 设置为 x 与 y 的按位或结果，并返回 z。

`T MP_rshift(T z, T x, int s)`

将 z 设置为 x 右移 s 个比特位的结果，并返回 z。空出的比特位用 0 填充。s<0，则为已检查的运行时错误。

`int MP_set(int n)` Mem_Failed

将 MP 重置为执行 n-bit 算术。n<2，则为已检查的运行时错误。

`T MP_sub(T z, T x, T y)` MP_Overflow

`T MP_subi(T z, T x, long y)` MP_Overflow

`T MP_subu(T z, T x, T y)` MP_Overflow

`T MP_subui(T z, T x, unsigned long y)` MP_Overflow

将 z 设置为 x−y，并返回 z。

`long int MP_toint(T x)` MP_Overflow

`unsigned long MP_tointu(T x)` MP_Overflow

将 x 转换为 long int 或 unsigned long 返回。

`char *MP_tostr(char *str, int size, int base, T x)` Mem_Failed

用 x 在基数 base 下的字符串表示（0 字符结尾）填充 str[0..size - 1]，并返回 str。

如果 str = NULL，MP_tostr 忽略 size 并为该字符串分配空间。参见 AP_tostr。

`T MP_xor(T z, T x, T y)`

`T MP_xori(T z, T x, unsigned long y)`

将 z 设置为 x 与 y 按位异或的结果，并返回 z。

A.15 Ring

T 是不透明的 Ring_T

环索引从 0 到 $N-1$，其中 N 是环的长度。空环没有元素。可以在环中任何位置添加或删除指针，环会自动扩展。旋转环将改变其起点。向任何 Ring 函数传递为 NULL 的 T 值，均为已检查的运行时错误。

`void *Ring_add(T ring, int pos, void *x)` Mem_Failed

在环中位置 pos 插入 x 并返回 x。位置标识了元素之间的点，参见 Str 接口。pos < −N 或 pos > N+1，则为已检查的运行时错误，其中 N 是 ring 的长度。

```
void *Ring_addhi(T ring, void *x)                                    Mem_Failed
void *Ring_addlo(T ring, void *x)                                    Mem_Failed
```

将 x 添加到 ring 的高端（索引 $N-1$）或低端（索引 0）并返回 x。

```
void Ring_free(T *ring)
```

释放 *ring 并将其清零。如果 ring 或 *ring 为 NULL，则造成已检查的运行时错误。

```
int Ring_length(T ring)
```

返回 ring 中元素的数目。

```
void *Ring_get(T ring, int i)
```

返回 ring 中第 i 个元素。i<0 或 i≥N，则为已检查的运行时错误，其中 N 是 ring 的长度。

```
T Ring_new(void)                                                     Mem_Failed
```

创建并返回一个空环。

```
void *Ring_put(T ring, int i, void *x)                               Mem_Failed
```

将 ring 中第 i 个元素改为 x，并返回原值。已检查的运行时错误，请参见 Ring_get。

```
void *Ring_remhi(T ring)
void *Ring_remlo(T ring)
```

删除并返回 ring 高端（索引 $N-1$）或低端（索引 0）处的元素。如果 ring 为空环，则为已检查的运行时错误。

```
void *Ring_remove(T ring, int i)
```

删除并返回 ring 中的元素 i。i<0 或 i≥N，则为已检查的运行时错误，其中 N 是 ring 的长度。

```
T Ring_ring(void *x, ...)                                            Mem_Failed
```

创建并返回一个环，其元素来自参数的可变部分，直至遇到第一个 NULL 指针为止。

```
void Ring_rotate(T ring, int n)
```

将 ring 的起点向左（n<0）或向右（n≥0）旋转 n 个元素。如果|n| > N，则为已检查的运行时错误，其中 N 是 ring 的长度。

A.16　Sem　　　　　　　　　　　　　　　　　　T 是不透明的 Sem_T

```
typedef struct T { int count; void *queue; } T;
```

直接读写 T 实例中的字段，或向任何 Sem 函数传递未初始化的 T 实例，均为未检查的运行时错误。向任何 Sem 函数传递的 T 值为 NULL，或在调用 Thread_init 之前调用任何 Sem 函数，均为已检查的运行时错误。

LOCK 语句的语法如下，S 和 m 分别表示语句和一个 T 实例。

```
LOCK(m) S END_LOCK
```

m 被锁定，接下来执行语句 S，而后 m 被解锁。LOCK 可能引发 Thread_Alerted 异常。

```
void Sem_init(T *s, int count)
```

将 s->count 设置为 count。对同一 T 实例多次调用 Sem_init，是未检查的运行时错误。

Sem_T *Sem_new(int count)   Mem_Failed

  创建并返回一个 T 实例，其 count 字段初始化为 count。

void Sem_wait(T *s)   Thread_Alerted

  调用线程进入等待状态，直至 s->count>0，接下来将 s->count 减 1。

void Sem_signal(T *s)   Thread_Alerted

  将 s->count 加 1。

A.17 Seq   **T 是不透明的 Seq_T**

  序列索引从 0 到 $N-1$，其中 N 是序列的长度。空序列没有元素。可以在序列低端（索引 0）或高端（索引 $N-1$）处添加或删除指针，序列会自动扩展。向任何 Seq 函数传递的 T 值为 NULL，均为已检查的运行时错误。

void *Seq_addhi(T seq, void *x)   Mem_Failed
void *Seq_addlo(T seq, void *x)   Mem_Failed

  将 x 添加到 seq 的高端或低端并返回 x。

void Seq_free(T *seq)

  释放*seq 并将其清零。如果 seq 或*seq 是 NULL，则为已检查的运行时错误。

int Seq_length(T seq)

  返回 seq 中元素的数目。

void *Seq_get(T seq, int i)

  返回 seq 中的第 i 个元素。i<0 或 i≥N，则为已检查的运行时错误，其中 N 是 seq 的长度。

T Seq_new(int hint)   Mem_Failed

  创建并返回一个空序列。hint 是对该序列最大长度的估计。如果 hint<0，则为已检查的运行时错误。

void *Seq_put(T seq, int i, void *x)

  将 seq 中第 i 个元素改为 x，并返回原值。已检查的运行时错误，请参见 Seq_get。

void *Seq_remhi(T seq)
void *Seq_remlo(T seq)

  删除并返回 seq 高端或低端的元素。如果 seq 为空，则为已检查的运行时错误。

T Seq_seq(void *x, ...)   Mem_Failed

  创建并返回一个序列，其元素来自参数的可变部分，直至遇到第一个 NULL 指针为止。

A.18 Set   **T 是不透明的 Set_T**

  向任何 Set 函数传递的 T 值或成员值为 NULL，均为已检查的运行时错误（Set_diff、Set_inter、Set_minus 和 Set_union 除外，这些函数将 T 的 NULL 值解释为空集）。

`T Set_diff(T s, T t)`　　　　　　　　　　　　　　　　　　　　　Mem_Failed

返回 s 和 t 的对称差 s / t：s 和 t 的对称差是一个集合，其成员只出现在 s 中或 t 中。
如果 s 和 t 均为 NULL，或二者均非 NULL 但 cmp 和 hash 函数不同，则造成已检查的运行
时错误。

`void Set_free(T *set)`

释放 *set，并将其清零。set 或 *set 是 NULL，则造成已检查的运行时错误。

`T Set_inter(T s, T t)`　　　　　　　　　　　　　　　　　　　　Mem_Failed

返回 s 和 t 的交集 s∩t：其成员同时出现在 s 和 t 中。已检查的运行时错误，请参见
Set_diff。

`int Set_length(T set)`

返回 set 中元素的数目。

`void Set_map(T set, void apply(const void *member, void *cl), void *cl)`

对 set 的每个成员 member 调用 apply(member, cl)。如果 apply 修改 set，则造成已
检查的运行时错误。

`int Set_member(T set, const void *member)`

如果 member 为 set 的成员，则返回 1，否则返回 0。

`T Set_minus(T s, T t)`　　　　　　　　　　　　　　　　　　　　Mem_Failed

返回 s 和 t 的差集 s - t：其成员只出现在 s 中，不出现在 t 中。已检查的运行时错误，
请参见 Set_diff。

`T Set_new(int hint,`　　　　　　　　　　　　　　　　　　　　　Mem_Failed
　　`int cmp(const void *x, const void *y),`
　　`unsigned hash(const void *x))`

创建、初始化并返回一个空集。hint、cmp 和 hash 的解释，请参见 Table_new。

`void Set_put(T set, const void *member)`　　　　　　　　　　　Mem_Failed

如有必要，将 member 添加到 set 中。

`void *Set_remove(T set, const void *member)`

如果 member 为 set 的成员，则将 member 从 set 中删除，并返回删除的成员，否则，
Set_remove 返回 NULL。

`void **Set_toArray(T set, void *end)`　　　　　　　　　　　　Mem_Failed

创建一个 N+1 个元素的数组，将 set 的 N 个成员以未指定的顺序复制到数组中，并返回指向
数组第一个元素的指针。数组的元素 N 为 end。

`T Set_union(T s, T t)`　　　　　　　　　　　　　　　　　　　　Mem_Failed

返回 s 和 t 的并集 s∪t：其成员出现在 s 或 t 中。已检查的运行时错误，请参见 Set_diff。

A.19　**Stack**　　　　　　　　　　　　　　**T** 是不透明的 **Stack_T**

向任何 Stack 函数传递的 T 值为 NULL，则为已检查的运行时错误。

int Stack_empty(T stk)

    如果 stk 为空，则返回 1，否则返回 0。

void Stack_free(T *stk)

    释放 *stk 并将其清零。如果 stk 或 *stk 为 NULL，则为已检查的运行时错误。

T Stack_new(void)   Mem_Failed

    返回一个新的空栈 T。

void *Stack_pop(T stk)

    弹出并返回 stk 的栈顶元素。如果 stk 为空，则为已检查的运行时错误。

void Stack_push(T stk, void *x)   Mem_Failed

    将 x 推入 stk 栈中。

A.20　**Str**

    Str 函数操作 0 结尾字符串。位置标识了字符之间的点，举例来说，"STRING"字符串中的位置如下：

$$\underset{-6}{^1}S\underset{-5}{^2}T\underset{-4}{^3}R\underset{-3}{^4}I\underset{-2}{^5}N\underset{-1}{^6}G\underset{0}{^7}$$

任何两个位置都可以按任意顺序给出。创建字符串的 Str 函数会为其结果分配空间。在下文的描述中，s[i:j]表示 s 中位置 i 和 j 之间的子串。向任何 Str 函数传递的位置不存在或字符指针为 NULL，均为已检查的运行时错误（Str_catv 和 Str_map 函数指明的情形除外）。

int Str_any(const char *s, int i, const char *set)

    如果 s[i:i+1]字符出现在 set 中，则返回 s 中该字符之后的正数位置，否则返回 0。如果 set = NULL，则为已检查的运行时错误。

char *Str_cat(const char *s1, int i1, int j1,   Mem_Failed
  const char *s2, int i2, int j2)

    返回 s1[i1:j1]连接 s2[i2:j2]的结果。

char *Str_catv(const char *s, ...)   Mem_Failed

    返回一个由参数可变部分的各个三元组组成的字符串，直至遇到一个 NULL 指针。每个三元组都指定了一个子串 s[i:j]。

int Str_chr(const char *s, int i, int j, int c)

    搜索 s[i:j]中最左侧的字符 c，并返回在 s 中该字符之前的位置，如果没有找到字符 c，则返回 0。

int Str_cmp(const char *s1, int i1, int j1,
  const char *s2, int i2, int j2)

    如果 s1[i1:j1] < s2[i2:j2]、s1[i1:j1] = s2[i2:j2]或 s1[i1:j1] > s2[i2:j2]，分别返回 <0、= 0、>0 的整数。

char *Str_dup(const char *s, int i, int j, int n)   Mem_Failed
　　返回 s[i:j] 的 n 个副本连接形成的结果字符串。如果 n<0，则为已检查的运行时错误。

int Str_find(const char *s, int i, int j, const char *str)
　　搜索 s[i:j] 中最左侧的子串 str，并返回在 s 中该子串之前的位置，如果没有找到子串 str，
则返回 0。如果 str＝NULL，则为已检查的运行时错误。

void Str_fmt(int code, va_list *app,
　　int put(int c, void *cl), void *cl,
　　unsigned char flags[], int width, int precision)
　　这是一个 Fmt 转换函数。它消耗三个参数：一个字符串和两个位置，并按 printf 的 %s 限
定符的风格，将参数指定的子串格式化。app 或 flags 是 NULL，则为已检查的运行时错误。

int Str_len(const char *s, int i, int j)
　　返回子串 s[i:j] 的长度。

int Str_many(const char *s, int i, int j, const char *set)
　　该函数从 s[i:j] 开头处查找由 set 中一个或多个字符构成的连续非空序列，并返回 s 中该
序列之后的正数位置；如果 s[i:j] 并非起始于 set 中某个字符，则返回 0。如果 set＝NULL，
则为已检查的运行时错误。

char *Str_map(const char *s, int i, int j,   Mem_Failed
　　const char *from, const char *to)
　　返回根据 from 和 to 映射 s[i:j] 中的字符所得到的字符串。对 s[i:j] 中的每个字符来说，
如果其出现在 from 中，则映射为 to 中的对应字符。不出现在 from 中的字符映射为本身。
如果 from 和 to 均为 NULL，则使用此前设定的 from 和 to 值。如果 s＝NULL，则 from
和 to 建立了一个默认映射。如果 from 和 to 中仅有二者之一为 NULL，或 strlen(from)
≠ strlen(to)，或 s、from、to 均为 NULL，或第一次调用该函数时 from 和 to 均为 NULL，
则造成已检查的运行时错误。

int Str_match(const char *s, int i, int j, const char *str)
　　如果 s[i:j] 以 str 开头，则返回 s 中 str 子串之后的位置，否则返回 0。如果 str＝NULL，
则为已检查的运行时错误。

int Str_pos(const char *s, int i)
　　返回对应于 s[i:i] 的正数位置，从该值减去 1，即可得到字符 s[i:i+1] 的索引值。

int Str_rchr(const char *s, int i, int j, int c)
　　是 Str_chr 的变体，只是从右侧开始搜索。

char *Str_reverse(const char *s, int i, int j)   Mem_Failed
　　返回 s[i:j] 的一个副本，但其中的各个字符已经逆转为相反的方向。

int Str_rfind(const char *s, int i, int j, const char *str)
　　Str_find 的变体，只是从右侧开始搜索。

int Str_rmany(const char *s, int i, int j, const char *set)
　　该函数从 s[i:j] 结尾处查找由 set 中一个或多个字符构成的连续非空序列，并返回 s 中该

序列之前的正数位置；如果 s[i:j] 并非结束于 set 中某个字符，则返回 0。如果 set = NULL，则为已检查的运行时错误。

int Str_rmatch(const char *s, int i, int j,
　const char *str)

　　如果 s[i:j] 结束于 str，则返回 s 中子串 str 之前的正数位置，否则返回 0。如果 str = NULL，则为已检查的运行时错误。

int Str_rupto(const char *s, int i, int j, const char *set)

　　Str_upto 的变体，从右侧开始搜索。

char *Str_sub(const char *s, int i, int j)　　　　　　　　　　　　　Mem_Failed

　　返回 s[i:j]。

int Str_upto(const char *s, int i, int j, const char *set)

　　从 s[i:j] 左侧开始搜索 set 中任意字符，并返回 s 中该字符之前的位置，如果 s[i:j] 不包含 set 中任意字符，则返回 0。如果 set = NULL，则为已检查的运行时错误。

A.21　Table
T 是不透明的 Table_T

　　向任何 Table 函数传递的 T 值或 key 为 NULL，均为已检查的运行时错误。

void Table_free(T *table)

　　释放 *table 并将其清零。如果 table 或 *table 是 NULL，则是已检查的运行时错误。

void *Table_get(T table, const void *key)

　　返回 table 中与 key 关联的值，如果 table 并不包含 key，则返回 NULL。

int Table_length(T table)

　　返回 table 中键–值对的数目。

void Table_map(T table,
　void apply(const void *key, void **value, void *cl),
　void *cl)

　　按未指定的的顺序，对 table 中每个键–值调用 apply(key, &value, cl)。如果 apply 修改 table，则造成已检查的运行时错误。

T Table_new(int hint,　　　　　　　　　　　　　　　　　　　　　　Mem_Failed
　int cmp(const void *x, const void *y),
　unsigned hash(const void *key))

　　创建、初始化并返回一个新的空表，可以包含任意数目的键–值对。hint 是对表可能包含的键–值对数目的估计。如果 hint<0，则为已检查的运行时错误。cmp 和 hash 是用于比较和散列键的函数。对于键 x 和 y，如果 x<y、x = y、x>y，那么 cmp(x, y) 必须返回 <0、= 0、>0 的一个 int。如果 cmp(x, y) 返回零，hash(x) 必须等于 hash(y)。如果 cmp = NULL 或 hash = NULL，Table_new 将使用 Atom_T 键的对应函数。

```
void *Table_put(T table,                                      Mem_Failed
    const void *key, void *value)
```
　　将 table 中与 key 关联的值改为 value，并返回此前与 key 关联的值，如果 table 并不包含 key，则向 table 添加 key 和 value，并返回 NULL。

```
void *Table_remove(T table, const void *key)
```
　　从 table 中删除键–值对并返回被删除的值。如果 table 并不包含 key，则 Table_remove 没有效果，返回 NULL。

```
void **Table_toArray(T table, void *end)                      Mem_Failed
```
　　创建一个 2*N*+1 个元素的数组，将 table 中的 *N* 个键–值对按未指定的顺序复制到数组中，并返回指向数组第一个元素的指针。键出现在偶数编号的数组元素中，而对应的值出现在奇数编号的数组元素中。元素 2*N* 为 end。

A.22　Text　　　　　　　　　　　　　　　　　　　　　　　　　T 即为 Text_T

```
typedef struct T { int len; const char *str; } T;
typedef struct Text_save_T *Text_save_T;
```
T 是一个描述符，客户程序可以读取描述符的字段，但向描述符的字段写入数据则是未检查的运行时错误。Text 函数可以按值接受并返回描述符，向任何 Text 函数传递的描述符，如果其字段 str = NULL 或 len<0，则为已检查的运行时错误。

　　Text 为其提供的不可变的字符串管理内存，向串空间写入数据，或通过外部手段释放其中的内存，均为未检查的运行时错误。串空间中的字符串可以包含 0 字符，因此其中的字符串不是以 0 字符结尾的。

　　一些 Text 函数可以接受位置作为参数，位置标识了字符之间的点，参见 Str 接口。在下文的描述中，s[i:j]表示 s 中位置 i 和 j 之间的子串。

```
const T Text_cset   = { 256, "\000\001…\376\377" }
const T Text_ascii  = { 128, "\000\001…\176\177" }
const T Text_ucase  = {  26, "ABCDEFGHIJKLMNOPQRSTUVWXYZ" }
const T Text_lcase  = {  26, "abcdefhijklmnopqrtuvwxyz" }
const T Text_digits = {  10, "0123456789" }
const T Text_null   = {  0, "" }
```
　　上述是一些已经初始化的静态描述符。

```
int Text_any(T s, int i, T set)
```
　　如果 s[i:i+1]字符出现在 set 中，则返回 s 中该字符之后的正数位置，否则返回 0。

```
T Text_box(const char *str, int len)
```
　　为客户程序分配的长度 len 的字符串 str，建立并返回一个描述符。如果 str = NULL 或 len<0，则为已检查的运行时错误。

T Text_cat(T s1, T s2)   Mem_Failed

　　返回 s1 连接 s2 得到的字符串。

int Text_chr(T s, int i, int j, int c)

　　参见 Str_chr。

int Text_cmp(T s1, T s2)

　　如果 s1<s2、s1 = s2、s1>s2，分别返回<0、= 0、>0 的 int。

T Text_dup(T s, int n)   Mem_Failed

　　返回 s 的 n 个副本连接形成的字符串。如果 n<0，则为已检查的运行时错误。

int Text_find(T s, int i, int j, T str)

　　参见 Str_find。

void Text_fmt(int code, va_list *app,
　　int put(int c, void *cl), void *cl,
　　unsigned char flags[], int width, int precision)

　　这是一个 Fmt 转换函数。它消耗一个指向描述符的指针，并按 printf 的 %s 限定符的风格，
格式化该字符串。描述符指针、app 或 flags 是 NULL，则造成已检查的运行时错误。

char *Text_get(char *str, int size, T s)

　　将 s.str[0..str.len - 1] 复制到 str[0..size - 1]，追加一个 0 字符，并返回 str。
如果 str = NULL，Text_get 将为其分配空间。如果 str≠null 且 size<s.len+1，则为
已检查的运行时错误。

int Text_many(T s, int i, int j, T set)

　　参见 Str_many。

T Text_map(T s, const T *from, const T *to)   Mem_Failed

　　返回根据 from 和 to 映射 s 中的字符所得到的字符串，参见 Str_map。如果 from 和 to
均为 NULL，则使用此前设定的 from 和 to 值。如果只有 from 和 to 二者之一为 NULL，或
from->len≠ to->len，则为已检查的运行时错误。

int Text_match(T s, int i, int j, T str)

　　参见 Str_match。

int Text_pos(T s, int i)

　　参见 Str_pos。

T Text_put(const char *str)   Mem_Failed

　　将 0 结尾字符串 str 复制到串空间中，并返回其描述符。如果 str = NULL，则为已检查的
运行时错误。

int Text_rchr(T s, int i, int j, int c)

　　参见 Str_rchr。

void Text_restore(Text_save_T *save)

　　释放 save 创建以来分配的那部分串空间。如果 save = NULL，则为已检查的运行时错误。
如果在调用 Text_restore 之后，使用表示高于 save 位置的其他 Text_save_T 值，则为
未检查的运行时错误。

T Text_reverse(T s)   Mem_Failed
  返回 s 的一个副本, 其中的各个字符已经反向。

int Text_rfind(T s, int i, int j, T str)
  参见 Str_rfind。

int Text_rmany(T s, int i, int j, T set)
  参见 Str_rmany。

int Text_rmatch(T s, int i, int j, T str)
  参见 Str_rmatch。

int Text_rupto(T s, int i, int j, T set)
  参见 Str_rupto。

Text_save_T Text_save(void)   Mem_Failed
  返回一个不透明指针, 其编码了当前串空间顶部的位置。

T Text_sub(T s, int i, int j)
  返回 s[i:j]。

int Text_upto(T s, int i, int j, T set)
  参见 Str_upto。

A.23 Thread   T 是不透明的 Thread_T

  在调用 Thread_init 之前调用任何 Thread 函数, 均为已检查的运行时错误。

void Thread_alert(T t)
  设置 t 的警报-待决标志, 并使 t 变为可运行状态。下一次 t 运行时, 或调用一个导致可能
  导致阻塞的 Thread、Sem 或 Chan 原语时, 线程将清除其警报-待决标志, 并引发
  Thread_Alerted 异常。如果 t = NULL, 或 t 引用了一个不存在的线程, 则为已检查的运
  行时错误。

void Thread_exit(int code)
  结束调用线程, 并将 code 传递给任何等待调用线程结束的线程。当最后一个线程调用
  Thread_exit 时, 程序将通过调用 exit(code)结束。

int Thread_init(int preempt, ...)
  为非抢占调度(preempt = 0)或抢占调度(preempt = 1)初始化 Thread, 并返回 preempt
  或 0 (如果 preempt = 1 但不支持抢占调度)。Thread_init 可能接受额外的由具体实现
  定义的参数, 可变参数列表必须结束于一个 NULL 指针。调用 Thread_init 多次, 则造成
  已检查的运行时错误。

int Thread_join(T t)   Thread_Alerted
  挂起调用线程, 直至线程 t 结束。在 t 结束时, Thread_join 返回 t 的退出代码。如果 t
  = NULL, 调用线程将等待所有其他线程结束, 然后返回 0。如果 t 指定的线程即为调用线程
  自身, 或有多个线程向该函数传递了 NULL 参数, 则为已检查的运行时错误。

```
T Thread_new(int apply(void *),                                    Thread_Failed
    void *args, int nbytes, ...)
```

创建、初始化并启动一个新线程，并返回其句柄。如果 nbytes = 0，新线程将执行 Thread_exit(apply(args))，否则，它执行 Thread_exit(apply(p))，其中 p 指向起始于 args、长度为 nbytes 的内存块的一个副本。新线程启动时，自身的异常栈为空。Thread_new 可能接受额外的由具体实现定义参数，可变参数列表必须结束于一个 NULL 指针。如果 apply = NULL，或 args = NULL 且 nbytes<0，则为已检查的运行时错误。

```
void Thread_pause(void)
```

放弃处理器给另一个线程，也可能是调用线程自身。

```
T Thread_self(void)
```

返回调用线程的句柄。

A.24　XP

T 即为 XP_T

```
typedef unsigned char *T;
```

基数 2^8 下的一个扩展精度无符号整数，可以表示为一个数组，包括 n 个数位，最低有效数位在先。大多数 XP 函数将 n 作为一个参数，与源和目标 T 实例一同传递，如果 $n<1$ 或 n 不等于对应 T 实例的长度，则为未检查的运行时错误。向任何 XP 函数传递的 T 值为 NULL 或太小，均为未检查的运行时错误。

```
int XP_add(int n, T z, T x, T y, int carry)
```

将 z[0..n − 1]设置为 x + y + carry，并返回 z[n − 1]数位上的进位输出。carry 必须为 0 或 1。

```
int XP_cmp(int n, T x, T y)
```

对于 x < y、x = y、x > y，分别返回<0、= 0、>0的整数。

```
int XP_diff(int n, T z, T x, int y)
```

将 z[0..n − 1]设置为 x − y，其中 y 只有单个数位，并返回 z[n − 1]数位上的借位。如果 $y > 2^8$，则为未检查的运行时错误。

```
int XP_div(int n, T q, T x, int m, T y, T r, T tmp)
```

将 q[0..n − 1]设置为 x[0..n − 1] / y[0..m − 1]，将 r[0..m − 1]设置为 x [0..n − 1] mod y[0..m − 1]，如果 $y \neq 0$，则返回 1。如果 y = 0，XP_div 返回 0，且不会修改 q 和 r。tmp 必须能够容纳至少 n+m+2 个数位。q 或 r 与 x 和 y 中之一相同、q 和 r 是同一 XP_T 实例、tmp 能够容纳的数位太少，都是未检查的运行时错误。

```
unsigned long XP_fromint(int n, T z, unsigned long u)
```

将 z[0..n − 1]设置为 $u \bmod 2^{8n}$ 并返回 $u/2^{8n}$。

```
int XP_fromstr(int n, T z, const char *str,
    int base, char **end)
```

将 str 解释为 base 基数下的一个无符号整数，使用 z[0..n − 1]作为转换过程中的初始值，并返回转换步骤中第一个非零的进位输出。如果 end≠null，将*end 设置为指向 str 中导致扫描结束的字符或产生第一个非零进位的字符。参见 AP_fromstr。

int XP_length(int n, T x)

返回 x 的长度，即，它返回 x[0..n − 1] 中最高非零数位的索引加 1。

void XP_lshift(int n, T z, int m, T x, int s, int fill)

将 z[0..n − 1] 设置为 x[0..m − 1] 左移 s 个比特位的结果，空出的比特位用 fill 填充，fill 必须为 0 或 1。如果 s<0，则为未检查的运行时错误。

int XP_mul(T z, int n, T x, int m, T y)

将 x[0..n − 1] * y[0..m − 1] 的结果加到 z[0..n+m − 1]，并返回 z[n+m − 1] 数位的进位输出。如果 z = 0，XP_mul 计算了乘积 x * y。如果 z 与 x 或 y 中之一为同一 T 实例，则为未检查的运行时错误。

int XP_neg(int n, T z, T x, int carry)

将 z[0..n − 1] 设置为 ~x + carry，其中 carry 为 0 或 1，并返回 z[n − 1] 数位的进位输出。

int XP_product(int n, T z, T x, int y)

将 z[0..n − 1] 设置为 x * y，其中 y 只有单个数位，并返回 z[n − 1] 数位上的进位输出。如果 $y \geqslant 2^8$，则为未检查的运行时错误。

int XP_quotient(int n, T z, T x, int y)

将 z[0..n − 1] 设置为 x/y，其中 y 是单个数位，并返回 x mod y。如果 y = 0 或 $y \geqslant 2^8$，则为未检查的运行时错误。

void XP_rshift(int n, T z, int m, T x, int s, int fill)

右移，参见 XP_lshift。如果 n>m，空出的比特位用 fill 填充。

int XP_sub(int n, T z, T x, T y, int borrow)

将 z[0..n − 1] 设置为 x − y − borrow，并返回 z[n − 1] 数位上的借位。borrow 必须为 0 或 1。

int XP_sum(int n, T z, T x, int y)

将 z[0..n − 1] 设置为 x + y，其中 y 只有单个数位，并返回 z[n − 1] 数位上的进位输出。如果 $y > 2^8$，则为未检查的运行时错误。

unsigned long XP_toint(int n, T x)

返回 x mod (ULONG_MAX+1)。

char *XP_tostr(char *str, int size, int base, int n, T x)

用 x 在 base 基数下的字符表示填充 str[0..size − 1]，将 x 设置为 0，并返回 str。如果 str = NULL，或 size 太小，或 base<2 或 base>36，均为已检查的运行时错误。

参 考 书 目

每个书目后的页码为其在原书所引用之处。

Abelson, H., and G. J. Sussman. 1985. *Structure and Interpretation of Computer Programs*. Cambridge, Mass.: MIT Press. (114)

Adobe Systems Inc. 1990. *PostScript Language Reference Manual* (second edition). Reading, Mass.: Addison-Wesley. (133)

Aho, A. V., B. W. Kernighan, and P. J. Weinberger. 1988. *The AWK Programming Language*. Reading, Mass.: Addison-Wesley. (13, 132, 265)

Aho, A. V., R. Sethi, and J. D. Ullman. 1986. *Compilers: Principles, Techniques, and Tools*. Reading, Mass.: Addison-Wesley. (43)

American National Standards Institute. 1990. *American National Standard for Information Systems— Programming Language — C*. ANSI X3.159-1989. New York. (12)

Andrews, G. R. 1991. *Concurrent Programming: Principles and Practice*. Menlo Park, Calif.: Addison-Wesley. (463)

Appel, A. W. 1991. Garbage collection. In P. Lee (ed.), *Topics in Advanced Language Implementation Techniques*, 89-100. Cambridge, Mass.: MIT Press. (100)

Austin, T. M., S. E. Breach, and G. S. Sohi. 1994. Efficient detection of all pointer and array access errors. *Proceedings of the SIGPLAN'94 Conference on Programming Language Design and Implementation, SIGPLAN Notices* 29 (7), 290-301. July. (85)

Barrett, D. A., and B. G. Zorn. 1993. Using lifetime predictors to improve allocation performance. *Proceedings of the SIGPLAN'93 Conference on Programming Language Design and Implementation, SIGPLAN Notices* 28 (6), 187-196. June. (98)

Bentley, J. L. 1982. *Writing Efficient Programs*. Englewood Cliffs, N.J.: Prentice-Hall. (13)

Boehm, H., R. Atkinson, and M. Plass. 1995. Ropes: An alternative to strings. *Software — Practice and Experience* 25 (12), 1315-30. December. (294)

Boehm, H., and M. Weiser. 1988. Garbage collection in an uncooperative environment. *Software —*

Practice and Experience 18 (9), 807-20. September. (100)

Briggs, P., and L. Torczon. 1993. An efficient representation for sparse sets. *ACM Letters on Programming Languages and Systems* 2 (1-4), 59-69. March-December. (213,213)

Brinch-Hansen, P. 1994. Multiple-length division revisited: A tour of the minefield. Software — *Practice and Experience* 24 (6), 579-601. June. (321)

Budd, T. A. 1991. An *Introduction to Object-Oriented Programming*. Reading, Mass.: Addison-Wesley. (31)

Char, B. W., K. O. Geddes, G. H. Gonnet, B. L. Leong, M. B. Monagan, and S.M. Watt. 1992. *First Leaves: A Tutorial Introduction to Maple V*. New York: Springer-Verlag. (354)

Clinger, W. D. 1990. How to read floating-point numbers accurately. *Proceedings of the SIGPLAN'90 Conference on Programming Language Design and Implementation, SIGPLAN Notices* 25 (6), 92-101. June. (239, 402)

Cohen, J. 1981. Garbage collection of linked data structures. *ACM Computing Surveys* 13 (3), 341-67. September. (100)

Cormack, G. V. 1988. A micro-kernel for concurrency in C. *Software — Practice and Experience* 18 (5), 485-91. May. (465)

Ellis, M. A., and B. Stroustrup. 1990. *The Annotated C++ Reference Manual*. Reading, Mass.: Addison-Wesley. (31, 63)

Evans, D. 1996. Static detection of dynamic memory errors. *Proceedings of the SIGPLAN'96 Conference on Programming Language Design and Implementation, SIGPLAN Notices* 31 (5), 44-53. May. (14, 85)

Fraser, C. W., and D. R. Hanson. 1995. *A Retargetable C Compiler: Design and Implementation*. Menlo Park, Calif.: Addison-Wesley. (xi, xiii, 13, 42, 65, 98, 468)

Geddes, K. O., S. R. Czapor, and G. Labahn. 1992. *Algorithms for Computer Algebra*. Boston: Kluwer Academic. (355)

Gimpel, J. F. 1974. The minimization of spatially-multiplexed character sets. *Communications of the ACM* 17 (6), 315-18. June. (213)

Goldberg, D. 1991. What every computer scientist should know about floating-point arithmetic. *ACM Computing Surveys* 23 (1), 5-48. March. (238, 403)

Gosling, J., D. S. H. Rosenthal, and M. J. Arden. 1989. *The NeWS Book*. New York: Springer-Verlag. (465)

Griswold, R. E. 1972. *The Macro Implementation of SNOBOL4*. San Francisco: W. H. Freeman (out of print). (42, 132,293)

———. 1980. Programming techniques using character sets and character mappings in Icon. *The Computer Journal* 23 (2), 107-14. (264)

Griswold, R. E., and M. T. Griswold. 1986. *The Implementation of the Icon Programming Language.* Princeton, N.J.: Princeton University Press. (133,158)

——. 1990. *The Icon Programming Language* (second edition). Englewood Cliffs, N.J.: Prentice-Hall. (xii, 132,158, 169, 180, 264, 266, 293)

Grunwald, D., and B. G. Zorn. 1993. CustoMalloc: Efficient synthesized memory allocators. *Software—Practice and Experience* 23 (8), 851-69. August. (85)

Hansen, W. J. 1992. Subsequence references: First-class values for substrings. *ACM Transactions on Programming Languages and Systems* 14 (4), 471-89. October. (294, 295)

Hanson, D. R. 1980. A portable storage management system for the Icon programming language. *Software — Practice and Experience* 10 (6), 489-500. June. (294, 295)

——. 1987. Printing common words. *Communications of the ACM* 30 (7), 594-99. July. (13)

——. 1990. Fast allocation and deallocation of memory based on object lifetimes. *Software — Practice and Experience* 20 (1), 5-12. January. (98)

Harbison, S. P. 1992. *Modula-3*. Englewood Cliffs, N.J.: Prentice-Hall. (31)

Harbison, S. P., and G. L. Steele Jr. 1995. *C: A Reference Manual* (fourth edition). Englewood Cliffs, N.J.: Prentice-Hall. (12)

Hastings, R., and B. Joyce. 1992. Purify: Fast detection of memory leaks and access errors. *Proceedings of the Winter USENIX Technical Conference*, San Francisco, 125-36. January. (85)

Hennessy, J. L., and D. A. Patterson. 1994. *Computer Organization and Design: The Hardware/Software Interface.* San Mateo, Calif.: Morgan Kaufmann. (238, 321,322)

Hoare, C. A. R. 1978. Communicating sequential processes. *Communications of the ACM* 21 (8), 666-77. August. (464)

Horning, J., B. Kalsow, P. McJones, and G. Nelson. 1993. Some Useful Modula-3 Interfaces. Research Report 113, Palo Alto, Calif.: Systems Research Center, Digital Equipment Corp. December. (31,180)

International Organization for Standardization. 1990. *Programming Languages — C.* ISO/IEC 9899: 1990. Geneva. (12)

Institute for Electrical and Electronic Engineers. 1995. *Information Technology — Portable Operating Systems Interface (POSIX) — Part 1: System Application Programming Interface (API) — Amendment 2: Threads Extension [C Language]*. IEEE Standard 1003.1c-1995. New York. Also ISO/IEC 9945-2:1990c. (464)

Jaeschke, R. 1991. *The Dictionary of Standard C*. Horsham, Penn.: Professional Press Books. (12)

Kernighan, B. W., and R. Pike. 1984. *The UNIX Programming Environment*. Englewood Cliffs, N.J.: Prentice-Hall. (13, 13)

Kernighan, B. W., and P. J. Plauger. 1976. *Software Tools*. Reading, Mass.: Addison-Wesley. (12,295)

——. 1978. *The Elements of Programming Style* (second edition). Englewood Cliffs, N.J.: Prentice-Hall. (13)

Kernighan, B. W., and D. M. Ritchie. 1988. *The C Programming Language* (second edition). Englewood Cliffs, N.J.: Prentice-Hall. (12, 13, 85, 86)

Kleiman, S., D. Shah, and B. Smaalders. 1996. *Programming with Threads*. Upper Saddle River, N.J.: Prentice-Hall. (464, 468)

Knuth, D. E. 1973a. *The Art of Computer Programming: Volume 1, Fundamental Algorithms* (second edition). Reading, Mass.: Addison-Wesley. (13, 85,100, 113, 196)

——. 1973b. *The Art of Computer Programming: Volume 3, Searching and Sorting*. Reading, Mass.: Addison-Wesley. (42, 42)

——. 1981. *The Art of Computer Programming: Volume 2, Seminumerical Algorithms* (second edition). Reading, Mass.: Addison-Wesley. (321,354, 355)

——. 1992. *Literate Programming*. CSLI Lecture Notes Number 27. Stanford, Calif.: Center for the Study of Language and Information, Stanford Univ. (12)

Koenig, A. 1989. *C Traps and Pitfalls*. Reading, Mass.: Addison-Wesley. (13)

Larson, P.-A. 1988. Dynamic hash tables. *Communications of the ACM* 31 (4), 446-57. April. (133,134)

Ledgard, H. F. 1987. *Professional Software Volume II. Programming Practice*. Reading, Mass.: Addison-Wesley. (13)

Maguire, S. 1993. *Writing Solid Code*. Redmond, Wash.: Microsoft Press. (13, 31, 64, 85, 86)

Marlin, C. D. 1980. Coroutines: *A Programming Methodology, a Language Design and an Implementation*. Lecture Notes in Computer Science 95, New York: Springer-Verlag. (464)

McConnell, S. 1993. *Code Complete: A Practical Handbook of Software Construction*. Redmond, Wash.: Microsoft Press. (13)

McIlroy, M. D. 1968. Coroutines. Unpublished Report, Murray Hill, N.J.: Bell Telephone Laboratories. May. (464)

——. 1990. Squinting at power series. *Software — Practice and Experience* 20 (7), 661-83. July. (464)

McKeeman, W. M., J. J. Horning, and D. B. Wortman. 1970. *A Compiler Generator*, Englewood Cliffs, N.J.: Prentice-Hall (out of print). (294)

Meyer, B. 1992. *Eiffel: The Language*. London: Prentice-Hall International. (31, 63)

Musser, D. R., and A. Saini. 1996. *STL Tutorial and Reference Guide: C++ Programming with the Standard Template Library*. Reading, Mass.: Addison-Wesley. (31)

Nelson, G. 1991. *Systems Programming with Modula-3*. Englewood Cliffs, N.J.: Prentice-Hall. (31, 63, 169,464)

Parnas, D. L. 1972. On the criteria to be used in decomposing systems into modules. *Communications of* the *ACM* 5 (12), 1053-58. December. (30)

Pike, R. 1990. The implementation of Newsqueak. *Software — Practice and Experience* 20 (7), 649-59. July. (464)

Plauger, P. J. 1992. *The Standard C Library*. Englewood Cliffs, N.J.: Prentice-Hall. (12, 30, 238, 264)

Press, W. H., S. A. Teukolsky, W. T. Vetterling, and B. P. Flannery. 1992. *Numerical Recipes in C: The Art of Scientific Computing* (second edition). Cambridge, England: Cambridge University Press. (402,402)

Pugh, W. 1990. Skip lists: A probabilistic alternative to balanced trees. *Communications of the ACM* 33 (6), 668-76. June. (181)

Ramsey, N. 1994. Literate programming simplified. *IEEE Software* 13 (9), 97-105. September. (13)

Reppy, J. H. 1997. *Concurrent Programming in ML*. Cambridge, England: Cambridge University Press. (465)

Richter, J. 1995. *Advanced Windows: The Developer's Guide to the Win32 API for Windows NT 3.5 and Windows 95*. Redmond, Wash.: Microsoft Press. (468)

Roberts, E. S. 1989. Implementing Exceptions in C. Research Report 40, Palo Alto, Calif.: Systems Research Center, Digital Equipment Corp. March. (63, 64)

——. 1995. *The Art and Science of C: An Introduction to Computer Science*. Reading, Mass.: Addison-Wesley. (31,264)

Schneier, B. 1996. *Applied Cryptography: Protocols, Algorithms, and Source Code in C* (second edition). New York: John Wiley. (402)

Sedgewick, R. 1990. *Algorithms in C*. Reading, Mass.: Addison-Wesley. (xii, xiv, 13, 42, 134, 196)

Sewell, W. 1989. *Weaving a Program: Literate Programming in WEB*. New York: Van Nostrand Reinhold. (13)

Steele, Jr., G. L., and J. L. White. 1990. How to print floating-point numbers accurately. *Proceedings of the SIGPLAN'90 Conference on Programming Language Design and Implementation, SIGPLAN Notices* 25 (6), 112-26. June. (239, 239)

Stevens, W. R. 1992. *Advanced Programming in the UNLX Environment*. Reading, Mass.: Addison-Wesley. (465)

Tanenbaum, A. S. 1995. *Distributed Operating Systems*. Englewood Cliffs, N.J.: Prentice-Hall. (464, 467)

Ullman, J. D. 1994. *Elements of ML Programming*. Englewood Cliffs, N.J.: Prentice-Hall. (114)

Vo, K. 1996. Vmalloc: A general and efficient memory allocator. *Software — Practice and Experience* 26 (3), 357-74. March. (99)

Wampler, S. B., and R. E. Griswold. 1983. Co-expressions in Icon. *Computer Journal* 26 (1), 72-78.

January. (464)

Weinstock, C. B., and W. A. Wulf. 1988. Quick fit: An efficient algorithm for heap storage management. *SIGPLAN Notices* 23 (10), 141-48. October. (85)

Wolfram, S. 1988. *Mathematica: A System for Doing Mathematics by Computer*. Menlo Park, Calif.: Addison-Wesley. (354)

Zorn, B. G. 1993. The measured cost of conservative garbage collection. *Software — Practice and Experience* 23 (7), 733-56. July. (100)